도시정비론

남 진 · 이지현 저

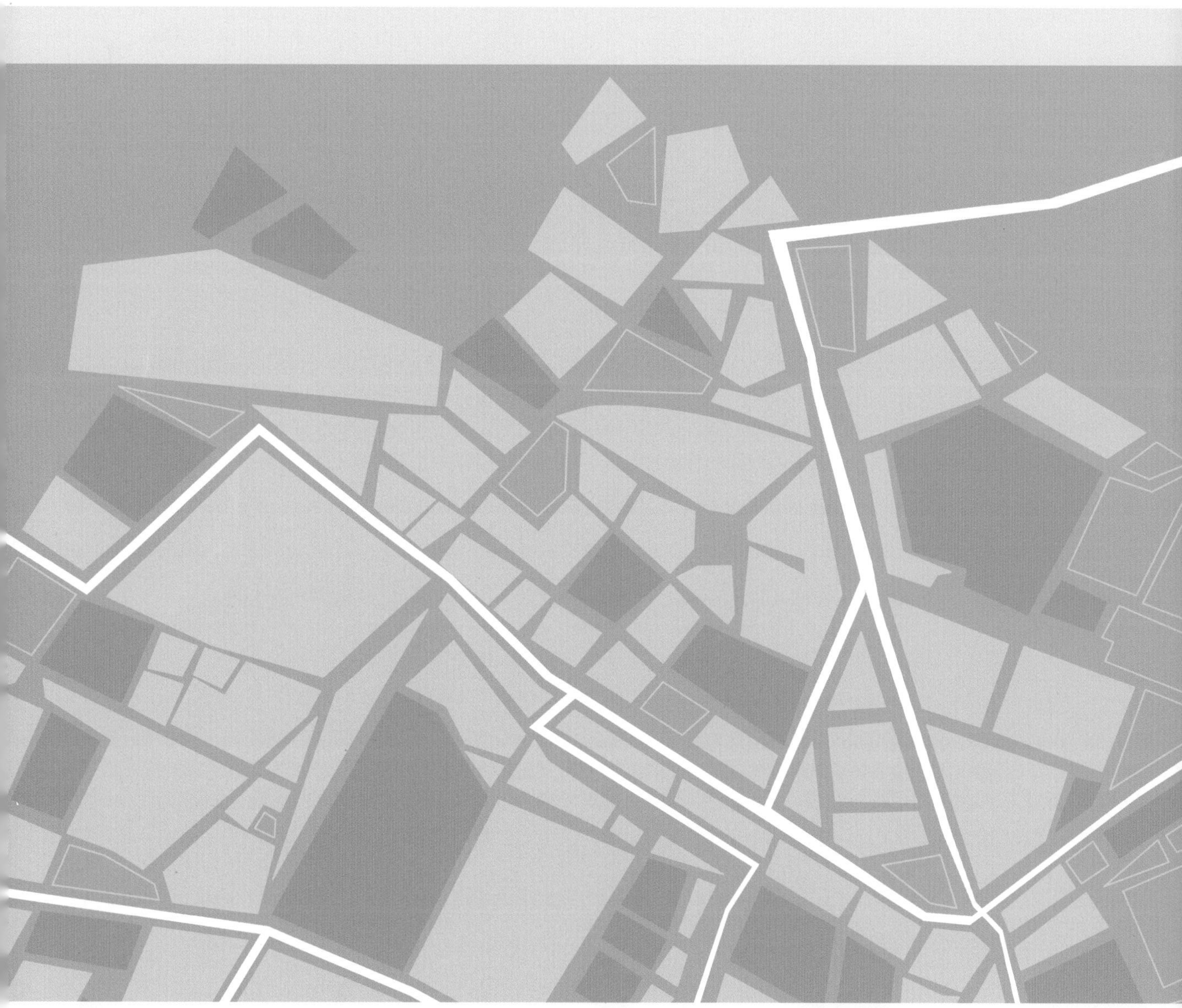

책을 펴내면서

무에서 유를 창조해내야만 했던 지난 반세기 동안, 우리의 도시정책 패러다임은 급증하는 도시인구와 도시개발의 양적 수요를 맞추기 위해 필연적으로 생산성과 효율성에 중점을 둘 수밖에 없었다. 이에 입각한 도시계획과 주택정책은 개발주의 행정을 통해 도시가 성장할 수 있는 가장 효율적인 수단, 즉 대규모 택지개발을 통한 주택 공급, 산업단지와 시설의 건설, 도로·공원·상하수도 등 도시기반시설의 확충에 집중되었다. 이로 인해 우리의 도시는 선진국 수준의 주택공급과 산업시설, 그리고 도시인프라를 갖출 수 있었지만, 동시에 대도시를 중심으로 한 무질서한 시가지 확산과 직주 불균형, 그리고 교통과 환경문제 등 많은 부작용도 수반되었다. 도시로의 인구집중과 주택가격의 앙등을 해결하기 위해 '주택의 양적 공급'은 최우선 과제이자 불가피한 선택이라 여겨지지만, 이를 달성하기 위한 정책적 수단들이 성장과 개발시대의 관성을 버리지 못했다는 점이 더 심각한 문제이다.

우리 사회는 지금과는 전혀 다른, 거대한 변화의 물결을 마주하고 있다. 양적 공급과 효율성, 그리고 경제성을 추구하던 성장시대를 지나 풍요로운 생활환경과 삶의 질을 중시하는 사회, 성장이 둔화된 상황에서 남아 있는 역량과 기반을 바탕으로 새로운 목표를 찾고 발전하는 사회 등으로 정의할 수 있는 '저성장·성숙시대'로 진입한 것이다. 도시의 외연적 확산, 양적인 공급 확대보다는 기성시가지의 노후·불량한 주택과 도시 인프라를 새로이 정비하여 시민들의 삶과 생활수준을 지속적으로 향상시키고, 경쟁력을 갖춘 미래도시를 조성하려는 노력이 그 어느 때보다 중요하다.

정비사업은 공공에서 시행하는 택지개발사업이나 도시개발사업, 그리고 민간의 부동산 개발사업자가 토지를 확보해서 시행하는 사업 등과 비교해서 훨씬 다양한 주체 간의 이해관계가 얽혀 있고, 사업구조마저 복잡·다단하기 때문에 도시계획과 주택정책 분야의 '복잡계(Complex System)'라고 할 수 있다. 그러나 그동안 정비사업의 이론에서부터

법·제도, 현상과 문제점, 나아가야 할 방향에 이르기까지 종합적이고 명쾌한 나침반 역할을 할 전문 서적이 없어 참으로 안타까웠다. 저자는 2002년 「도시 및 주거환경정비법」이 제정되고 최초로 2010 서울시 도시 및 주거환경정비기본계획을 수립하고, 2020 및 2025 서울시 도시 및 주거환경정비기본계획의 총괄계획가(Master Planner), 신속통합기획가와 주택시장 전문가로 활동하는 등 20년 이상 도시정비의 이론과 실체적인 계획수립에서 중추적인 역할을 담당하였다. 또한 20여 년간 교수로서 도시정비에 대해 강의하며 꾸준히 강의자료와 연구논문을 만들어 오면서 쌓아온 경험과 지식을 이 책에 체계적이고 밀도 있게 담아내었다.

도시정비론은 총 8장으로 구성된다. 책의 전반부에서는 재개발·재건축·재정비촉진사업 등 주거지 정비사업의 개요, 변천 과정, 유사 사업과의 비교, 참여 주체, 추진절차를 상세히 설명하였고, 후반부에서는 공공재개발사업·신속통합기획 등 최근의 정책들, 정비사업의 성과와 그늘, 그리고 새로운 정비사업을 위한 제언을 기술하였다.

먼저 1장에서는 정비사업이 왜 우리 도시에 필요한지를 역설하고, 정비사업의 정의와 목적, 종류 등에 대해 개괄적으로 살폈다. 또한, 방대한 도시계획 체계 속에서 도시 및 주거환경정비기본계획과 정비계획이 어디에 위치하고 있는지를 짚었다.

2장과 3장, 그리고 4장에서는 주택정비형 재개발사업, 재건축사업, 그리고 재정비촉진사업이 어떠한 매커니즘으로 작동되는지를 상세히 설명하였다. 비슷해 보이는 사업들이 구체적으로 어떻게 다른지를 비교하였으며, 각 사업이 탄생한 시점부터 현재까지의 시대적 상황, 주택정책, 근거 법률과 제도, 사업추진 형태 등을 종합적으로 정리하였다. 또한 각 사업을 어디에서, 누가, 어떤 절차를 통해 시행할 수 있는지를 설명하였다.

5장과 6장, 그리고 7장에서는 공공지원제도, 공공재개발사업, 공공 직접시행 정비사업,

서울시 신속통합기획 등 최근의 정비사업 관련 정책 및 사업들에 대해서 살펴보고, 주거환경 개선 및 신규주택의 공급, 공공임대주택의 공급, 기반시설의 확충 및 공공기여 등 정비사업의 성과에 대해서 설명하였다. 그리고 성장시대의 정비사업에서 공공성이 영리성에 종속되고, 공공성과 영리성이 상호 배척되는 관계 속에서 발생한 부영향에 대하여 짚어보았다.

마지막으로 8장에서는 정비사업이 사업성을 최우선에 둔 '용적률 게임', '연면적 게임'의 장으로 변질되면서 촉발된 다양한 문제들을 해소하고, 지속가능하면서 동시에 새로운 삶의 양식에 부합하는 도시공간을 창출하기 위한 수단으로서 도시정비가 나아가야 할 방향에 대한 저자의 생각과 바람을 담아 내었다.

이 책을 통해 정비사업에 직·간접적인 이해관계를 가지는 다양한 주체와 일반 시민들의 정비사업에 대한 명확한 이해를 도모하고, 더 나아가 공공은 공공성, 민간은 영리성으로만 획일적으로 대변되던 낡은 구도에서 벗어나 정비사업의 새로운 공공성에 대한 공동의 인식을 구성하여 경쟁력 있는 미래도시에서 요구되는 거대한 변화에 선제적으로 대응할 수 있는 계기가 되기를 바란다.

2023년 8월 배봉관에서 남 진

차 례

도시정비론

1

들어가며

1장 들어가며

1.1 정비사업은 우리 도시에 왜 필요한가?

지난 반세기, 모든 것이 숨가쁘게 달려왔다. 수출액과 경제 성장률은 연신 최고치를 경신했고, 폭발적으로 증가하는 도시 인구의 양적 수요를 맞추기 위해 도시는 늘 개발과 확산의 중심에 있었다. 이 같은 고도 압축 성장과정에서 우리 사회를 지배했던 것은 필연적으로 '생산성'과 '효율성'일 수밖에 없었다. 이에 대량의 주택을, 그리고 빠른 시간 내에 공급하는 공영개발 방식인 택지개발사업이 대표적 주택공급 수단이 될 수밖에 없었다. 수도권 곳곳에서 이어진 신도시 건설이 공간구조상 수급 불일치의 문제를 야기하여 교통 및 에너지 비용, 대기오염 및 토지 형질변경으로 인한 환경적 비용, 기반시설 설치비용 등 막대한 사회·경제적 비용을 발생시킨다는 비판에도 '주택의 대량공급'이라는 최우선 과제를 달성하기 위해 활발히 이어져 왔다.

그러나 시대적 상황이, 사람들의 인식이 과거와는 크게 달라졌다. 양적 확대만 추구하던 경제성장에서 벗어나 정신적 풍요로움과 삶의 질 향상을 중시하는 사회, 대·내외적인 여건 변화에 따라 성장이 둔화된 상황에서 남아 있는 역량과 기반을 바탕으로 새로운 목표를 찾고 발전하는 사회로 정의될 수 있는 성숙시대에 접어들었다. 성장사회는 도시의 확산에 중점을 두지만, 성숙사회는 지역 특성을 고려한 집약적 도시공간을 실현하는 데 중점을 둔다. 성장사회의 도시계획이 경제적 성장과 효율성을 우선시했다면, 성숙사회의 도시계획은 지역과 사람의 다양성을 높이고 거주자의 관점에서 삶의 질을 높이는 데 목표를 둔다. 이에 따라 도시 내부에 있는 기성시가지의 노후주택과 인프라를 새로이 정비하고 제대로 활용하는 것이 그 어느 때보다 중요한 과제로 떠오르게 되었다.

기성시가지에 있는 많은 노후 건축물들은 내진설계 및 화재안전성능 등 건축 관련 안전기준이 확립되기 전에 건설되고, 사용과정에서 불법 용도변경·증축 등이 이루어지

[그림 1-1] 서울시 마포구 공덕동과 아현동 일대의 저층 노후 주거지

자료: 서울역사아카이브, 서울생활문화자료조사 (https://museum.seoul.go.kr/archive)

면서 안전에 더 취약하다. 벽돌이나 블록, 목구조로 건축되어 건물구조가 취약한 경우가 많으며 단열재 미시공, 난방공급 불량, 저성능 창호, 구조체·방수층 크랙 등의 문제로 비효율적인 열/에너지 환경에 노출될 수밖에 없다. 기반시설이 노후하거나 부족한 지역에서는 생활도로 갓길에 차들이 불법 주정차되어 있거나, 노상적치물이 방치되고 있어 소방도로가 확보되지 못해 안전사고의 위험에 노출되어 있다. 특히, 화재·지진 등과 같은 재해 발생 시 신속하게 대응하기가 어려워 집단재해의 위험성이 상존한다.

이에 헌법재판소는 노후·불량한 건축물이 밀집된 지역, 주거환경이 열악하고 재해 발생 시 피난 및 구조활동이 곤란한 지역에서 해당 토지나 건축물이 사인 소유라는 이유로 국가가 관여하지 아니하고 방치하거나 해당 지역 주민의 자율에만 맡긴다면, 사업이 아예 이루어지지 않거나 지연되어 주민들의 주거환경은 물론 더 나아가서는 그들의 생명, 신체의 안전에도 심각한 위험이 초래될 수 있으므로 일정한 요건하에 일부 주민의 동의를 얻지 못하는 경우라도 사업의 추진이 가능하도록 하는 제도의 마련이 불가피하다고 판시함으로써 정비사업의 필요성을 천명한 바 있다(헌법재판소 2019. 11. 28. 선고 2017헌바241).

다만, 기성시가지 내 대부분의 지역은 과거에 이미 개발이 완료되었기 때문에 공공이 직접 시행주체로 나서 토지를 수용하고 대지를 조성하는 공영개발 방식으로 추진하는 것이 현실적으로 불가능하며, 지역개발 및 관리를 위해 투입할 공공의 재원에도 한계가 뚜렷하다. 이러한 배경 때문에 서울에서의 택지개발사업은 고덕·강일지구(1,660,535㎡)를 마지막으로 2024년에 모두 종료된다. 이에 도시관리를 위한 공공-민간 파트너십(Public-Private Partnership; PPP)의 실현 방안 중 하나인 정비사업에 대한 중요성이 더욱 강조되고 있다. 정비사업을 통해 기성시가지 내에서 토지이용의 효율화, 주택난 완화, 도시 및 주거환경의 개선과 함께 정비기반시설과 같은 대규모 공공재·공공서비스가 우리 사회와 시민들에게 공급되어 왔다.

1.2 정비사업이란 무엇인가?

일반 재화는 인간의 노력으로 만들어지고 재생산할 수 있다. 그러나 토지는 다른 재화처럼 생산비를 투입하여 물리적 절대량(면적)을 임의로 증가시킬 수 없으며, 생산 또는 재생산해낼 수 없는 특성을 가진다. 따라서 필연적으로 도시 내 토지를 어떻게 활용하여야 하는가에 대한 고민이 동반되며, 특히 기성시가지 중에서도 도시기능의 회복이 필요하거나 주거환경이 불량한 지역을 계획 및 관리하는 문제는 우리 사회와 경제가 고도화될수록 그 중요성이 더욱 강조된다. 정비사업은 이러한 노후·열악한 지역을 물리적·환경적 측면에서 개선하고, 더 나아가 사회·경제적 측면의 재생을 유도함으로써 도시경쟁력, 공공복리, 국민의 삶의 질, 지속가능성 등을 도모하는 것을 목적으로 한다.

그렇다면 도시기능의 회복이 필요하거나 주거환경이 불량한 기성시가지에서 활용할 수 있는 도시계획적 수단에는 어떤 것들이 있을까? 어떤 지역은 도로, 상하수도,

도시가스 배관 등 기초부터 다시 건설할 필요가 있고, 또 어떤 지역은 건축물만 새로 건설하여도 거주하기에 문제가 없을 수 있다. 언뜻 보기에 다 같은 '낡고 오래된 지역'일지라도, 해당 지역의 특성에 따라 활용될 수 있는 사업의 종류는 다르다. 또한 인구·가구구조, 주택시장의 상황, 주거 수요의 트렌드, 사회적 가치관 등 사회·경제적 여건에 따라 새로운 사업이 제도권에 등장하거나, 다른 사업으로 대체되어 사라지기도 한다.

2023년 현재, 우리가 기성시가지를 정비할 수 있는 수단들은 해당 지역의 물리적 특성, 사업 시행 규모와 방식 등에 따라 크게 세 부문으로 나눌 수 있다. 첫째, 기성시가지 내에서 일정 면적 이상의 구역 단위로 노후·열악한 건축물을 멸실하고 새로이 개발하는 「도시 및 주거환경정비법」에 의한 정비사업, 둘째, 기성시가지 내에서 광역적인 도시환경의 개선을 위해 시행하는 「도시재정비촉진을 위한 특별법」에 의한 재정비촉진사업, 그리고 기존의 도로망과 필지 패턴 등 지역 특성과 기능은 유지·보존하면서

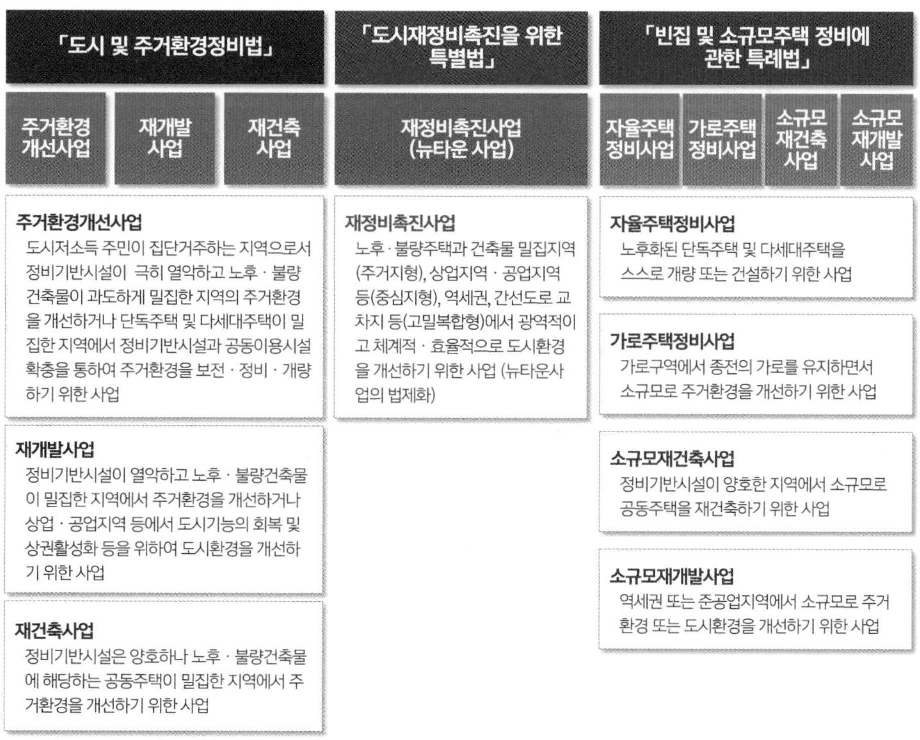

[그림 1-2] 정비사업의 종류

소단위 개발을 유도하는 「빈집 및 소규모주택 정비에 관한 특례법」에 의한 소단위 정비사업 등이다.

이 책은 우리나라에서 활용되고 있는 다양한 유형의 정비사업 중에서 오랜 기간 널리 시행되어 온 재개발사업, 재건축사업 그리고 재정비촉진사업을 중심으로 사업유형별 시행방식, 절차, 추진현황, 관련 제도 및 정책, 성과와 그늘 등에 관하여 다룬다. 상업지역·공업지역에서 시행하는 재개발사업과 최근 활성화되고 있는 소규모 정비사업(자율주택정비사업, 가로주택정비사업, 소규모재건축사업, 소규모재개발사업)에 대해서는 후속 도서에서 소개하도록 하겠다.

1.3 도시계획 체계와 정비사업

도시계획이란 도시의 바람직한 미래상을 정립하고 이를 시행하려는 일련의 과정을 말한다. 도시의 장래 수준을 예측하여 바람직한 미래상을 설정하고 규제나 유도정책, 절차, 방안 등을 통하여 도시를 건전하고 적정하게 개발 및 관리하고자 한다. 정비사업도 도시계획을 실현하기 위한 다양한 수단 중 하나이다. 그렇다면, 정비사업은 방대한 도시계획의 체계 속에서 어디에 위치해 있을까? 이를 알아보기 위해서는 먼저 한 도시를 대상으로 수립되는 계획의 뼈대, 즉 도시·군기본계획과 도시·군관리계획에 대해서 살펴볼 필요가 있다.

1) 도시·군기본계획이란?

도시·군기본계획(이하 도시기본계획)은 「국토의 계획 및 이용에 관한 법률」에 의한 법정의무계획이자 20년 단위(5년마다 보완·수정)의 장기계획으로, 도시의 물리적·공간적 측면뿐 아니라 환경·사회·경제적인 측면을 모두 포괄하여 주민생활환경의 변화를 예측하고 대비하는 종합계획이다. 또한 하위계획인 도시관리계획과 타 법률에 의해 수립되는 부문별 계획이 기본계획과 일관성 있게 수립될 수 있도록 지침적 역할을 하는 법정 최상위계획의 위상을 가진다.

예를 들어 서울시는 도시기본계획을 대도시 서울의 특성에 맞게 재구성한 「2040 서울도시기본계획」(2040 서울플랜)을 수립하였으며[1], 이는 1990년에 최초로 수립한 이후 서울시의 다섯 번째 도시기본계획이다. 계획의 기준연도는 2019년으로 하여 서울의 인구·산업·경제·환경·교통·주택 등 부문별 현황을 파악하였으며, 목표연도는 2040년으로 설정하여 향후 통계 전망을 근거로 계획인구를 설정하였다. 20년 후 서울의 미래상과 발전방향은 인구구조, 사회·경제적 여건, 기후변화에 따른 토지이용의 변화, 산업구조, 주택과 시가지 변화 등 주요 부문에 대한 기초현황 분석과 디지털 전환, 팬데믹 등 대내외적 여건 변화를 고려하여 장기적인 관점에서 설정하였다. 또한 이를 실현하기 위한 7대 목표, 부문별 전략계획, 공간계획, 권역별 계획 등을 담고 있다.

위와 같이 도시기본계획이 도시 전체의 장기적 발전방향을 포괄적으로 제시하는 계획이라면, 다음에서 설명할 도시·군관리계획은 이를 도시공간에 구체화하고 실현시키는 중기계획에 해당한다. 종전에는 우리나라 모든 시·군의 도시계획체계가 도시기본계획과 도시·군관리계획으로 이원화되어 있었다. 그러나 도시 전체를 대상으로 하는

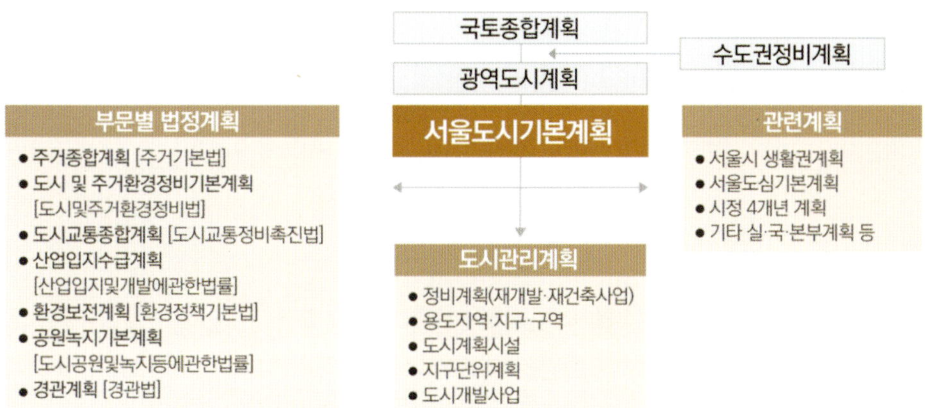

[그림 1-3] 2040 서울도시기본계획의 위상

자료: 서울특별시, 2023, "2040 서울도시기본계획 본보고서".

1) 2023년 1월 5일에 확정 공고되었다.

도시기본계획과, 개별 필지단위를 대상으로 하는 도시관리계획 사이에는 필연적으로 커다란 간극이 생길 수밖에 없었다. 이러한 문제점을 보완하기 위해 도입된 것이 생활권계획이다.

생활권계획은 지역별 이슈와 공간관리 지침을 제시함으로써 도시기본계획을 구체화하는 동시에 도시·군관리계획을 가이드하는 중간단계 계획이다. 서울시는 2014년부터 생활권계획을 본격적으로 수립하기 시작하여 2017년 5월 공청회를 거쳐, 2018년 3월에 생활권계획 확정·고시가 이루어졌다. 여기서 유의해야 할 점은 생활권계획이 도시기본계획의 '일부'로서 도시공간 관련 최상위 법정계획이라는 점이다. 따라서, 서울시에서 수립되는 모든 법정기본계획, 행정계획, 도시·군관리계획 등을 수립하는 경우 생활권계획과의 정합성을 유지하여야 하며, 각종 위원회 심의 시에도 관련 내용을 고려하여야 한다.

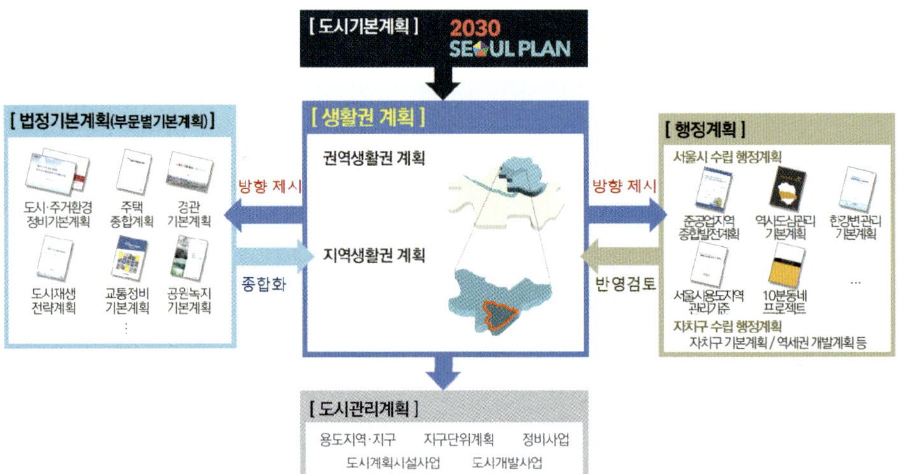

[그림 1-4] 서울시 생활권계획의 성격

자료: 서울시 도시계획포털(planning.seoul.go.kr)

2) 도시·군관리계획이란?

도시·군관리계획(이하 도시관리계획)의 성격은 매우 광범위하고 다양하다. 당해 시·군의 지속가능한 발전을 도모하기 위하여 「국토의 계획 및 이용에 관한 법률」에서 정하는 바에 따라 10년 단위로 수립하고 5년마다 재검토하는 법정계획이자, 광역도시계획 및 도시기본계획에서 제시된 도시의 장기적 미래 발전방향을 공간에 구체화하고 실현시키는 중기계획이며, 용도지역·지구·구역, 기반시설, 도시개발 및 정비, 지구단위계획 등 다양한 도시관리의 수단들을 일관된 체계로 종합하여 단계적으로 집행할 수 있도록 물적으로 표현하는 계획이다.

앞서 살펴 본 도시기본계획이 일반 시민에게는 직접적인 구속력이 없고 상위계획으로서 행정청에 구속력을 가지는 계획이라면, 도시관리계획은 도시계획적 공공성을 달성하기 위하여 국민의 사적 토지이용을 직접적으로 규제·결정하는 구속적·처분적·집행적 계획이라는 점에서 차이를 가진다. 예를 들어 도시관리계획에 의해 용도지구·지역으로 지정되면 건폐율과 용적률에 제한이 가해지고, 정비구역으로 지정·고시되면 건축물의 건축, 공작물의 설치, 토지의 형질변경, 토석의 채취, 토지분할, 물건을 쌓아 놓는 행위가 제한된다.

도시관리계획을 실현하기 위해 여러 가지 수단들이 마련되어 있는데, 이를 수동적인 방식과 능동적인 방식으로 나누어 살펴볼 수 있다. 수동적인 도시관리계획은 용도지역·지구·구역, 지구단위계획구역과 같이 도시공간의 범위를 특정하여 토지의 이용

[그림 1-5] 서울시 도시관리계획도 범례

및 건축물의 용도, 건폐율·용적률·높이의 최대 한도 등을 제한하고, 토지소유자가 이에 부합하는 건축물을 건설함으로써 토지의 합리적이고 건전한 이용을 도모하는 것을 말한다. 능동적인 도시관리계획은 행정청 또는 행정청이 지정하는 사업시행자가 도시기본계획 및 도시관리계획에서 제시하는 도시의 발전방향에 부합하는 물리적인 공간구조와 건축물을 직접 생산해내는 것을 말하는데, 도시계획시설사업, 도시개발사업, 정비사업 등이 이에 해당된다.

3) 도시계획 체계 속 정비사업

(1) 도시 및 주거환경정비기본계획의 위상

도시 및 주거환경정비기본계획은 「도시 및 주거환경정비법」 제4조에 의해 수립되는 법정계획이며, 주거지의 종합적 관리를 위한 정책계획이자 정비사업 추진을 위한 실행지침의 역할을 수행한다. 특별시장·광역시장·특별자치시장·특별자치도지사 또는 시장은 10년 단위로 수립하고, 5년마다 타당성을 검토하여 그 결과를 기본계획에 반영하여야 한다.

「국토의 계획 및 이용에 관한 법률」에서 정하는 광역도시계획-도시기본계획-도시관리계획-지구단위계획의 체계 속에서 도시 및 주거환경정비기본계획은 도시기본계획과 도시관리계획의 중간적 지위에 있다. 따라서 도시 및 주거환경정비기본계획은 도시기본계획에서 제시하는 도시 전체의 토지의 이용·개발 및 보전에 관한 방향성에 부합하여야 하며, 동시에 도시기본계획의 일부인 생활권계획에서 제시하는 생활권별 주거지 관리계획, 주택수급계획, 기반시설 설치계획, 특성관리계획과도 정합성을 가져야 한다.

또한, 도시 및 주거환경정비기본계획은 도시관리계획 등 하위계획 및 토지이용계획에서 반영하여야 하는 실행지침의 역할을 한다. 정비계획과 정비사업에 대해서 법적인 구속력을 지니며, 개별 법령 유사 정비사업(지구단위계획, 주택사업계획, 조합사업 등)에 대해서는 심의 시 권장 기준으로 활용될 수 있다.

(2) 정비계획의 위상

정비계획은 도시관리계획의 종류 중 하나로(「국토의 계획 및 이용에 관한 법률」 제2조 제4호 라목), 일반 도시관리계획으로는 도시기능 또는 주거환경의 개선이 곤란한 지역을 보다 체계적·효율적으로 정비하기 위한 계획이므로, 일반 도시관리계획에 우선하는 효력을 가진 '특별' 도시관리계획에 해당된다(법제처, 2016)[2]. 정비계획의 밀도, 정비기반시설의 설치 등의 기준은 도시 및 주거환경정비기본계획에서 정해놓은 틀과 정합성을 유지하여야 하고, 생활권계획에서 제시한 생활권별 계획의 방향과 부합되어야 한다.

정비계획은 「국토의 계획 및 이용에 관한 법률」에 의한 지구단위계획과 대등한 지위를 가진다. 정비구역의 지정·고시가 있는 경우 해당 정비구역 및 정비계획 중 지구단

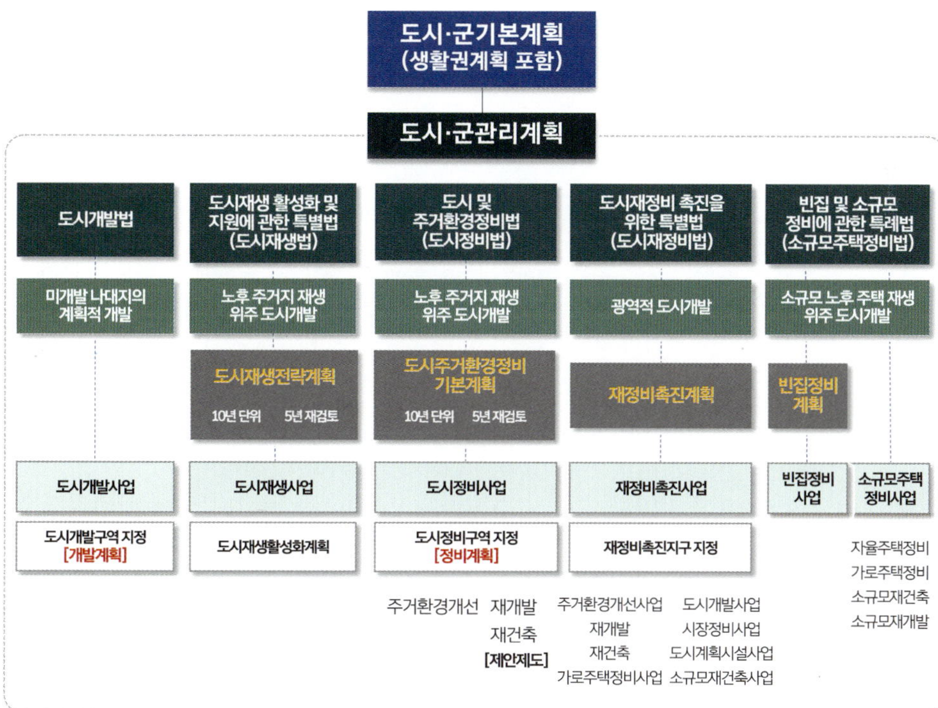

[그림 1-6] 도시계획 체계 속 정비사업

2) 법제처 법령해석 사례, 2016. 4. 27. 회신 15-0650.

위계획의 내용에 해당하는 사항은 지구단위계획구역 및 지구단위계획으로 결정·고시된 것으로 보도록 하고, 반대로 지구단위계획구역에 대하여 정비계획에 포함되어야 하는 사항을 모두 포함한 지구단위계획을 결정·고시하는 경우 해당 지구단위계획구역은 정비구역으로 지정·고시된 것으로 보도록 하고 있다(「도시 및 주거환경정비법」 제17조 제1항 및 제2항). 이는 정비계획과 지구단위계획이 서로 그 내용 및 목적이 상당 부분 동일하거나 유사하고 관련 절차가 대부분 같다는 점을 고려해 같은 내용의 계획을 같은 절차를 반복하여 두 번 수립하거나 변경할 필요가 없다는 점을 명확히 한 취지라고 볼 수 있다.

정비사업은 다른 사업보다 공공성이 더욱 강조되는 '도시계획사업'으로도 정의되는데(「국토의 계획 및 이용에 관한 법률」 제2조 제11호), 도시계획시설사업, 도시개발사업과 함께 도시생활에 필요한 교통, 주택, 위생, 행정부분에 대하여 주민의 복리를 증진시키고 공공의 안정을 유지하도록 능률적·효과적으로 공간을 배치하는 역할을 수행한다.

2

주택정비형 재개발사업이란?

2 장 주택정비형 재개발사업이란?

2.1 주택정비형 재개발사업의 개요

주택정비형 재개발사업은 도로·공원·주차장 등 기반시설이 열악하고, 노후·불량한 건축물이 밀집한 지역에서 주거환경을 개선하기 위해 시행되는 사업이다. 이처럼 생활이 불편할 뿐만 아니라 주민들의 안전·보건이 위협받는 열악한 주거환경은 서울의 곳곳에서 찾아볼 수 있다. 6.25 전쟁 이후 국가재건사업과 함께 도시화가 진행되었으나, 미처 국토정책이나 도시계획이 수립되기 전에 전쟁 피난민과 전재민들이 도시로 대거 유입되었다. 게다가 1970~80년대 경제 고도성장기를 거치며 이촌향도 현상이 본격화되자, 도시지역에서는 과밀화로 인한 불량주거지 문제와 주택부족의 문제가 늘 따라다녔다. 당시에 서울에 형성된 노후·불량한 주거지의 모습은 다음의 글을 통해 살펴볼 수 있다.

> 매년 봄, 가을이면 조그만 경비행기 한 대가 항공촬영을 위해 서울 일원을 천천히 돈다. 여기서 찍힌 사진은 큼지막하게 뽑혀 그 전에 찍은 사진 위에 얹혀 새로 들어선 집을 찾아내는데, 그 집이 구청 건축과에서 허가를 받은 집이면 넘어가지만 그렇지 않은 집들은 동사무소로 통보되어 현장 확인을 하게 된다. 현장 확인 결과 무허가 주택이라면 우선 계고장을 붙여 며칠의 여유를 준 다음, 그래도 자진철거가 이뤄지지 않으면 해머와 곡괭이를 든 직원들이 출동하게 된다. 그래서 최소한 1980년대 이후부터는 무허가로 집을 짓는 것이 쉽지 않다. 발달한 과학기술의 힘으로 즉각 조치하기 때문이다. 그러나 그 이전에는 숱하게도 그런 집이 많았다. 그래서 선거 때마다 이렇게 음지에 있는 집들에 햇볕을 내리는 '양성화' 조치가 취해졌고, 산동네 주택의 대부분은 이렇게 햇볕을 본 집들이다. 불법이지만 철거는 않겠다는 것이다. 서울시 재개발구역 내 가옥의 60% 이상이 무허가 건물이며, 구로 2구역, 사당 2-2구역 같은 곳은 100%가 무허가다.
>
> 그럼 왜 무허가일까? 이유는 간단하다. 내 땅이 아닌 곳에 집을 지었기 때문이다. 일반적인 산동네 지역 면적의 40% 이상은 국공유지다. 산림청의 국유림 땅, 서울시의 버려진 땅, 철도청 소유부지 뭐 그런 땅들이다. 내 땅이라도 소위 「건축법」을 못 지키기 때문에 그런 경우도 있다. 「건축법」에는 집을 지을 수 있는 최소 대지면적이 27평이다. 그래야 사람이 살만한 집을 지을 수 있다는 논법인데, 산동네 판잣집의 평균 면적은 11평에 불과하다. 집 두, 세 채를 헐어야 겨우 「건축법」을 맞출 만한 것이 된다.

[그림 2-1] 서울특별시 서대문구 북아현동 의령길
자료: 서울역사아카이브, 서울생활문화자료조사 (https://museum.seoul.go.kr/archive)

때문에 주택정비형 재개발사업은 도시생활에 필요한 교통, 주택, 위생, 행정부분에 대하여 주민의 복리를 증진시키고 공공의 안정을 유지하기 위한 도시계획사업의 일환이며(「국토의 계획 및 이용에 관한 법률」 제2조 제11호), 정비사업 중에서도 정비기반시설[3)]이 양호한 지역에서 시행되는 재건축사업 등 다른 정비사업에 비해 상대적으로 높은 공공성을 가진다. 이에 관하여 헌법재판소는 노후·불량한 건축물이 밀집된 지역, 주거환경이 열악하고 재해 발생 시 피난 및 구조활동이 곤란한 지역에서 해당 토지나 건축물이 사인 소유라는 이유로 국가가 관여하지 아니하고 방치하거나 해당 지역 주민의 자율에만 맡긴다면, 사업이 아예 이루어지지 않거나 지연되어 주민들의 주거환경은 물론 더 나아가서는 그들의 생명, 신체의 안전에도 심각한 위험이 초래될 수 있으므로 일정한 요건하에 일부 주민의 동의를 얻지 못하는 경우라도 사업의 추진이 가능하도록

---

3) '정비기반시설'이란 도로·상하수도·공원·공용주차장·공동구, 그 밖에 주민의 생활에 필요한 열·가스 등의 공급시설로서 다음 어느 하나에 해당하는 건축물을 말한다. 녹지, 하천, 공공공지, 광장, 소방용수시설, 비상대피시설, 가스공급시설, 지역난방시설 등(「도시 및 주거환경정비법」 제2조 제4호 및 「도시 및 주거환경정비법 시행령」 제3조).

하는 제도의 마련이 불가피하다고 판시함으로써 재개발사업의 공공성을 인정했다(헌법재판소 2019. 11. 28. 선고 2017헌바241).

주택정비형 재개발사업은 직접적으로는 「도시 및 주거환경정비법」과 「도시 및 주거환경정비 조례」에 근거하나, 낡고 오래된 '주택을 철거'하고, 새로운 '도시계획'하에서 공동주택을 '건설'하는 사업이기 때문에 이 외에도 「국토의 계획 및 이용에 관한 법률」, 「주택법」, 「건축법」, 「경관법」, 「공익사업을 위한 토지 등의 취득 및 보상에 관한 법률」, 「감정평가 및 감정평가사에 관한 법률」 등 수많은 법령과 직·간접적인 관련을 가진다.

2.2 재건축사업과의 차이점

흔히들 재개발사업과 재건축사업은 유사한 범주로 묶인다. 노후·열악한 주택을 정비한다는 점, 「도시 및 주거환경정비법」에서 정하는 추진절차를 반드시 준수해야 하는 법정사업이라는 점, 주로 토지등소유자들의 결사인 조합이 사업시행자가 된다는 점 등에서 공통점을 가진다.

그러나 재개발사업과 재건축사업은 다음과 같이 다양한 측면에서 차이점을 가진다. 먼저, 사업의 범위 측면에서 살펴보면 '다시 건축하는 것(재건축)'은 건축물만 다시 짓는 개념이지만 '다시 개발하는 것(재개발)'은 일단의 지역을 대상으로 건축물뿐만 아니라 도로·상하수도·공원 등 정비기반시설까지 새로 지어 공급하는 개념이다. 즉, 재개발사업과 재건축사업은 모두 정비사업이며 도시계획사업이지만, 재개발사업이 공익사업으로서의 성격이 더 강하고, 재건축사업은 공익사업의 성격이 상대적으로 덜하다고 할 수 있다. 이에 재개발사업은 법정 요건에 충족되면 공공에서 사업구역을 지정하는 데 반해, 재건축사업은 정비계획의 입안권자가 정비예정구역별 정비계획의 수립시기가 도래한 때 또는 건축물 및 그 부속토지의 소유자의 요청에 따라 안전진단을 실시하여 그 결과에 따라 사업의 시행 여부가 결정된다. 또한 재건축사업은 재건축초과이익환수제

[그림 2-2] 서울시 마포구 공덕동 일대의 재개발사업 대상지(아현뉴타운)
자료: 서울역사아카이브, 서울생활문화자료조사 (https://museum.seoul.go.kr/archive)

[그림 2-3] 서울시 강남구 대치동 일대의 재건축사업 대상지(은마아파트)
자료: 서울역사아카이브, 서울생활문화자료조사 (https://museum.seoul.go.kr/archive)

도와 같이 상당히 명확한 용어로 '개발이익의 환수'를 천명하는 반면, 재개발사업은 정비기반시설의 설치와 공공임대주택의 의무건설·공급을 통해 일정 부분의 개발이익이 환수된다.

재개발사업과 재건축사업은 조합과 조합원의 권리·권한·의무 측면에서도 큰 차이가 있다. 먼저 재개발사업은 조합 의무가입제인 데 반해 재건축사업에서는 조합 임의가입제를 채택하고 있다. 즉, 재개발사업의 경우에는 토지등소유자 수의 3/4 이상 및 토지면적 1/2 이상의 동의를 얻어 조합이 설립되면, 사업의 추진과 조합 설립에 반대한 토지등소유자도 강제로 조합원의 지위를 가지게 된다. 또한 재개발사업은 토지나 건물, 또는 지상권 중 하나만 소유해도 조합원의 자격을 취득할 수 있어 그 인정범위가 더 넓다. 반면 재건축사업은 토지와 건물을 모두 동시에 소유해야 조합원 자격 취득이 가능하며, 조합 가입의 여부를 소유자가 결정할 수 있다. 그렇다면 만약 재개발사업에서 어떤 토지등소유자가 원치 않음에도 불구하고 해당 구역에서 동의율이 충족되어 조합이 설립되고 이와 동시에 조합원의 지위를 가지게 된 경우에는 어떻게 하여야 할까? 이 토지등소유자는 사업시행계획인가 이후 조합원 분양신청 단계에서 분양신청을 하지 않음으로써 현금청산의 대상이 되는 것으로 조합원에서 제외될 수 있다.

정비사업의 시행에 동의하지 않는 조합원에 대하여 재개발사업은 수용권을, 재건축사업은 매도청구권을 행사할 수 있다. 앞서 설명한 바와 같이 재개발사업의 시행자인 조합이 설립되려면 토지등소유자의 3/4 이상, 토지면적의 절반 이상의 동의가 필요하다. 이는 토지등소유자의 25%가 사업시행에 동의하지 않더라도 이들의 의사와는 관계없이 사업이 추진된다는 것을 의미한다. 본래 우리 「헌법」이 채택하는 사유재산제도하에서는 일부 토지등소유자가 사업 추진에 반대하더라도 당사자 간의 협의에 의해서 처리하는 것이 원칙이나, 예외적으로 재개발사업의 시행자인 조합에 대하여 사업시행에 동의하지 않은 조합원의 주택 및 토지를 강제로 취득할 수 있는 수용권을 부여하고 있는 것이다. 이 외에도 재건축사업, 주택건설사업 및 리모델링사업에 대해서도 어느 정도의 공공성이 인정되어 매도청구권이 인정되고 있다. 재건축사업에서는 사업 추진에 반대의 뜻을 표시한 토지등소유자와 건축물 또는 토지만 소유한 자에게 소유권과 그 밖의 권리를 매도할 것을 청구할 수 있다.

두 사업은 세입자 보상 대책에도 차이가 있다. 재개발사업의 추진 과정에서 발생하는 재산권 침해와 이의 보상 내용은 「도시 및 주거환경정비법」에서 정한 사항을 제외하고는 「공익사업을 위한 토지 등의 취득 및 보상에 관한 법률」을 준용하도록 하고 있으며, 조합은 조합원 및 세입자에 대해 청산금, 주거이전비, 이사비, 영업권 보상 등을 제공한다. 반면 재건축사업의 경우 세입자 손실보상 의무규정이 없다.

[표 2-1] 주택정비형 재개발사업과 재건축사업의 차이점

구분	주택정비형 재개발사업	재건축사업
근거법령	구)도시재개발법 → 도시 및 주거환경정비법	구)주택건설촉진법 → 도시 및 주거환경정비법
성격	도시계획사업의 일종, 공익사업	도시계획사업의 일종, 민간주택사업
정비기반시설	열악	양호
안전진단 실시 여부	미실시	실시 (단, 단독주택재건축은 미실시)
동의요건	토지등소유자 ¾ 이상 + 토지면적 ½ 이상의 토지소유자 동의	동별구분소유자의 ½ 이상 전체 구분소유자 ¾ 및 토지면적의 ¾ 이상의 토지소유자의 동의
조합원 자격	▪ 조합설립 동의 여부와 관계없이 조합설립과 동시에 조합원이 됨(강제가입제) ▪ 토지, 건물, 지상권 중 하나만 소유해도 됨	▪ 조합설립에 동의한 자만 조합원이 됨. 미동의 시 청산대상(임의가입제) ▪ 토지와 건물 모두 소유해야 함
임대주택 건설의무	서울 15%, 경기/인천 5%(조례)	상한용적률과 법정상한용적률 차이의 50%
주거이전비 및 영업보상비	지급	미지급(단, 2020년 이후 서울시 단독주택재건축 제외)
미동의자	권리의 수용 또는 사용	매도청구
현금청산액 기준	감정평가액 기준	시세 기준

2.3 주택정비형 재개발사업의 변천과정

우리나라 재개발사업의 변천과정은 시대적 상황, 주택정책, 근거법률과 제도, 사업추진 형태 등을 고려하여 크게 네 개의 시기, 재개발정책의 태동기(1955년~1971년) / 개발기(1972년~1982년) / 성장기(1983년~2001년) / 성숙기(2002년~현재)로 구분해서 살펴볼 수 있다.

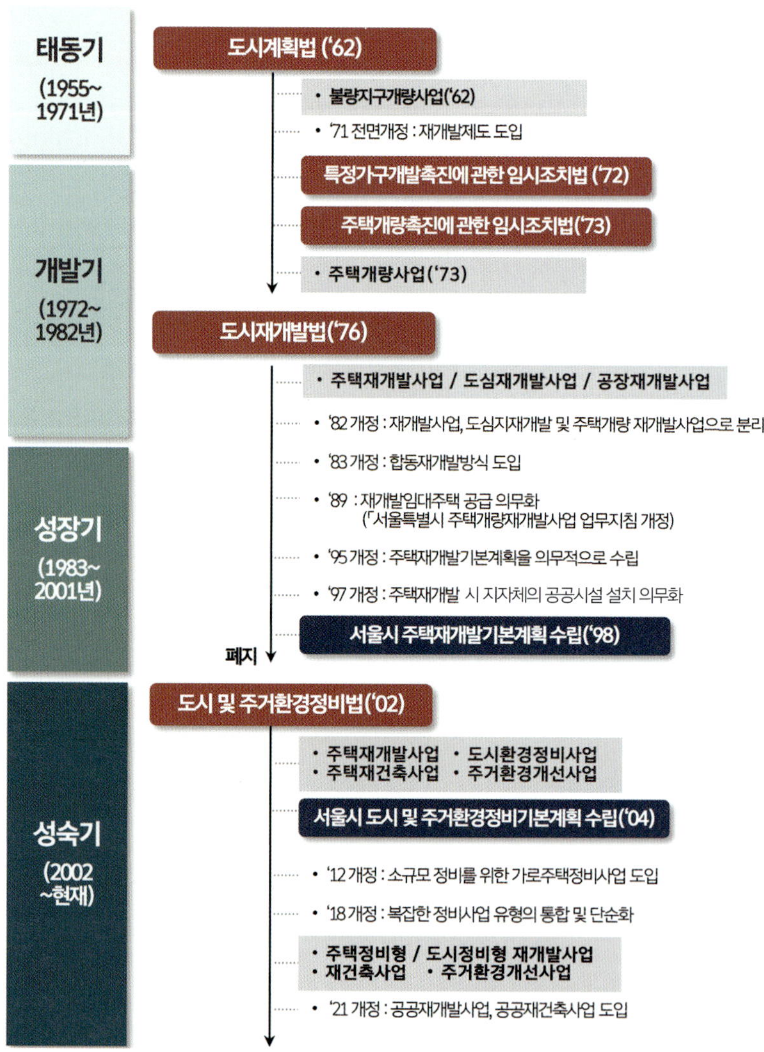

[그림 2-4] 주택정비형 재개발사업의 변천 과정

1) 재개발정책의 태동기(1955년~1971년)

이 시기는 '강제철거 및 이주(Slum Clearance)'와 '대규모 단지 조성' 등의 키워드로 그 특성을 요약할 수 있다. 1950년대 우리나라는 휴전 이후 외국의 원조를 통해 전쟁으로 인해 파괴된 주택 및 기반시설들의 복구에 집중하여 국토정책이나 계획은 미처 수립되지 못했다. 전쟁 피난민과 전재민들이 도시지역으로 유입되면서 도시지역의 인구가 급증함에 따라[4] 도시지역은 구직과 빈곤이 만연하였으며[5], 특히 주택난과 기반시설 부족, 열악한 생활환경[6] 등의 문제가 대두되었다.

초기의 불량지구개량사업은 사회적 혼란기를 틈타서 국공유지를 불법으로 점거한 도심지의 무허가 불량주택을 미관 및 도시기능의 회복 측면에서 「도시계획법」(1962년 제정)을 적용하여 전면 강제철거하고, 도시 외곽으로 이주시키는 방식으로 추진되었다. 그러나 문제는 집단 이주된 지역이 교통시설, 상하수도 등의 기초적인 도시기반시설이 마련되지 않아 주거에 부적합한 미개발 상태의 지역으로, 불량촌의 장소적 이전에 불과하였다는 것에 있다. 이에 따라 많은 주민들이 전매하고 도심으로 되돌아와 불량주택을 도시 외곽으로 확산시키는 결과가 초래되었다. 이러한 문제점은 「도시계획법」이 도시계획사업의 하나로 '일단지의 불량지구 개량에 관한 시설'을 제2조 용어의 정의에

[그림 2-5] 용산·동대문구 일대의 판자촌

[그림 2-6] 제2청계천 무허가건물 철거

자료: 서울역사아카이브(museum.seoul.go.kr/archive)

---

4) 1960년대 인구증가율은 116%로 큰 인구증가를 경험했다(국가통계포털, www.kosis.kr).

5) 1966년 기준 전체 인구 대비 경제활동인구비율은 32%로 매우 낮은 수준이었다(국가통계포털, www.kosis.kr).

6) 1966년 총 주택 대비 판잣집의 비율이 37%로 매우 높은 수준이었다(서울시정개발연구원, 2001).

포함했을 뿐, 그 사업에 관한 아무런 내용을 규정하지 않음에서도 기인하였다[7].

이러한 문제를 개선하기 위해 1971년 「도시계획법」의 전문 개정을 통해 기존 시가지 내에서 도로가 협소하고 건물이 노후된 '불량지구'의 개량을 위한 재개발사업의 근거를 마련하였다. 도시계획사업에 관한 내용만 담고 있던 「도시계획법」에 재개발사업의 시행에 관한 규정이 제3장 제2절의 제31조부터 제52조까지 삽입되면서, 현재의 도시정비 관련 법령의 시초가 되었다.

2) 개발기(1972년~1982년)

개발기(1972년~1982년)는 '재개발사업의 제도화', '불법주택의 양성화'의 키워드로 그 특성을 요약할 수 있다. 「특정지구개발촉진에 관한 임시조치법」의 제정(1972년), 「주택개량촉진에 관한 임시조치법」의 제정(1973년)을 통해 불법주택의 양성화와 현지개량사업이 추진되었고, 「도시재개발법」의 제정(1976년)을 통해 재개발사업의 독립적 근거가 마련되었다.

(1) 1972년 「특정지구개발촉진에 관한 임시조치법」의 제정

1972년에 제정된 「특정지구개발촉진에 관한 임시조치법」은 당초 1975년까지 효력을 갖는 한시법이었으나 이후 1978년으로 그 종료 시점이 연장되었다. 신시가지의 조성이 필요한 지역을 주택건설촉진지구와 재개발촉진지구로 지정하고, 재개발촉진지구 내에서는 ① 건축물과 그 대지의 취득 및 양도 등에 관한 취·등록세, 면허세, 도시계획세, 재산세 등 각종 조세를 면제하고, ② 주택을 건축하려는 자에게는 주택건설자금을 우선 융자받을 수 있도록 하였다.

(2) 1973년 「주택개량촉진에 관한 임시조치법」의 제정

1973년에 제정된 「주택개량촉진에 관한 임시조치법」은 1981년 12월 31일까지의 한

---

[7] 대한주택공사, 1993, '도시재개발법령 개정방안 연구: 주택개량재개발관계 법제를 중심으로', 5쪽.

시법으로서, 「도시계획법」상 재개발사업에 대한 특례를 규정하였다. 이 법을 통해 지방자치단체가 시행자가 되어 공공시설 설치 및 행정지원 등을 담당하고, 주택은 주민이 건립하는 형태인 자력재개발방식이 추진되기 시작했다. 1960년대에 추진했던 강제철거 및 집단이주를 통한 불량지구의 외곽화 정책이 많은 사회적 문제로 이어지자 토지소유자를 중심으로 한 방식으로 전환된 것이다. 이 법의 주요 내용은 ① 주택개량사업을 도시계획사업으로 규정하고, ② 불량주택이 밀집한 지역이 재개발구역으로 지정될 경우, 종전의 용도를 폐지 또는 변경할 수 있도록 함으로써 무허가주택을 양성화할 수 있는 법적 근거를 마련하였다. ③ 국공유지를 지방자치단체에 무상으로 양여할 수 있도록 하여 공공시설 투자를 위한 재원을 마련할 수 있도록 하였고, ④ 재개발사업의 시행자에게 7종의 조세(양도소득세, 취득세, 등록세, 재산세, 면허세, 도시계획세, 특별부가세)를 면제하는 등의 사항을 규정하였다. 이 규정에 따라 무허가불량주택지 중 소방도로, 상하수도 등 기반시설의 설치가 가능한 지역에서는 모두 현지재개발사업을 추진하도록 하고, 지역여건상 기반시설의 설치가 불가능한 지역에서는 9개월~1년간의 여유기간을 부여하고 강제철거를 실시하되, 1동당 50만 원의 철거보조금과 시영아파트 등 서민아파트의 추첨권을 부여하였다. 이 법을 통해 무허가불량주택지의 재개발이 본격화되어 서울시에서 1973년에는 196개 지구, 1975년에는 199개 지구, 1979년에는 227

[표 2-2] 1972년~1980년 서울시 가구 수, 주택 재고 및 공급량

년도	가구 수	주택 수 (호)	주택공급량 (호)	불량주택 수 (호)	철거된 불량주택 수(동)	주택 보급률(%)
1972	1,182,655	684,374	19,203	161,887	2,540	57.9
1973	1,215,538	700,754	35,681	155,467	4,332	57.6
1974	1,273,678	736,656	45,182	149,503	5,584	57.8
1975	1,410,748	744,247	52,925	142,206	20,039	52.8
1976	1,461,009	802,571	55,847	134,909	18,828	54.9
1977	1,433,473	838,514	61,909	100,715	14,919	58.5
1978	1,510,965	892,084	79,574	87,723	12,992	59.0
1979	1,605,261	931,114	52,354	153,508	9,420	58.0
1980	1,686,361	993,661	53,375	154,047	1,080	58.9
계					89,734	

자료: 한국도시연감(1972-1980년)

개 지구가 대거 지정되어 아파트 또는 연립주택으로 정비되었다.

「특정지구개발촉진에 관한 임시조치법」과 「주택개량촉진에 관한 임시조치법」의 제정 이후 1980년까지 서울에서는 9만 동에 가까운 불량주택이 철거되었다. 그러나 동시에 1955년부터 시작된 우리나라의 베이비붐 현상이 1970년대 중반까지 20년간 지속되며 인구가 폭발적으로 증가하는 가운데, 1960년에 35.8%였던 도시화율이 1970년에는 49.8%, 1980년에는 66.7%가 되면서 결국 전체 불량주택의 수는 비슷한 수준으로 유지되었다.

(3) 1976년 「도시재개발법」의 제정

1976년에는 「도시재개발법」이 「도시계획법」으로부터 분리 제정되면서 재개발사업에 의한 도시정비가 활성화되기 시작했다. 기존의 자력재개발방식은 지역공동체를 유지하면서 열악한 주거환경을 개선하는 데에는 도움을 주었으나, 영세한 토지소유자 등 개인이나 건물 또는 필지 단위의 개발을 통해서는 고질적인 주택난과 도시문제의 해결이 불가능했다. 이에 따라 보다 신속하고 효율적인 주택공급과 도시환경의 개선을 위한 제도의 필요성이 제기되었고 「도시재개발법」이 제정되었다.

이 법은 2002년 「도시 및 주거환경정비법」이 제정될 때까지 약 26년간 18차례의 개정을 거치며 우리나라의 기성시가지 정비를 위한 주요 수단이 되었다. 당시 「도시계획법」(1962년 제정)이나 「토지구획정리사업법」(1966년 제정)이 교외지대가 무계획적이고 비효율적으로 팽창하는 스프롤 현상(Urban Sprawl)을 억제하며 단계적인 시가화를 지향했다면, 「도시재개발법」은 도시 내부의 기성시가지를 계획적으로 정비하고 보전하기 위한 기능을 수행하였다.

1976년에 제정, 1977년에 시행된 「도시재개발법」의 주요 내용을 살펴보면, ① 인구 100만 명 이상의 도시에서는 재개발기본계획의 작성을 의무화하였고, ② 기본계획의 우선순위에 따라 재개발구역을 지정할 수 있도록 하였다. ③ 최저한도 높이에 미달되는 토지/과소토지/노후 또는 불량한 건축물 등 재개발구역의 지정기준을 제시하였으며, ④ 토지등소유자로 구성된 조합이 재개발사업의 시행자가 될 수 있도록 하였다. 또한, ⑤ 관리처분계획의 개념이 도입되어 대지 및 건축시설의 균형 있는 배분과 합리적 이용을 도모하였다. 현재까지 이어져 오고 있는 우리나라 재개발·재건축사업 추진 방식의 기초 골격과 절차가 만들어진 것이다.

[표 2-3] 1976년 제정 당시 「도시재개발법」의 구조 및 주요 내용

1977년 7월 1일 시행, 법률 제2968호

<table>
<tr><th>장</th><th>절</th><th>주요 내용</th></tr>
<tr><td>제1장 총칙</td><td></td><td>목적, 정의, 재개발기본계획의 작성, 재개발구역의 지정, 재개발사업계획의 입안 및 결정, 재개발사업계획의 기준, 권리·의무의 승계, 권한의 위임</td></tr>
<tr><td rowspan="4">제2장 재개발사업의 시행자</td><td>제1절 통칙</td><td></td></tr>
<tr><td>제2절 토지등의 소유자의 시행</td><td>사업시행인가, 신청기간의 지정, 토지등소유자의 동의, 관계서류의 공람과 의견의 청취, 인가 등의 고시</td></tr>
<tr><td>제3절 조합의 시행</td><td>사업시행인가, 조합의 법인격, 명칭의 사용제한, 조합원의 자격, 조합임원, 임원의 직무 등, 총회 및 결의사항, 대의원회, 경비의 부과, 참여조합원의 부담, 징수의 위탁, 차입금, 민법의 준용</td></tr>
<tr><td>제4절 지방자치단체등의 시행</td><td>사업시행인가, 공람, 공사 등의 시행인가, 제3자의 시행인가</td></tr>
<tr><td rowspan="3">제3장 재개발사업의 시행</td><td>제1절 시행을 위한 조치</td><td>가수용시설등의 설치를 위한 토지등의 사용, 공익을 위한 개수명령, 지장물 등의 이전 요구, 손실보상, 토지등의 수용, 토지수용법의 준용</td></tr>
<tr><td>제2절 관리처분계획</td><td>분양신청, 관리처분계획인가의 내용·절차·기준 등, 보류지, 분양신청을 하지 아니한 자에 대한 조치, 가청산, 분양받을 권리양도의 대항요건, 관리처분계획에 의한 처분</td></tr>
<tr><td>제3절 공사완료에 따른 조치</td><td>공사완료의 공고와 분양처분, 대지 및 건축시설에 관한 권리의 확정, 매수청구권, 등기절차 및 권리변동의 제한, 청산금</td></tr>
<tr><td>제4장 비용의 부담</td><td></td><td>비용부담의 원칙, 공공시설관리자의 비용부담, 수익자부담금, 보조 및 융자</td></tr>
<tr><td>제5장 감독</td><td></td><td>자료의 제출, 감독</td></tr>
<tr><td>제6장 보칙</td><td></td><td>기금의 설치, 주택개량을 위한 재개발사업에 관한 특례, 다른 법령의 준용 및 배제, 관계서류의 보관, 도시재개발 심의회 설치</td></tr>
<tr><td>제7장 벌칙</td><td></td><td>-</td></tr>
</table>

3) 성장기(1983년~2001년)

성장기(1983년~2001년)는 '합동재개발방식'과 이로 인한 '정비사업의 급격한 성장'이라는 키워드로 특성을 요약할 수 있다.

(1) 합동재개발방식의 등장

1980년대 이전에는 가장 일반적인 재개발방식으로 자력재개발이 활용되었다면, 1980년대 이후에는 합동재개발이 활용되고 있다. 합동재개발사업이란 토지등소유자가 조합을 구성하여 사업시행자가 되고, 민간 건설사를 참여조합원으로 가입시켜 자금조달과 시공 등 사업의 핵심적인 역할을 수행하는 민간주도형 재개발방식이다. 즉, 토지를 주민이 제공하고 사업비 일체를 건설사가 부담하여 '합동'으로 재개발한다는 데서 붙여진 용어이다.

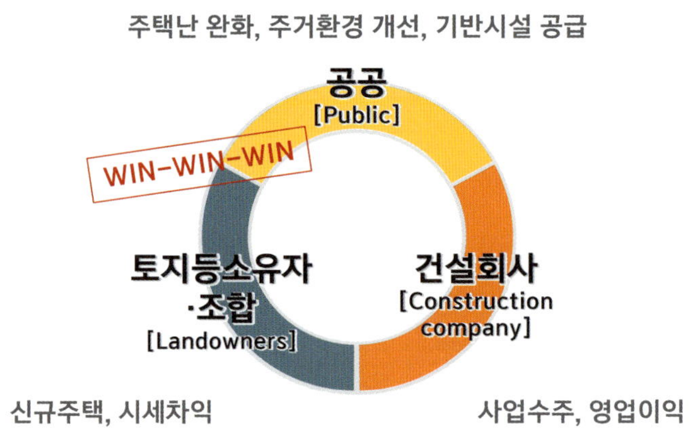

[그림 2-7] 합동재개발사업의 이해관계

합동재개발사업은 법령에 명시된 용어는 아니나, 1982년 12월 31일 「도시재개발법」[8]과 동법 시행령[9]의 일부개정에 의해 도입되고 1984년 1월 서울시가 마련한 「합동재개발사업 세부시행지침」에 의해 구체화되었다. 1983년에 시행된 「도시재개발법」에서

8) 1983년 1월 31일 시행, 법률 제3646호
9) 1983년 3월 31일 시행, 대통령령 제11087호

는 ① 재개발사업을 도심지재개발사업, 주택개량재개발사업과 구분함으로써(법 제2조 제2호) 현지개량방식과의 차이를 두었으며, ② 종전에는 조합과 지방자치단체 등에 의해서만 재개발사업이 시행될 수 있었으나, 개정을 통해 시행 주체의 범위를 확장함으로써 민간건설사업자가 사업에 참여할 수 있게 되었다(법 제11조 제1항). 또한, ③ 종전에는 지방자치단체에게만 인정되었던 수용권이 조합, 제3개발자 등 민간영역의 사업시행자에게도 인정되기 시작하였다(법 제38조 제2항). 동시에 「도시재개발법 시행령」에서는 ① 종전에는 관리처분계획에 따라 구역 내 토지등소유자에 대하여 대지의 소유권이 분배되었다면, 개정으로 인해 대지 및 건축시설의 분양권이 주어지게 함으로써(시행령 제42조 제2호) 일반분양과 그로 인한 개발이익이 사업시행자에게 귀속될 수 있게 하였다. 또한, ② 청산의 기준이 되는 비용, 즉 대지 또는 건축시설의 가격산정을 위하여 공사착수 전의 가격에 가산할 비용에 민간건설사업자가 투입하는 자금의 이자, 기타 필요한 경비 등이 추가되었다(시행령 제46조 제3호).

(2) 합동재개발방식의 작동원리

합동재개발방식은 공공, 토지등소유자와 이들로 구성된 조합, 건설회사의 이해관계가 일치하여 모두 win-win-win 할 수 있는 구조를 갖추고 있어 폭발적인 성장세를 보이기 시작했다.

조합은 재개발사업의 사업시행자로서, 조합원들이 현물출자한 종전부동산(토지 및 건축물)을 활용하여 조합원에게 분배하는 주택 외에 주택시장에 매각할 수 있는 주택을 추가적으로 건설함으로써 개발이익을 얻는다. 즉, 조합이 자체적으로 경제적 타당성을 확보하기 위해서는 투입되는 비용 이상으로 수입이 발생하여야 하고, 일반분양세대의 건축연면적이 클수록 조합의 수익이 극대화되는 방식이다. 이처럼 재개발사업에 시장경제 원리가 도입되자, 관(官)이 주도하였던 이전의 재개발방식보다 주민들이 적극적으로 사업에 참여하게 되었다. 불량주택지 주민의 입장에서는 토지를 제공하는 것만으로도 놀랍도록 개선된 주거환경과 신축 아파트의 소유권을 모두 얻을 수 있는 획기적인 일이었다.

일반적인 개발사업의 경우 사업 초기에 토지를 확보하기 위해 높은 비용을 투입해야 하나 합동재개발방식에 참여하는 건설회사(시공자)는 토지확보 부담이 없이도 일반분양분의 매각을 통해 높은 수익을 가져갈 수 있었다. 자체 기금과 은행 융자를 통해 자금을 확보하여 사업비를 투입하고, 이주보상금 또는 무이자 융자로 이주비를 지급하여 조합원·세입자의 이주를 마친 뒤, 건축물·지장물을 철거하고 철거 가구 수의 1.5~2배에 달하는 새로운 아파트를 건설하는 업무를 전담하였다.

(3) 1995년 주택재개발기본계획 수립의 의무화, 1998년 서울시 주택재개발기본계획 수립

산업화 시기를 거쳐오며 중앙집권적 정치체계를 통해 중앙 주도적 주택정책이 수립되어 오다가, 1995년 지방자치제도의 본격화에 따라 각 지방자치제도의 여건과 특성에 맞는 주택정책 수립의 필요성이 떠올랐다. 이에 1995년 12월 29일 「도시재개발법」의 전부개정[10]을 통해 종전에는 도심재개발사업에만 적용되었던 '도시재개발에 관한 기본계획'의 수립 의무를 주택재개발사업에도 적용하게 되었다. 주택재개발기본계획은 노후·불량주택지역의 도시기반시설 정비와 쾌적한 주거환경 확보를 위해 재개발 대상 구역을 선정하고, 합리적이고 종합적인 개발방향을 제시하는 지침적 성격의 계획이다. 인구 100만 명 이상의 도시는 의무적으로 기본계획을 수립하여 건설교통부 장관의 승인을 얻어야 재개발사업을 할 수 있도록 규정하였다(「도시재개발법」 제3조).

위의 조항에 의거하여 서울시는 1998년 주택재개발기본계획을 수립하였다. 당시 서울시는 ① 재개발이 개별사업단위로 다루어지다 보니 지구 내에 추가로 필요한 공공시설의 확보가 곤란하였고, ② 지구의 특성을 반영하지 못한 재개발사업으로 인해 도시경관 및 자연환경을 훼손한 경우가 많았으며, ③ 재개발구역을 주민 동의 위주로 설정하고 있는 까닭에 부정형이 많아 효율적인 토지이용이 어려운 문제 등을 겪던 상황이었다. 이와 같은 현행 재개발사업의 문제점을 개선하면서 향후 합리적인 재개발사업을 추진하기 위해, 주택재개발기본계획의 미래상을 ① 도시환경 및 주거환경의 질적인 개

---

10) 1996년 6월 30일 시행, 법률 제5116호

선, ② 공공참여 확대로 저소득층 거주지 개선, ③ 지역의 특성 반영과 합리적 재개발 유도로 설정하였다.

서울시 내 불량주택 및 영세가옥 밀집지 중에서 과밀 주택지(70호/ha 이상)를 대상으로, ① 최소대지 미달 50% 이상, ② 무허가주택 중 국공유지 면적 50% 이상, ③ 지구 내 4m 이상의 도로 접도율 50% 미만의 요건에 해당되는 곳을 선정하여 2011년까지 재개발이 필요한 범위로 설정하였다. 여기에 기존 주택재개발구역 중 미시행지구와 자치구에서 현재 입안 중인 재개발지구에 대해서도 대상구역에 포함한 결과, 총 354개 구역(면적 1,055ha)이 대상이 되었다. 이들 구역을 대상으로 한 토지이용계획, 밀도계획, 단계별 추진계획과 사업시행방식, 재개발 활성화를 위한 정책방안 등의 내용이 담겼다.

[그림 2-8] 1998년 서울시 주택재개발기본계획에서 제시한 재개발사업의 문제점

자료: 1998년 서울시 주택재개발기본계획

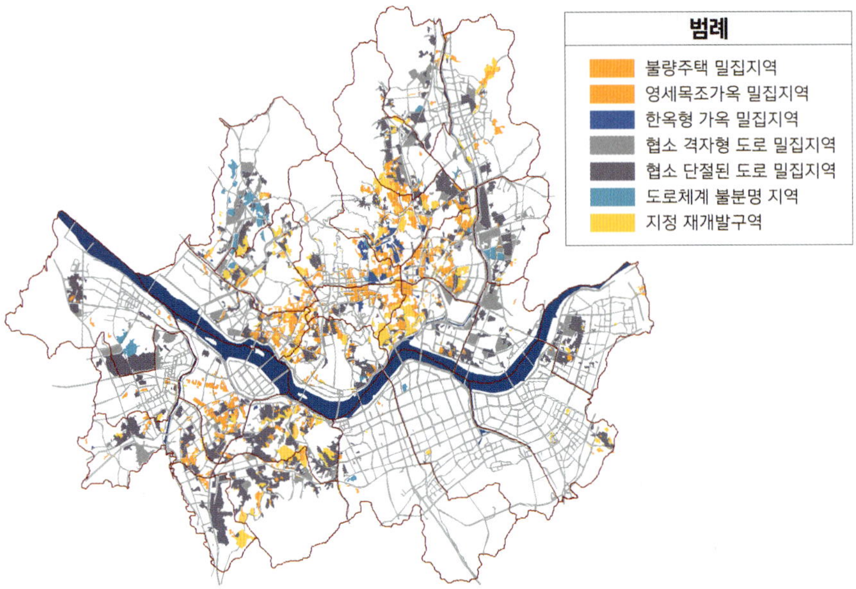

[그림 2-9] 1998년 서울시 주택재개발기본계획에서 제시한 정비가 필요한 시가지 유형

자료: 1998년 서울시 주택재개발기본계획

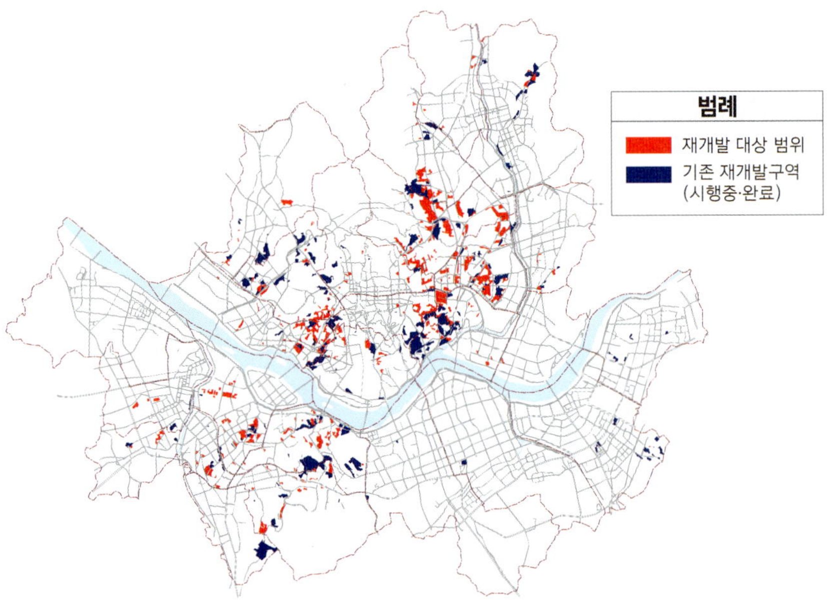

[그림 2-10] 1998년 서울시 주택재개발기본계획에서 제시한 주택재개발구역의 대상 범위

자료: 1998년 서울시 주택재개발기본계획

(4) 1997년 지방자치단체의 공공시설 설치비용 부담 의무화

1983년 합동재개발방식의 도입 이후, 수익자부담원칙에 따라 사업시행자가 사업에 필요한 비용 제반을 부담해왔다. 그러나 여기에는 본래 공공의 책무에 해당하는 공공시설[11] 설치비용도 포함되어, 결국 그 비용을 주민들이 부담하는 구조로 진행되어 많은 민원이 야기되었다. 이에 따라 1997년 「도시재개발법」의 일부 개정[12]을 통해, '다만, 주택재개발사업의 경우로서 당해 구역 및 주변지역의 이용에 제공되는 대통령령이 정하는 도로·공원에 대하여는 그 설치비용의 전부 또는 일부를 부담하여야 한다.'(제46조 제2항)라는 내용이 추가되면서 공공의 공공시설 설치비용 부담 의무화에 관한 사항이 법제화되었다.

(5) 2000년 「서울특별시 도시계획 조례」 제정

2000년 7월, 자치단체로서는 전국에서 처음으로 「서울특별시 도시계획조례」가 제정[13]되었다. 당시 용도지역, 지구별 용적률·건폐율 등은 「도시계획법」[14]에 규정돼 있었으면서도 이를 구체화하는 도시계획조례가 없어 서울시는 고층·고밀 개발의 부작용을 앓고 있었다. 이와 같은 과도한 개발을 억제하고 서울 전역에 대한 체계적인 관리를 뒷받침하는 법적 근거를 마련하기 위해 기존 건축조례가 규정하던 건축물의 용도·규모·행위제한 등에 관한 사항을 도시계획조례에서 규정하게 되었다. 또한 과도하게 설정되었던 법적 용적률의 상한치를 하향 조정하고, 주거지역의 세분화를 통해 지역의 특성을 고려한 용적률의 차등 적용 등이 조례의 내용에 포함되었다.

---

11) 「도시재개발법」 제2조 제5호 및 동법 시행령 제27조에서 정하는 도로, 광장, 녹지, 공원, 주차장, 수로, 하천, 공동구, 공공용지, 소방용수시설, 비상대피시설 등을 말함

12) 1997년 4월 14일 시행, 법률 제5288호.

13) 2000년 7월 15일 시행, 서울특별시조례 제3760호.

14) 「국토의 계획 및 이용에 관한 법률」이 제정·시행되면서 2003년 1월 1일부로 타법폐지됨

서울 아파트 용적률 250%로 강화

내달부터… 도시계획 조례 곧 확정

7월부터 서울의 3종 일반주거지역(주거지역의 95.6%)에서 아파트를 지을 경우 용적률이 2백50%이하까지만 허용될 전망이다. <관계기사 25면>

서울시가 지난달 발표한 도시계획 조례안은 3백%이하까지 허용키로 해 시민단체로부터 "과밀개발을 조장한다"는 거센 비난을 받았었다.

또 4대문 밖 주상복합건물은 상업용시설의 연면적 비율이 70%이상(4대문 안은 50%이상)일 경우 일반상업지역 용적률 8백%를 인정받을 수 있을 것으로 보인다. 서울시 고위 관계자는 4일 "지난달 8일 발표한 도시계획조례 제정안에 대해 입법예고 과정에서 제기된 시민단체와 개발업계의 요구를 부분적으로 수용하기로 했다"고 밝혔다.

시는 이같은 수정안을 이달 중순께 최종 확정해 시의회에 상정할 예정이다.

◇3종 주거지역 용적률 부분 강화=용적률의 큰틀은 입법예고안 대로 유지하되 고밀개발을 막기 위해 3종 일반주거지역에 들어서는 아파트에 한해 용적률을 2백50%까지만 적용하는 방안을 마련했다. 단독주택과 5층 이하 다세대 등은 3백%까지 허용된다.

◇2종 일반주거지역 층수제한 차등=입법예고안에서는 2종 일반주거지역의 층수를 10층 이하로 제한했으나 ▶경관지역과 전용주거지역 주변은 7층 이하▶3종 일반주거지역·상업·준주거 지역 주변은 12층 이하로 차등 적용할 방침이다.

◇재건축 규제 조례에 명시=앞으로 3백가구 이상 또는 1만㎡ 이상의 재건축사업은 용적률 2백50%이하를 적용받을 것으로 보인다. 당초 안은 재건축에 대해 명시적인 규제조항을 답지 않았었다. 시 관계자는 "생활환경 악화 소지를 감안했고 재개발 용적률(2백20%까지 허용)과의 형평성도 고려했다"고 설명했다.

장세정 기자
<zhang@joongang.co.kr>

[그림 2-11] 2000년 「서울특별시 도시계획 조례」 제정 관련 뉴스기사

자료: 중앙일보, '서울 아파트 용적률 250%로 강화', 2000. 6. 5., 장세정 기자.

4) 성숙기(2002년~현재)

성숙기(2002년~현재)는 '「도시 및 주거환경정비법」의 제정'과 '정비수법의 다양화'라는 키워드로 축약할 수 있다.

(1) 2002년 「도시 및 주거환경정비법」의 제정

당시 1970년대 이후 산업화·도시화 과정에서 주택문제를 해결하기 위해 대량 공급된 주택들의 노후·불량화로 인한 각종 문제가 발생하여 체계적·효율적 관리 및 정비의 필요성이 대두되었다. 그러나 재건축사업, 재개발사업, 주거환경개선사업 등이 모두 노후·불량주택을 정비하는 제도임에도 불구하고, 각 사업이 별개의 법률에 의해 관장되어 일관성과 상호 연계성, 종합적인 계획이 없이 각기 따로 추진되던 상황이었다. 특히 재건축사업의 경우, 「주택건설촉진법」의 4개 조문으로만 운영되고 있어 사업의 원활한 추진과 계획적 관리를 위해 법적 안정성의 확보가 시급하였다. 이에 2002년, 사업의 일관성과 '선계획-후개발'에 입각한 도시관리를 도모하기 위해 「도시재개발법」에 의한

[표 2-4] 종전의 도시정비 관련 법령체계

구분	주택재개발사업	주거환경개선사업	재건축사업
근거	「도시재개발법」 (1976. 12. 31.)	「도시저소득주민의 주거환경개선을 위한 임시조치법」 (1989. 4. 1.~2004. 12. 31.)	「주택건설촉진법」 (1987. 12. 4.)
목적	불량주택 및 공동시설정비	불량주택 및 공동시설정비	노후·불량주택 재건축
대상	단독주택 밀집지역	단독주택 밀집지역	공동주택
특징	도시계획 차원 강조	재개발사업 완화(달동네)	주택공급
시행절차	기본계획수립 → 구역지정 → 사업시행인가 → 공사 → 관리처분계획 → 분양·처분	지구지정 → 개선계획수립 → 사업시행 → 공급·입주	재건축결의 → 안전진단 → 조합설립인가 → 사업계획 승인 → 사업시행 → 준공 및 청산
주택공급 대상	▪ 토지·건물 소유자 ▪ 세입자: 임대주택 ▪ 잔여분: 일반분양	▪ 토지·건물 소유자 ▪ 세입자: 임대주택	▪ 조합원 ▪ 잔여분: 일반분양
세입자 대책	▪ 세입자용 임대주택 건설 공급 ▪ 주거대책비 지급	▪ 세입자용 임대주택 건설 공급 ▪ 주거대책비 지급	없음
공공지원	국가·지방자치단체 보조	국가·지방자치단체 보조	없음

자료: 최영찬, 2003, 「도시 및 주거환경정비법」 해설', 법제처.

재개발사업, 「도시저소득주민의 주거환경개선을 위한 임시조치법」에 의한 주거환경개선사업과 「주택건설촉진법」에 의한 재건축사업을 통합하여 「도시 및 주거환경정비법」이 제정[15]되었다.

이후 「도시 및 주거환경정비법」은 2023년 7월 현재까지 111회에 걸쳐 개정을 거듭하며 복잡한 사업절차의 간소화, 불합리한 중복규제 개선, 사업절차 및 조합집행부의 투명성 강화, 제도 운영상 나타난 미비점 등을 보완해왔다.

15) 2003년 7월 1일 시행, 법률 제6852호.

[그림 2-12] 통합법으로서 「도시 및 주거환경정비법」의 제정 목적

자료: 국토해양부, 2003, 도정법 해설 및 도시재생정책의 방향 발표 자료.

(2) 2004년 「2010 서울특별시 도시 및 주거환경정비기본계획」 수립

도시 및 주거환경정비기본계획은 「도시 및 주거환경정비법」 제3조[16]의 규정에 의해 수립되는 법정계획으로서, 인구 50만 이상의 도시에서는 10년 단위로 수립하고 5년 단위로 그 타당성 여부를 검토하여 결과를 반영하여야 한다. 2004년에 수립된 「2010 서울특별시 도시 및 주거환경정비기본계획」은 「도시 및 주거환경정비법」의 제정에 따라 처음 수립되었으나, 5년간 주택재개발사업의 기본방향과 지침적인 역할을 해 온 1998년의 주택재개발기본계획의 내용을 그동안 변화된 제도 및 서울시 정책에 따라 재정비하는 개념도 포함되었다.

이 계획은 주거환경개선사업, 주택재개발사업, 주택재건축사업 및 도시환경정비사업에 대한 기본방향, 유형별 정비구역 지정대상, 토지이용계획, 정비기반시설계획, 건축물밀도계획, 단계별 정비사업추진계획 등을 포함함으로써, 장래 정비사업에 대한 개발지침의 역할을 한다. 또한 추후 정비계획을 수립하고 정비구역을 지정하는 데 구속력을 지니고 있다. 도시계획체계상 서울특별시 도시기본계획의 하위계획이며, 정비사업에 관련된 도시관리계획과 정비계획 등의 상위계획에 해당한다.

이후 2010년에 「2020 서울특별시 도시 및 주거환경정비기본계획」이 수립되었으며, 2025년을 목표로 주거환경정비사업 부문의 재정비가 추진되었다.

---

16) 2003년 제정 당시에는 제3조였으며, 2023년 7월 현재 제4조에서 해당 내용을 정하고 있다.

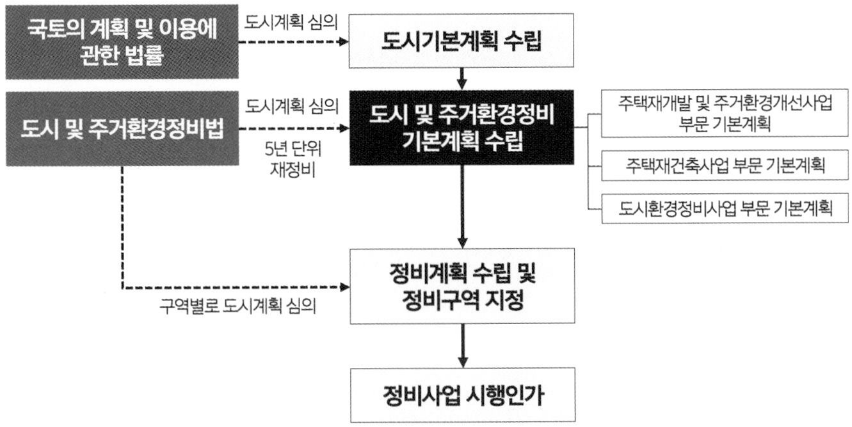

[그림 2-13] 도시 및 주거환경정비 기본계획의 법적 지위

자료: 서울특별시, 2004, 「2010 서울특별시 도시 및 주거환경정비 기본계획」.

(3) 2012년 소규모 정비를 위한 가로주택정비사업 도입

가로주택정비사업은 2012년 「도시 및 주거환경정비법」이 개정[17]되면서 새롭게 도입된 정비사업으로 기존 저층주거지의 도시조직과 가로망체계를 유지하면서 주거환경을 개선하기 위하여 시행하는 소규모 정비사업을 말한다. 대규모 정비사업에 의한 지역 커뮤니티 붕괴, 사업의 지연에 따른 갈등 발생 등 다양한 문제에 대한 새로운 대안으로 소규모로 지역정비를 하기 위해 등장하게 되었다. 이후 2018년 「빈집 및 소규모주택 정비에 관한 특례법」이 제정되면서 가로주택정비사업이 편입되었다.

가로주택정비사업을 시행하기 위해서는 다음과 같은 요건을 모두 충족하여야 한다. ① 도시계획도로 또는 폭 6m 이상의 「건축법」상 도로로 둘러싸인 면적 1만 3천㎡ 미만의 가로구역일 것(단, 폭 4m를 초과하는 도시계획도로가 해당 가로구역을 통과하지 않아야 함), ② 노후·불량건축물 수가 해당 사업시행구역 전체 건축물 수의 2/3 이상일 것, ③ 기존주택의 호수 또는 세대수가 10호(모두 단독주택인 경우), 20세대(모두 공동주택인 경우), 20채(단독주택과 공동주택으로 구성된 경우 단독주택 호수와 공동주택 세대수를 합한 수) 이상일 것 등이다.

---

17) 2012년 8월 2일 시행, 법률 제11293호.

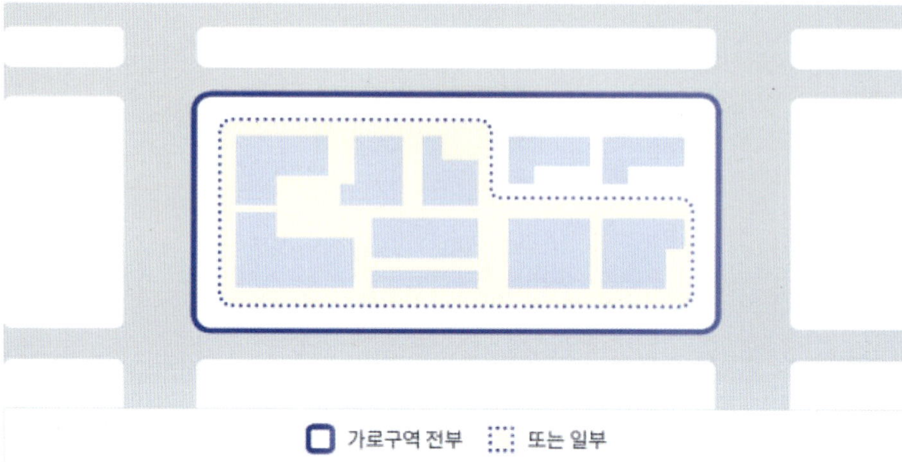

[그림 2-14] 가로주택정비사업의 대상지 예시

(4) 2018년 정비사업 유형의 통합 및 단순화

2002년 「도시 및 주거환경정비법」의 제정 이후 15년간 사회·경제적 여건이 급격하게 변화함에 따라 정비사업에 대한 사회적 수요와 주택시장의 상황도 함께 변화하였다. 이에 부응하기 위하여 「도시 및 주거환경정비법」의 개정이 빈번하게 이루어졌으며, 법조문도 제정 당시 88개조 273개항에서 117개조 423개항으로 크게 증가하였다. 이처럼 규정이 지나치게 많고 복잡하여 일반 국민이 이해하기가 어렵고, 법률의 해석을 둘러싸고 많은 분쟁이 발생하게 되자 보다 명료하고 알기 쉽게 법령을 개편할 필요성이 제기되었다. 이에 따라 복잡한 정비사업 유형을 통합하여 단순화하고, 분쟁을 유발하는 불명확한 규정은 명확하게 개선하기 위하여 2018년 「도시 및 주거환경정비법」의 전부개정[18]을 단행하였다.

이 개정을 통해 정비사업 유형이 기존 6개에서 3개로 통합되었다. 주거환경개선사업과 주거환경관리사업을 주거환경개선사업으로 통합하고, 주택재개발사업과 도시환경정비사업을 재개발사업으로 통합하였다. 재개발사업의 경우 도시환경정비사업을 흡

---

18) 법률 제14567호, 2017. 2. 8. 전부개정, 2018. 2. 9. 시행

수하게 되면서 사업 방식과 공급 가능 건물 등에서 변화가 생겼다. 토지등소유자 방식이 재개발사업에도 도입되었으며(단, 전체 토지등소유자가 20명 미만인 경우), 기존에는 재개발사업을 통해 주택, 부대·복리시설, 오피스텔만을 건설 및 공급할 수 있었다면 개정법에서는 공급 가능한 건축물의 유형을 명시하지 않아 용도지역에 따른 모든 건축물의 공급이 가능해졌다.

[표 2-5] 2018년 「도시 및 주거환경정비법」의 전부개정을 통한 정비사업 유형 통합

<table>
<tr><th>대상지역</th><th>종전</th><th>개정(통합)</th></tr>
<tr><td>도시저소득주민이 집단으로 거주하는 지역으로서 정비기반시설이 극히 열악하고 노후·불량건축물이 과도하게 밀집한 지역</td><td>주거환경개선사업</td><td rowspan="2">주거환경개선사업</td></tr>
<tr><td>단독주택 및 다세대주택 등이 밀집한 지역</td><td>주거환경관리사업</td></tr>
<tr><td>정비기반시설이 열악하고 노후·불량건축물이 밀집한 지역</td><td>주택재개발사업</td><td rowspan="2">재개발사업</td></tr>
<tr><td>상업지역·공업지역 등으로서 토지의 효율적 이용과 도심 또는 부도심 등 도시기능의 회복이나 상권활성화 등이 필요한 지역</td><td>도시환경정비사업</td></tr>
<tr><td>정비기반시설은 양호하나 노후·불량건축물이 밀집한 지역</td><td>주택재건축사업</td><td>재건축사업</td></tr>
<tr><td>노후·불량건축물이 밀집한 가로구역</td><td>가로주택정비사업</td><td>「빈집 및 소규모 정비에 관한 특례법」으로 이관</td></tr>
</table>

2.4 어디에서 주택정비형 재개발사업을 시행할 수 있나요?

1) 정비구역 지정 요건

주택정비형 재개발사업은 도로·주차장 등의 기반시설이 부족하거나 열악하고, 노후·불량한 다세대·다가구주택 등이 밀집한 지역에서 시행할 수 있다. 이를 기반시설의 측면과 노후·불량건축물의 측면으로 나누어 정비구역 지정의 필요성에 대해 살펴보면 다음과 같다.

먼저, 기반시설이 부족 또는 열악한 지역에서 재개발사업을 시행해야 하는 가장 큰 이유는 역시 '안전'에 있다. 이들 지역에서는 취사연료로 LPG·유류 등을 쓰고, 낡고 복잡한 전선 및 과다 전기제품 사용에 따른 과부하로 인해 화재 위험성이 상존한다. 화재·지진 등과 같은 재해 발생 시 도로가 폭 4m 미만으로 협소하고, 급커브·급경사가 많아 소방차 등 구조차량의 진입이 어려워 신속하게 대응하기 어렵다. 또한 주차공간이 절대적으로 부족하기 때문에 도로변에 주차된 차가 빼곡하여 안전사고의 우려가 상존한다.

노후·불량건축물도 마찬가지로 거주민의 안전과 삶의 질에 직결되는 사안이다. 내진설계 및 화재안전성능 등 건축 관련 안전기준이 확립되기 전에 조성되고 사용과정에서 불법 용도변경·증축 등이 이루어지면서 안전에 더 취약하다[19]. 또한 벽돌이나 블록, 목구조로 건축되어 건물구조가 취약한 경우가 많으며 단열재 미시공, 난방공급 불량, 저성능 창호, 구조체·방수층 크랙 등의 문제로 비효율적인 열/에너지 환경에 노출될 수 밖에 없다.

이에 따라 「도시 및 주거환경정비법 시행령」과 지방자치단체 조례에서는 주택정비형 재개발사업 구역을 지정하는 요건으로 건축물의 노후도, 과소필지, 접도율, 호수밀도 등을 제시하고 있다. 서울시에서 재개발사업 정비구역으로 지정되기 위해서는 법적 필수요건으로 ① 구역면적이 1만㎡(도시계획위원회 심의 시 5천㎡) 이상일 것, ② 구역 내 노후·불량건축물의 수(동수)가 전체 건축물의 2/3 이상일 것 두 가지를 모두 충족하

---

19) 김예성, 2020, '노후건축물 현황과 향후과제', 국회입법조사처 현안분석 제133호.

[그림 2-15] 재해 발생 시 소방차의 진입이 어려운 골목길(서대문구 가재울)
자료: 서울역사아카이브(museum.seoul.go.kr/archive)

[그림 2-16] 노후화된 지붕에 여러 가지 재료를 덧대놓은 흔적(구로구 가리봉동)
자료: 서울역사아카이브(museum.seoul.go.kr/archive)

여야 한다. 이와 같이 최소 구역면적을 정한 이유는 사업의 경제적 타당성 혹은 편의성을 이유로 규모가 작은 개별 구역들이 난립하는 것을 방지하고, 보다 효율적으로 기반시설을 확보하기 위함이다.

법적 필수요건과 동시에 선택요건 중 1개 이상의 요건을 충족하여야 하는데, 선택요건으로는 ① 구역의 전체 필지 중 과소필지가 40% 이상일 것, ② 주택접도율이 40% 이하일 것, ③ 호수밀도가 60 이상일 것 등 3가지가 제시되고 있다(「서울특별시 도시 및 주거환경정비 조례」 제6조 제1항 제2호).

[표 2-6] 서울시 주택정비형 재개발사업 정비구역 지정 요건(2023년 현재)

구분		내용
필수항목 (모두 충족)	노후도	노후도(동수) 2/3 이상
	면적	구역면적 1만㎡ 이상(도시계획위원회 심의 시 5천㎡ 이상)
선택항목 (1개 이상 충족)	과소필지	구역의 전체 필지 중 과소필지 40% 이상
	접도율	주택접도율 40% 이하
	호수밀도	호수밀도가 60 이상

2) 서울시 주거정비지수제(2015년~2021년)

재개발 정비구역의 지정 요건은 시장 상황에 따라, 정책적 목적에 따라 지방자치단체의 조례를 통해 강화되기도, 또는 이후에 다시 완화되어 회귀하기도 한다. 예를 들어 2015년 이전 서울시에서는 다른 지자체와 마찬가지로 법적 요건(필수항목 2개, 선택항목 중 1개)을 충족하는 경우 정비구역으로 지정할 수 있었다. 그러나 2015년 서울시는 재개발사업이 장기간 소요되는 사례가 늘어나자, 신규 구역지정의 문턱을 높이는 대신 주민동의율이 높은 지역에 대해서는 신속한 사업이 추진될 수 있도록 지원하겠다는 취지에서 「2025 도시 및 주거환경정비기본계획」을 통해 주거정비지수제를 도입했다.

주거정비지수제 검토를 위한 조사항목은 법적 필수항목과 정량적 평가 항목, 정성적 평가 항목의 3단계로 구성되며, 각 단계의 항목들을 순차적으로 충족하여야 재개발 정비구역으로 지정될 수 있다. 첫 번째 단계에서는 법적 최소기준으로서 필수항목인

구역면적과 노후도(동수)를 반드시 충족하여야 한다. 두 번째 단계인 정량적 평가에서는 주민동의, 노후도, 도로연장률, 세대밀도의 4개 항목에 대하여 종합적으로 평가하고, 평가 결과 합계 점수가 70점 이상인 구역에 한하여 세 번째 단계인 정성적 평가의 대상이 된다. 주거지의 특성을 종합적으로 고려하기 위해 정성적 평가항목에는 거주자 현

[표 2-7] 서울시 주거정비지수 조사항목(2015년~2021년)

구분	정비지수 조사항목		정비구역 지정기준	지정요건
대상지 선정기준	주민동의		토지등소유자 2/3 및 토지면적의 1/2 이상	필수충족
	구역면적		대지면적 1만m^2 이상	
	노후도		동수의 2/3 이상, 연면적 60% 이상	
정량적 평가 (기준 점수화)	주민동의		토지등소유자 2/3~4/5	기준점수 이상 충족 필요
			대지면적 1/2~4/5	
	노후도		동수 2/3~4/5	
			연면적 3/5~4/5	
	도로연장률		6m 이상 도로연장률 1/4~3/4	
	세대밀도		150~250(세대/ha)	
정성적 평가 (심의 시 제출자료)	거주자 현황 및 의향	거주자 분포	거주현황, 가구구성, 거주기간	심의 시 참고자료 활용
		거주형태	건축물 동수, 유형별, 규모별 거주현황	
		주민 생활수준	최소주거면적 미달가구 현황, 토지등소유자 분양희망, 세입자 임대주택희망 현황	
		거주자 의향 조사기준	토지등소유자의 동의 현황, 주민의견, 거주자 만족도, 거주자 재정착 대책	
			전체 거주자(2년 이상 거주자) 중 응답자 조사비율 60% 이상 권장	
	지역특성	장소적 특성	유·무형 문화재 및 보호수 등, 기타 특수사항	
		주변입지 특성	주변환경, 관리계획상 토지이용계획, 도시계획시설 및 정비기반시설, 교통상황, 교육시설 현황 등 기초생활권 내용 첨부	
		일반특성	토지, 건축물, 호수밀도, 도로연장, 신규건물, 기존수목	
	신축건물비율		10년 이하 건축물	
	자가평가자료		심의제출자료에 대한 자가의견서	

자료: 서울특별시, 2015, '2025 서울특별시 도시·주거환경정비 기본계획(주거환경정비사업 부문) 정비사업 실무 매뉴얼', 21쪽.

황 및 의향, 지역특성, 자가평가자료 등이 포함되며, 이를 도시계획위원회 심의 시 제출토록 하였다.

그러나 위와 같이 주거정비형 재개발구역 지정에 대한 진입장벽이 매우 높아지자, 정비지수제가 폐지될 때까지 서울시에서는 과거 구역지정이 취소되었던 재정비촉진구역 두 곳(송파구 마천1, 마천3)에서만 재지정이 이루어졌고, 일반 주택정비형 재개발구역은 단 한 곳도 지정되지 못했다. 2021년 5월 기준 서울시에서 주택정비형 재개발이 필요한 노후 저층주거지 가운데 법적 요건이 충족되는 지역은 약 50% 달하지만 '주거정비지수제'를 적용하면 재개발 가능 지역은 14%에 불과한 것으로 나타났다(서울시 보도자료, 2021). 이에 따라 서울시는 2021년 9월, 「2025 서울특별시 도시·주거환경정비기본계획」(주거환경정비사업부문)의 변경을 통해 구역지정기준 중 노후도 연면적 60% 이상 기준을 폐지하고, 주거정비지수는 필요시 '정비구역 우선순위 평가지표'로서만 활용함으로써 관련된 법규정 체계를 단순화함으로써 재개발사업의 활성화를 도모하고자 하였다.

[그림 2-17] 재개발 정비구역 지정요건의 변화

2.5 누가 주택정비형 재개발사업을 추진하나요?

1) 사업시행자

주택정비형 재개발사업은 조합이 직접 사업을 시행하거나, 조합이 조합원 과반수의 동의를 얻어 시장·군수등, 토지주택공사등, 건설업자, 등록사업자 또는 「자본시장과 금융투자업에 관한 법률」 제8조 제7항에 따른 신탁업자와 「한국부동산원법」에 따른 한국부동산원과 공동으로 시행할 수 있다(「도시 및 주거환경정비법」 제25조). 국내 재개발사업은 주로 조합원이 종전부동산(토지 및 건축물)을 조합에 현물출자하고, 금융기관·시공사 등이 자본과 기술력을 대는 민간 주도의 방식이다.

(1) 조합의 역할

「도시 및 주거환경정비법」을 살펴보면 조합은 재개발사업의 첫걸음인 토지등소유자의 동의를 구하는 단계부터 정관의 작성, 총회 개최 및 의결, 토지 등의 수용·사용, 사업시행계획의 작성 및 인가신청, 시공자의 선정, 재산의 감정평가, 관리처분계획의 수립 및 인가신청, 임시거주시설·임시상가의 설치 및 그에 따른 손실보상, 부과금의 부과·징수, 준공인가 및 이전고시, 사업의 청산, 관련 자료의 공개 및 보존 등 사업시행자로서 사업 전반을 총괄하는 역할을 수행한다.

물론 위에서 열거한 모든 역할을 조합이 직접 수행하는 것은 아니다. 때문에 조합은 조합의 업무에서 파생된 다양한 영역에 대한 전문성과 효율성을 증대시키기 위하여 공사부문(건설분야, 토목분야, 범죄·이주관리분야, 석면분야, 소방·전기·가스 등 안전시설분야), 설계부문(평가분야, 지하공간분야, 조경분야, 환경분야, 친환경분야), 조합행정부문(공사비분야, 분양가분야, 총회분야, 기타분야), 기타 전문부문 등 90여 개의 각종 용역들을 발주한다. 각 사업단계별 용역발주 리스트와 서울특별시 클린업시스템의 입찰공고 및 용역업체의 계약현황을 조사한 결과, 조합에서 발주하는 전체 용역의 종류는 94개로 이 중 공사 관련 용역은 20개(21.3%), 설계 관련 용역은 40개(42.6%), 행정지원 용역은 22개(23.4%), 기타 12개(12.7%) 등으로 집계되었다.

[표 2-8] 「도시 및 주거환경정비법」에서 정하는 재개발사업 조합의 역할

	역할	내용	근거조항
1	재개발사업의 시행	▪ 조합은 재개발사업의 사업시행자로서 정비사업 전반에 관한 권리·의무의 주체가 됨	「도시정비법」 제23조, 제25조
2	정관의 작성	▪ 국토교통부「정비사업 조합 표준정관」 등을 참고하여 작성	「도시정비법」 제40조
3	토지등소유자 동의서 징구	▪ 토지등소유자의 동의서 징구	「도시정비법」 제36조, 제37조
4	총회개최 및 의결	▪ 조합정관 등 법인 결성을 위한 사항 결정 ▪ 조합임원 선출 등 조합 설립에 필요한 안건 처리 ▪ 조합임원 선거의 경우 선관위에 위탁 가능	「도시정비법」 제44조, 제45조
5	토지 등의 수용·사용	▪ 조합은 정비구역 안에서 정비사업을 시행하기 위하여 필요한 경우에는 「공익사업법」에 의한 토지·물건 또는 그 밖의 권리를 수용 또는 사용할 수 있음 ▪ 정비구역 안에서 정비사업의 시행을 위한 토지 또는 건축물의 소유권과 그 밖의 권리에 대한 수용 또는 사용에 관하여는 「도시정비법」에 특별한 규정이 있는 경우를 제외하고는 「공익사업법」을 준용함	「공익사업법」 제3조, 「도시정비법」 제63조, 제65조, 제73조
6	사업시행계획서의 작성 및 인가신청	▪ 조합은 고시된 정비계획에 따라 사업시행계획서를 작성하여야 함 ▪ 조합은 작성한 사업시행계획서에 정관 등을 첨부하여 시장·군수에게 제출하고 사업시행계획인가를 받아야 함	「도시정비법」 제50조, 제52조
7	시공자의 선정	▪ 재개발사업조합 조합설립인가를 받은 후 국토교통부장관이 정하는 경쟁입찰의 방법으로 시공자를 선정함(*재건축사업조합은 사업시행인가를 받은 후 선정) ▪ 시공자의 선정·변경 시 총회의 의결을 거쳐야 함	「도시정비법」 제29조
8	재산의 감정평가	▪ 재개발사업에서 관리처분계획에 의한 재산을 평가할 때에는 분양예정인 대지 또는 건축물의 추산액은 시·도의 조례가 정하는 바에 의하여 산정하되, 시장·군수가 추천하는 2인 이상 감정평가업자의 감정평가 의견을 참작하여야 함 ▪ 종전의 토지 또는 건축물 가격은 시장·군수가 추천하는 감정평가업자 2인 이상이 평가한 금액을 산술평균하여 산정함 ▪ 재건축사업의 경우 재개발사업을 준용하되 선택사항	「도시정비법」 제74조
9	관리처분계획 수립 및 인가신청	▪ 분양신청기간이 종료된 때에 관리처분계획을 수립하여 시장·군수의 인가를 받아야 함 ▪ 정비사업의 시행으로 조성된 대지 및 건축물은 관리처분계획에 의하여 이를 처분 또는 관리하여야 함	「도시정비법」 제74조, 제76조, 제79조

10	임시거주시설·임시상가 설치 및 손실보상	▪ 재개발사업의 시행으로 철거되는 주택의 소유자 또는 세입자에게 해당 정비구역 안과 밖에 위치한 임대주택 등의 시설에 임시로 거주하게 하거나 주택자금의 융자를 알선하는 등 임시거주에 상응하는 조치를 하여야 함 ▪ 공공단체 또는 개인의 시설이나 토지를 일시 사용함으로써 손실을 입은 자가 있는 경우에는 손실을 보상하여야 하며, 손실을 보상하는 경우에는 손실을 입은 자와 협의하여야 함	「도시정비법」 제61조, 제62조
11	부과금의 부과·징수	▪ 토지등소유자로부터 정비사업비와 정비사업의 시행과정에서 발생한 수입의 차액을 정관 등에서 정한 바에 따라 부과금을 부과·징수할 수 있음 ▪ 토지등소유자가 부과금의 납부를 태만히 한 때에는 정관 등에서 정한 바에 따라 연체료를 부과·징수할 수 있음 ▪ 부과금 또는 연체료를 체납하는 자가 있는 때에 조합은 시장·군수에게 그 부과·징수를 위탁할 수 있음	「도시정비법」 제93조
12	준공인가 및 이전고시	▪ 조합은 정비사업에 관한 공사를 완료한 때에는 대통령령이 정하는 방법 및 절차에 의하여 시장·군수의 준공인가를 받아야 함 ▪ 준공인가 및 공사완료의 고시가 있은 때에 조합은 지체 없이 대지확정측량을 하고 토지의 분할절차를 거쳐 관리처분계획에 정한 사항을 분양을 받을 자에게 통지하고, 대지 또는 건축물의 소유권을 이전해야 함 ▪ 대지 및 건축물의 소유권을 이전한 때에 조합은 그 내용을 당해 지방자치단체의 공보에 고시한 후 이를 시장·군수에게 보고하여야 함 ▪ 조합은 이전고시가 있은 때에 지체 없이 대지 및 건축물에 관한 등기를 지방법원지원 또는 등기소에 촉탁 또는 신청하여야 함	「도시정비법」 제83조, 제86조, 제87조
13	사업의 청산	▪ 조합은 이전고시가 있은 후에 청산금을 분양받은 자로부터 징수하거나 분양받은 자에게 지급하여야 함 ▪ 다만, 정관 등에서 청산금의 분할징수 및 분할지급에 대하여 정하고 있거나 총회의 의결을 거쳐 따로 정한 경우에는 분할징수하거나 분할지급할 수 있음 ▪ 청산금을 납부할 자가 이를 납부하지 아니하는 경우에 조합은 시장·군수에게 청산금의 징수를 위탁할 수 있음 ▪ 청산금을 지급받을 자가 이를 받을 수 없거나 거부한 때에는 공탁할 수 있음	「도시정비법」 제89조, 제90조
14	관련 자료의 공개 및 보존	▪ 조합임원은 재개발·재건축사업 시행에 관하여 정관, 설계자·시공자·철거업자 및 정비사업전문관리업자 등 용역업체의 선정계약서, 주민총회·조합총회 및 조합의 이사회·대의원회의 의사록, 사업시행계획서, 관리처분계획서, 해당 정비사업의 시행에 관한 공문서, 회계감사보고서 등 서류 및 관련 자료를 토지등소유자가 알 수 있도록 인터넷과 그 밖의 방법을 병행하여 공개하여야 하며, 조합원 또는 토지등소유자의 열람·등사 요청이 있는 경우 즉시 이에 응하여야 함 ▪ 조합은 총회 또는 중요한 회의가 있은 때에는 속기록·녹음 또는 영상자료를 만들어 청산 시까지 보관하여야 함	「도시정비법」 제124조

[표 2-9] 조합의 분야별 용역 발주 현황

구분	분야별	용역 발주 주요 내용
공사관련	공 사	시공자 고유업무
	토목관련	지질조사, 흙막이, 측량, 정비기반시설
	이주관리	범죄예방, 세입자조사 및 이주관리, 가로등 설치, 이주촉진
	석면관련	석면조사, 석면감리, 석면해체 및 건축물 철거 감리
	기 타	지장물 조사 및 철거, 상수도 및 도시가스, 전기, 통신 이설
설계관련	설 계	설계자 고유업무
	평가분야	교통영향, 환경영향, 교육환경영향, 사전재해영향, 경관심의
	지하공간	지하공간개발, 지하철계측, 지하철안정성검토
	조경분야	공원조성, 도시공원설계심의, 소공원설계심의
	환경분야	교육환경보호, 소음영향, 소음측정, 수질오염총량관리, 저영향
	친 환 경	녹색건축물인증, 건물에너지효율등급인증, 친환경건축물인증
	경관분야	경관계획디자인심의, 경관조명, 빛공해방지심의
행정지원	정비업체	정비업체 고유업무
	조합업무	사업성분석, 사업성향상, 조합홍보, 세움터전산자료 등록
	총회분야	총회경호경비, 서면결의서 징구, 총회홍보업무, 총회책자인쇄
	공 사 비	임대아파트 가산비산출, 국공유지무상양도, 영업손실보상조사
	분 양 가	분양주택보증, 분양가산정심의, 분양상가 원가분석, 분양대행
기타	기 타	문화재 지표조사, 법률자문, 도시계획변경, 이전고시
계	18개 분야 약 90여 종의 용역 발주	

(2) 조합의 성격

주택정비형 재개발사업의 조합은 공법상 사단법인이다. 즉, 「도시 및 주거환경정비법」이라는 공법에 근거를 두었지만, 동시에 개발사업을 시행하는 사단법인인 것이다. 따라서 공법인의 성격과 사법인의 성격을 모두 가진다. 이에 대하여 보다 자세히 살펴보면 다음과 같다.

① 행정주체로서의 조합

원칙적으로 민사적 법률관계는 일회적 성격을 가지며, 법률관계가 여러 단계에 걸쳐 순차적으로 연결되어 있지 않다. 이에 반해 정비사업은 민사적 법률관계와 행정상 법률관계가 사업의 진행과정에 맞추어 순차적으로 겹쳐지면서 이어진다. 토지등소유자나 조합원들이 정비사업의 기본적인 사항을 합의하거나 결정하는 사항들은 민사적 법률관계로 볼 수 있지만, 사업은 행정청의 구역지정이나 시업시행인가·관리처분인가처분 등 행정상 법률관계를 매개로 진행된다. 즉, 조합이 작성하는 사업시행계획, 관리처분계획 등은 사업을 시행하는 데 필요한 개별적 행정처분권을 위한 포괄적 기초가 되는 것이다.

사법당국도 정비사업에 얽힌 각종 법률관계를 단순한 민사적 법률관계와 구별하여 행정상 법률관계로 파악하여, 조합설립인가처분은 단순히 사인들의 조합설립행위에 대한 보충행위로서의 성질을 가지는 데 그치는 것이 아니라 정비사업 시행 권한을 가지는 행정주체(공법인)로서의 지위를 부여하는 일종의 설권적 처분의 성격을 가진다고 보아야 한다고 판시하고 있다(대법원 2009. 9. 24. 선고 2008다60568, 대법원 2009. 11. 26. 선고 2008다95915, 대법원 2014. 2. 27. 선고 2011두11570). 더 나아가 조합을 특수한 존립 목적을 부여받은 특수한 행정주체로서, '국가의 감독하에 그 존립 목적인 특정한 공공사무'를 행하는 주체라고 정의하고 있다(대법원 2002. 12. 10. 선고 2001두6333). 그리고 이 특정한 공공사무의 범위 내에서는 조합과 조합원이 공법상의 권리의무 관계에 서 있다고도 판시하였다(대법원 1996. 2. 15. 선고 94다31235).

위와 같은 법리를 바탕으로 조합의 사업시행계획, 관리처분계획, 청산금부과 등 조

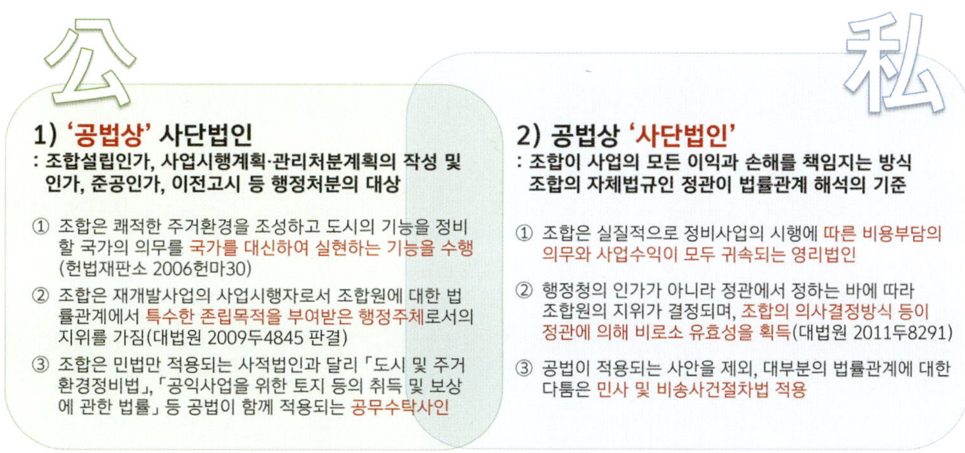

[그림 2-18] 조합의 법적 성격에 대한 법리적 해석

합의 각종 행위를 행정처분으로 간주하여 그에 관한 쟁송을 행정소송으로 다투도록 하였다. 예를 들어 조합원이 조합을 상대로 관리처분총회나 사업시행계획의 결의를 다투는 소는 행정소송의 관할이 된다.

② 공익사업에만 인정되는 권한을 부여받은 공법인(公法人) 조합

주택정비형 재개발사업의 조합은 타인의 재산권을 강제로 취득할 수 있는 수용권을 부여하고 있다. 재개발사업의 시행자인 조합이 설립되려면 토지등소유자의 75% 이상, 토지면적의 절반 이상의 동의가 필요한데, 이는 곧 토지등소유자의 25%가 동의하지 않더라도 이들의 의사와는 관계없이 사업이 추진된다는 것을 의미한다.

본래 우리 「헌법」이 채택하는 사유재산제도하에서는 일부 토지등소유자가 사업 추진에 반대하더라도 당사자 간의 협의에 의해서 처리하는 것이 원칙이나, 예외적으로 재개발사업의 시행자인 조합에 대하여 사업시행에 동의하지 않은 조합원의 주택 및 토지를 강제로 취득할 수 있는 수용권을 부여하고 있는데 이는 재개발사업이 「헌법」 제23조 제3항에서 요구하는 '공익적 필요성'이 인정되는가에 대한 문제로 귀결된다.

이에 관하여 헌법재판소는 '노후·불량한 건축물이 밀집된 지역, 재해 발생 시 피난 및 구조활동이 곤란한 지역에서 해당 토지나 건축물이 사인 소유라는 이유로 국가가 관여하지 아니하고 방치하거나 해당 지역 주민의 자율에만 맡긴다면, 사업이 아예 이루어지지 않거나 지연되어 주민들의 주거환경은 물론 생명, 신체의 안전에도 심각한 위험이 초래될 수 있으므로 일부 주민의 동의를 얻지 못하는 경우라도 사업의 추진이 가능하도록 하는 제도가 불가피하다'고 판시함으로써 재개발사업의 공익성과 조합의 수용권을 인정했다(헌법재판소 2019. 11. 28. 선고 2017헌바241).

③ 사법인(私法人)으로서의 조합

앞서 행정주체로서, 공법인으로서의 조합의 법적 성격을 살펴보았다. 그러나 이것이 조합의 모든 행위가 행정행위가 되고, 모든 사안에 대해 행정주체로서의 지위를 갖는다는 것을 의미하지 않는다. 즉, 판례에서 조합을 '특수한 존립 목적을 부여받은 특수한 행정주체'(대법원 2002. 12. 10. 선고 2001두6333)라고 한 것은 토지 등의 수용·사용권(「도시 및 주거환경정비법」 제63조), 관리처분계획(동법 제74조), 비용의 부과 처분(동법 제93조) 등 조합과 조합원 간의 법률관계에 한정된 것일 뿐이지, 일반적인 공권력 행사의 주체로서 지위를 부여받았다고 보기는 힘들다.

또한 재개발조합의 법적 성격인 공법상 사단법인에서 '공법상'이라는 표현은 공익실현을 목적으로 설립된 법인이라는 점을 강조하는 것에 불과할 뿐, 공법상 사단법인이 사법(私法)상 사단법인과 반대의 개념이라고 볼 수 없다. 이에 「도시 및 주거환경정비법」이 달리 정하지 않고, 그 성격에 반하지 않는 범위 내에서는 「민법」상 법인에 관한 규정이 준용되고(「도시 및 주거환경정비법」 제49조), 조합과 관련된 권리·의무는 정관에 바탕을 두게 되는 것이다. 김해룡(2010)[20] 등의 학자들도 대법원 판결을 해석함에 있어 조합을 행정주체가 아닌, 공무수탁사인으로서의 행정주체로 해석 가능한 것으로 보았다. 이에 조합을 '재산권적 이해관계를 공유하는 사인들 간의 결사'로서 행정청의 감독과 통제하에 정비사업을 자율적으로 추진하는 것이라고 보고 행정주체가 아닌 사적 결사로 보는 것이 「헌법」상 재산권 보장의 원칙에 가장 부합된다는 주장이다. 대법원도 '조합의 권리·의무는 내부 규약이나 정관에서 나오는 것'(대법원 2002. 3. 11. 2002그12 결정)이라고 판시하여 그 자율성을 강조한 바 있다.

또 다른 문제는 공법인과 사법인을 나누는 기준이 모호하다는 데에 있다. 법률에서는 공법인과 사법인을 구별하는 기준이나 방법에 대해 언급된 바가 없어 이들 법인의 구별은 전적으로 학설에 맡겨져 있다. 판례에서도 뚜렷한 구별기준을 찾아볼 수 없어 토지개량조합, 수리조합, 산림계, 갱생보호회는 공법인으로, 지구별 어업협동조합, 산림조합 등은 사법인으로 이해되고 있다. 학설들은 저마다 설립준거법, 존립 목적 등 다양한 기준을 통해 공법인과 사법인을 구별하고 있으나, 법인설립의 계기가 사적 자치에 따른 것이냐의 여부는 법인의 성격을 특징짓는 중요한 요소임은 분명하다. 즉 법인의 설립이 구성원의 자율적인 단체결성의 의사에 의하여 이루어지거나, 설립자의 자유로운 재산출연으로 말미암은 것은 그러한 법인의 목적이 공공의 이익과 관련되더라도 사법인으로 볼 수 있다.

---

20) 김해룡, 2010, "행정계약의 법리와 그 활용을 위한 법제개선 연구", 토지공법연구 48, 한국토지공법학회, 429-456쪽.

위와 같은 법리를 바탕으로 정비사업에 대한 다툼은 일부 행정소송의 대상이 되나, 상당 부분 민사소송의 대상이 된다. 소송 결과에 따라 행정처분의 위법 여부에 직접 영향을 미치는 사업시행계획 수립총회, 관리처분계획 수립총회 등 공법상 법률관계에 관한 다툼을 제외한 사법상 법률관계에 대한 다툼에는 모두 민사 및 비송사건[21]절차법이 적용된다.

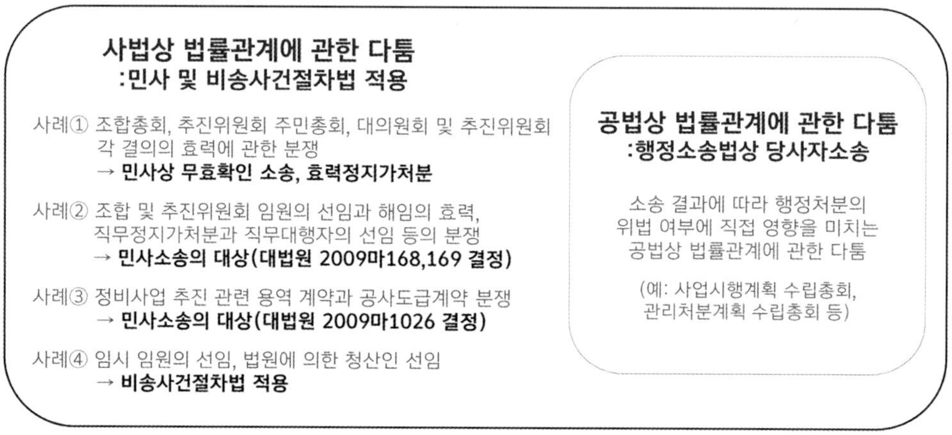

[그림 2-19] 정비사업을 둘러싼 법적 분쟁의 양상

2) 시공자

(1) 정비사업에서 시공자의 역할

정비사업의 다양한 협력업체 중 가장 중요한 주체는 시공자라고 할 수 있다. 통상 시공자는 건설공사를 직접 행하는 자를 의미하며, 건축주의 건축계획 또는 사업시행자의 사업계획을 물리적으로 완성하는 역할을 담당한다. 다만, 우리나라 정비사업에서 시공자는 단순히 건축물 시공 관련 용역을 수행하는 주체가 아니라, 개발사업의 핵심적인 요소인 '자금조달'과 '사업성'의 키를 쥐고 있기 때문에 일반적인 건축주-시공자 간의 관계와는 다르다.

먼저, 자금조달과 관련해서 살펴보면 다음과 같다. 우리나라의 주택정비형 재개발사업에서는 일반적으로 조합원들이 현물출자한 종전부동산(토지 및 건축물)을 활용하여 조합원에게 분배하는 주택 외에 주택시장에 매각할 수 있는 주택을 추가적으로 건

21) 비송사건(非訟事件)이란 법원의 관할에 속하는 민사사건 중 소송절차로 처리하지 않는 사건을 말한다.

설함으로써 개발이익을 얻는다. 이는 곧 조합이 일반분양 및 조합원 분양을 통해 수익이 발생하기 전에는 조합 스스로 자본을 조달할 수 없고 외부로부터의 차입이 필수적이라는 것을 의미하기도 한다. 이때 조합은 시공자로부터 직접 사업비를 대여하거나, 시공사의 보증으로 금융기관으로부터 차입하기 때문에 일반적인 건축주-시공자 간의 도급형태와는 달리 재개발사업의 전반에 걸쳐 시공사의 영향력이 매우 크다. 조합 설립 이후 시공자를 선정하게 되면, 이전 단계에서 지출되었던 운영비와 사업비를 보증금 형태로 시공자로부터 대여하여 상환하게 된다. 이후 매월 정기적인 운영비와 사업 진행 절차에 따른 사업비를 시공자로부터 대여하여 조합의 협력업체에 지급하는 구조가 이어진다.

[표 2-10] 재개발사업의 자금조달 구조

구분	추진위 운영비	조합 운영비	설계용역 시	세입자대책 등	공사비
조달 방법	정비사업전문 관리업자 차입	시공자 차입 또는 금융기관 차입(시공자 보증)			분양대금

자료: 서울시 주거환경개선정책 종합점검 및 보완발전방안, 서울시 주거환경정책 자문위원회, 2009

한편, 시공자는 정비사업의 사업비용 및 수입과도 직결된다. 정비사업의 비용항목은 크게 건설공사비, 설계감리비, 조사측량비, 보상비, 금융비용, 외주용역비, 부담금, 관리비 등으로 구성되는데[22], 이 중 건설공사비에 전체 정비사업비의 약 70~75% 정도가 소요된다[23]. 따라서 공사비의 변동은 조합의 사업성과 조합원 개개인의 부담에 직접적인 영향을 미칠 수밖에 없다. 금리인상과 원자재 가격, 인건비가 상승하는 시기에는 공사비 인상을 두고 시공자와 조합 간 많은 분쟁이 발생하기도 한다(조합과 시공자 간 갈등에 대해서는 7장의 <u>7.2 사업성을 둘러싼 이해관계 주체 간 갈등 발생</u>에서 보다 자세히 다루도록 한다.). 또한 시공자가 가지는 브랜드 가치는 조합의 수입, 즉 일반분양에도 영향을 미친다. 일반분양분 주택수요자들은 입지, 가격 외에도 시공자의 인지도, 시공경험, 차별화된 특화설계 등 여러 요소를 복합적으로 고려하여 구매의사를 결

22) 서울시는 이전에는 통일된 회계방식이 없었던 재개발사업의 문제점을 개선하고자 2009년부터 2011년까지 약 3년간 정비사업 주체 중 집행 중이거나 관리처분계획인가된 서울시 내 173개 사업장의 자금계획서 및 분양승인서류를 토대로 사업비 항목을 총 53개로 구성하고, 각 항목의 용어정의 및 산출근거를 제시하였다.

23) 일반적으로 재개발사업보다는 재건축사업에서의 건설공사비 비중이 조금 더 높다.

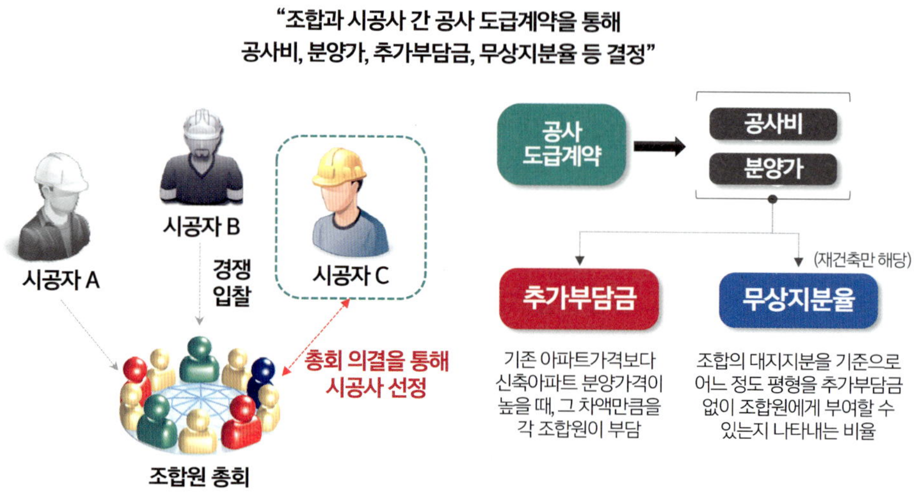

[그림 2-20] 조합방식 사업에서의 시공자 선정

정하기 때문이다. 과거에 비해 주택시장에서 시공사의 브랜드 및 인지도가 차지하는 중요성이 커지게 되자, 시공사 선정 시 정량적인 부분 이외에도 정성적인 부분의 중요성이 강해지고 있다.

(2) 시공자 선정 시기

시공자 선정 시기는 사회적 여건과 정책 목적 등을 고려하여 앞으로 당겨지기도, 또는 미뤄지기도 한다. 2003년 「도시 및 주거환경정비법」이 처음으로 제정 및 시행될 당시[24], 재개발·재건축사업 모두 시공자 선정시기를 사업시행계획인가 이후로 제한하였다. 그러다 2005년 「도시 및 주거환경정비법」을 개정[25]하는 과정에서 재건축사업에 국한하여 시공자 선정시기를 규정함에 따라 재개발사업의 시공자 선정시기에 대한 명문 규정이 사라지게 되었다. 이듬해 2006년, 이러한 불명확성을 해소하고자 제11조(시공자의 선정)의 개정[26]을 통해 주택재개발사업조합 및 도시환경정비사업조합은 조합설립인가를 받은 후, 주택재건축사업조합은 사업시행계획인가를 받은 후에 시공자를 선정하도

---

24) 법률 제6852호, 2002. 12. 30., 제정
25) 법률 제7392호, 2005. 3. 18., 일부개정
26) 법률 제7960호, 2006. 5. 24., 일부개정

록 규정하게 되었다. 그러다 2009년 2월, 국내 정비사업의 여건상 시공자 없이는 본격적인 사업의 추진이 어렵다는 현실적 여건을 반영하여 재개발사업과 재건축사업 모두 조합설립인가 이후에 시공자를 선정할 수 있도록 변경되었다.

2010년 공공지원제도가 도입되면서 시공자 선정시기에 큰 변화가 발생하게 되었다. 「도시 및 주거환경정비법」에서 원칙적으로는 조합설립인가 이후 시공자를 선정하나(제29조 제4항), 공공지원제도가 적용되는 사업의 경우에 한해 시·도조례로 시공자 선정시기를 정할 수 있도록 한 것이다(제118조 제6항). 이와 같은 법률의 위임에 따라 서울시에서는 공공지원제도 적용 시 시공자 선정시기를 '사업시행계획인가를 받은 후'로 정하고 있어(「서울특별시 도시 및 주거환경정비 조례」 제77조 제1항), 조합은 사업시행계획서에 반영된 설계도서를 통해 예가를 산정한 후 내역입찰을 진행하게 되었다. 이처럼 시공자 선정시기가 늦춰지게 되면 이전 방식에 비해 조합이 자금조달의 어려움

[표 2-11] 재개발·재건축사업의 시공자 선정시기의 변화

시기	재개발	재건축	비고
2003년 7월 (「도시정비법」 제정)	사업시행계획인가 이후		▪ 종전 정비사업 관련 법령에 시공자 선정시기 관련 규정 부재 ▪ 정비업체 제도 도입 (사업 초기 건설사 접촉 차단)
2005년 2월	명문 규정 없음	사업시행계획인가 이후	▪ 재건축만 시공자 선정시기 규정
2006년 8월	조합설립인가 이후	사업시행계획인가 이후	▪ 재개발 시공자 선정시기 불명확성 해소
2009년 2월	조합설립인가 이후		▪ 건설사 없이 사업수행 어렵다는 현실 반영 - '06. 8. 25. 이후 추진위 승인된 구역부터 적용
2010년 7월 (조례 개정)	▪ 공공지원 대상: 사업시행계획인가 이후 ▪ 공공지원 대상 외: 조합설립인가 이후		▪ 공공지원제도 도입 - 사업계획서를 반영한 설계도서를 입찰에 부쳐야 함 [제5007호 조례 일부개정 제48조 제2항] ※ (종전) 총액입찰 → (개선) 내역입찰 유도
2023년 7월 (조례 개정)	조합설립인가 이후		▪ 시공자 조기 선정 따른 부작용 막기 위해 특별팀(T/F)운영 ▪ 시공자가 내역 입찰 수준으로 사업에 참여할 수 있는 방안 수립 및 안전장치 마련

을 겪게 되는데, 이를 해소하기 위해 서울시는 구역지정에서 사업시행계획인가 시까지 소요되는 비용을 대여해주는 정비사업 융자지원을 운영하였다. 공공지원제도에 대한 보다 자세한 사항은 5장 재개발·재건축사업 관련 최근의 정책들 중 5.1 공공지원제도에서 확인할 수 있다.

그러나 2020년대 들어 재개발·재건축 등 정비사업의 추진 속도 향상과 이를 통한 양질의 주택공급 촉진에 대한 요구가 증대되자 정책적 기조의 변화가 발생하기 시작했다. 이에 서울시는 모든 정비사업의 시공자 선정 시기를 사업시행계획인가 이후에서 조합설립인가 이후로 앞당기는 내용을 담아 2022년 12월 「서울특별시 도시 및 주거환경정비 조례」를 개정하였으며 2023년 7월부터 시행되었다.

3) 정비사업전문관리업자

정비사업전문관리업자는 전문적인 지식과 경험을 바탕으로, 기본적으로 비전문가 집단인 조합의 업무를 대행 및 지원한다. ① 조합설립의 동의 및 정비사업의 동의에 관한 업무의 대행, ② 조합설립인가의 신청에 관한 업무의 대행, ③ 사업성 검토 및 정비사업의 시행계획서의 작성, ④ 설계자 및 시공자 선정에 관한 업무의 지원, ⑤ 사업시행계획인가의 신청에 관한 업무의 대행, ⑥ 관리처분계획의 수립에 관한 업무의

[표 2-12] 정비사업전문관리업자의 업무 범위

정비사업전문관리업자의 업무 범위(「도시 및 주거환경정비법」 제102조)
1. 조합설립의 동의 및 정비사업의 동의에 관한 업무의 대행
2. 조합설립인가의 신청에 관한 업무의 대행
3. 사업성 검토 및 정비사업의 시행계획서의 작성
4. 설계자 및 시공자 선정에 관한 업무의 지원
5. 사업시행계획인가의 신청에 관한 업무의 대행
6. 관리처분계획의 수립에 관한 업무의 대행
7. 정비사업을 공공지원하는 시장·군수가 정비사업전문관리업자를 선정한 경우에는 추진위원회 설립에 필요한 다음 각 목의 업무 가. 동의서 징구(徵求) 나. 운영규정 작성 지원 다. 그 밖에 조례로 정하는 사항

대행, ⑦ 정비사업을 공공지원하는 시장·군수가 정비사업전문관리업자를 선정한 경우에는 추진위원회 설립에 필요한 동의서 징구, 추진위원회 운영규정 작성 지원, 그 밖에 조례로 정하는 사항 등을 수행한다(「도시 및 주거환경정비법」 제102조). 단, 건축물의 철거·설계·시공·회계감사·안전진단 업무 등은 병행하여 수행할 수 없다.

4) 감정평가법인

감정평가란 부동산, 동산을 포함하여 토지, 건물, 기계기구, 항공기, 선박, 유가 증권, 영업권과 같은 유·무형의 재산에 대한 경제적 가치를 판정하여 그 결과를 가액(價額)으로 표시하는 것을 말한다. 일단의 지구·지역을 대상으로 하는 개발사업의 경우 이 감정평가의 단계를 반드시 거쳐야 한다. 「택지개발촉진법」에 의한 택지개발사업이나 「도시개발법」에 의한 도시개발사업과 같이 도시 외곽지역에서 시행되는 개발사업과 달리, 「도시 및 주거환경정비법」에 의한 주택정비형 재개발사업은 기성시가지에서 시행되기 때문에 낡고 오래된 건축물을 철거하고 신규 주택이 공급되는 특징이 있다. 이러한 특징 때문에 시행방식에도 큰 차이가 발생한다. 주로 택지개발사업이나 도시개발사업은 협의매수·수용·환지 등의 방식, 주택정비형 재개발사업·재건축사업은 관리처분 방식에 의해 시행된다.

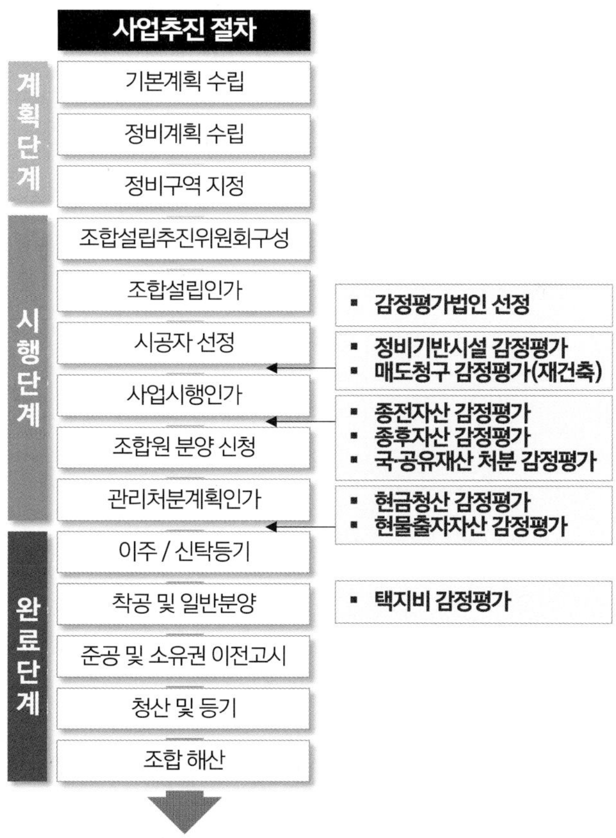

[그림 2-21] 주택정비형 재개발사업의 절차와 감정평가

관리처분은 종전의 토지 또는 건축물에 대한 권리를 새로 건설하는 대지와 건축물에 대한 권리로 변환하는 것으로, 종전자산에 대한 평가는 조합원들 사이에 분양 또는 분배의 기준이 되는 권리가액 산정에 주된 목적이 있다. 주택정비형 재개발사업에서 재산 또는 권리를 평가할 때에는 시장·군수등이 선정·계약한 2인 이상의 감정평가법인이 평가한 금액을 산술평균하여 산정한다(「도시 및 주거환경정비법」 제74조 제4항 제1호 가목)[27]. 이렇게 산정된 종전자산, 종후자산 등의 감정평가액은 조합원의 경제적 부담에 직접적인 영향을 미치기 때문에 정비사업에서 매우 중요하고 민감한 사안이다.

정비사업의 추진절차에 따라 정비기반시설 감정평가, 국공유지 처분(매각) 감정평가, 현물출자자산 감정평가, 현금청산 감정평가, 매도청구 감정평가(재건축사업의 경우), 소유자불명자산 감정평가, 택지 감정평가 등이 이루어진다. 정비기반시설의 감정평가는 종전자산의 감정평가에, 매도청구 감정평가는 종전자산 감정평가 및 현금청산에(재건축사업의 경우), 종전자산 감정평가는 관리처분과 현금청산 등에, 택지 감정평가는 조합의 주된 수입인 일반분양가에 영향을 미친다.

---

27) 재건축사업의 경우 시장·군수등이 선정·계약한 1인 이상의 감정평가법인등과 조합총회의 의결로 선정·계약한 1인 이상의 감정평가법인이 평가한 금액을 산술평균하여 산정한다(「도시 및 주거환경정비법」 제74조 제4항 제1호 나목).

2.6 주택정비형 재개발사업은 어떤 절차를 통해 추진하나요?

「도시 및 주거환경정비법」과 동법 시행령·시행규칙, 기본계획 및 정비계획 수립지침, 조례 및 시행규칙 등은 정비사업에 관한 절차법(節次法, adjective law)으로서 도시기능의 회복, 주거환경이 불량한 지역의 계획적 정비, 노후·불량건축물의 개량 등의 목적을 효과적으로 달성하고, 다수인의 이해조정을 위해 절차적 규정과 기술적·수단적인 규정들을 담고 있다. 이 법령들은 재개발사업과 관련된 여러 이해관계자들이 마땅히 준수해야 하며, 동시에 준수하지 아니하는 경우에는 일정한 제재가 따르는 규범 체계가 되는 것이다. 「도시 및 주거환경정비법」 제2조에서도 '이 법에서 정한 절차에 따라' 실시하는 사업이라고 정하고 있어 절차법적 성격을 다시 한번 확인할 수 있다.

주택정비형 재개발사업은 크게 ① 사업준비 단계, ② 사업시행 단계, ③ 관리처분 단계, ④ 사업완료 단계 등 네 단계로 추진된다. 사업준비 단계에서는 도시 및 주거환경정비 기본계획을 수립하고, 정비계획의 수립 및 정비구역 지정, 추진위원회 구성 등이 이루어진다. 사업시행 단계에서는 조합 설립, 시공자 선정, 사업시행계획의 수립 및 인가, 감리자 지정 등이 이루어지며, 관리처분 단계에서는 조합원 분양신청, 관리처분

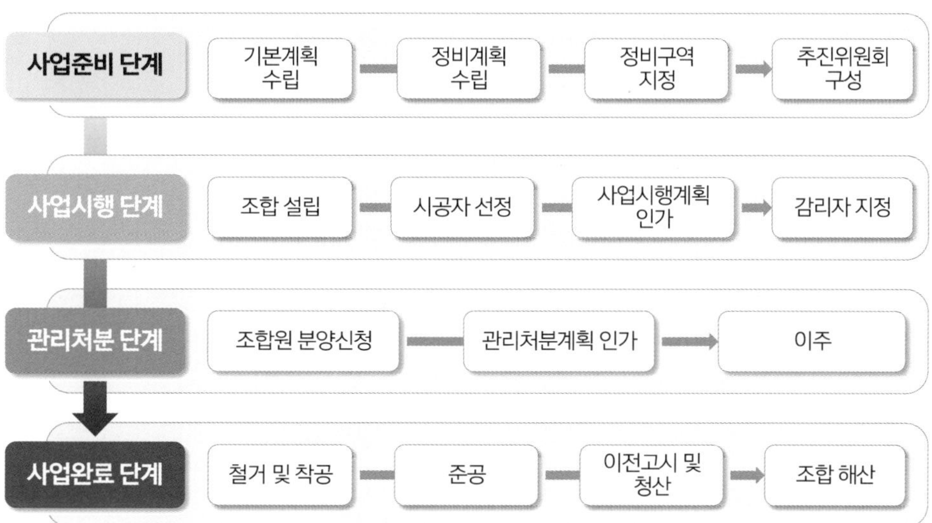

[그림 2-22] 주택정비형 재개발사업의 추진단계

계획의 수립 및 인가, 이주 등이 이루어진다. 사업완료 단계에서는 철거 및 착공, 준공, 이전고시 및 청산, 조합 해산 등이 이루어진다.

1) 사업준비 단계

(1) 도시 및 주거환경정비기본계획의 수립

① 도시 및 주거환경정비기본계획이란?

우리나라의 급격한 산업화·도시화 과정에서 대량 공급된 주택들이 노후화됨에 따라, 이들 노후주택을 체계적이고 효율적으로 정비할 필요성이 높아졌다. 그러나 이전에는 재개발사업, 재건축사업, 주거환경정비사업, 도심재개발사업, 공장재개발사업 등이 각기 다른 개별법에 근거를 두고 있어 기성시가지의 계획적·종합적 관리와 사업의 원활한 추진에 어려움을 겪고 있었다. 이에 근거법률의 단일화 필요성이 제기되었고, 2002년 말에 「도시 및 주거환경정비법」이 제정되었다. 이 법은 도시기능의 회복이 필요하거나 주거환경이 불량한 지역을 계획적으로 정비하고 노후·불량건축물을 효율적으로 개량하는 데 필요한 사항을 규정하고 있다.

도시 및 주거환경정비기본계획은 「도시 및 주거환경정비법」 제4조에 의해 수립되는 법정계획이며, 주거지의 종합적 관리를 위한 정책계획이자 정비사업 추진을 위한 실행지침의 역할을 수행한다. 특별시장·광역시장·특별자치시장·특별자치도지사 또는 시장은 10년 단위로 수립하고, 5년마다 타당성을 검토하여 그 결과를 기본계획에 반영하여야 한다.

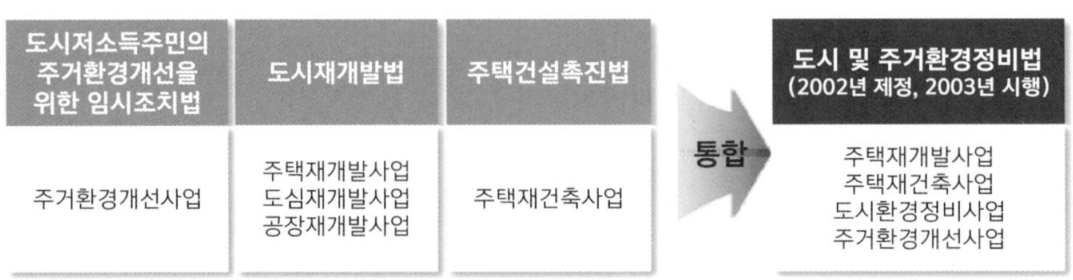

[그림 2-23] 2002년 「도시 및 주거환경정비법」의 제정

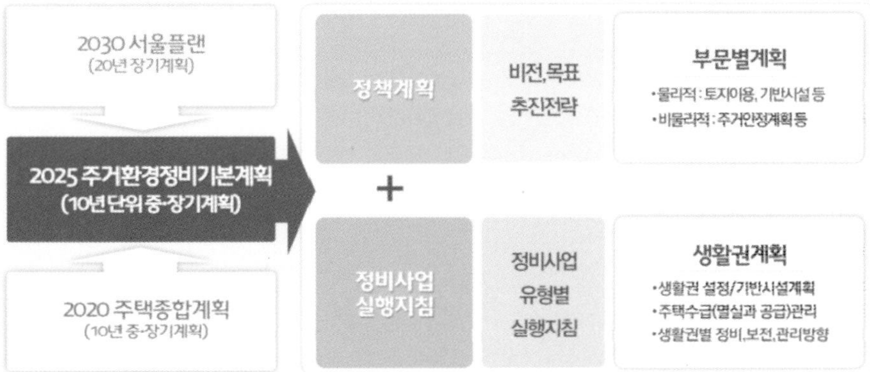

[그림 2-24] 「2025 서울특별시 도시 및 주거환경정비기본계획」의 위상

자료: 서울특별시 2025 도시 및 주거환경정비기본계획

② 도시 및 주거환경정비기본계획의 목표와 내용

도시 및 주거환경정비기본계획은 도시기본계획 등 상위계획의 이념과 내용이 정비사업을 통해 실현될 수 있도록 도시정비의 미래상과 목표를 명확히 설정하고 실천 전략을 구체적으로 제시하기 위해 수립한다. 또한 도시기능의 보존·회복·정비 차원에서 정비구역별 정비사업의 방향과 지침을 정하여 적정한 밀도로 주변지역과 조화되는 개발을 유도하고, 도시의 경제·사회·문화활동, 물리적 환경의 현황, 장래 변화 등에 대해 분석하여 장래의 개발수요에 효과적으로 대처할 수 있도록 한다.

위와 같은 목표를 달성하기 위해 도시 및 주거환경정비기본계획에는 정비사업의 기본방향, 계획기간, 인구·건축물·토지이용·정비기반시설·지형 및 환경 등의 현황, 주거지 관리계획, 토지이용계획·정비기반시설계획·공동이용시설설치계획 및 교통계획, 녹지·조경·에너지공급·폐기물처리 등에 관한 환경계획, 사회복지시설 및 주민문화시설 등의 설치계획, 도시의 광역적 재정비를 위한 기본방향, 정비예정구역의 개략적 범위, 단계별 정비사업 추진계획(정비예정구역별 정비계획의 수립시기 포함), 건폐율·용적률 등에 관한 건축물의 밀도계획, 세입자에 대한 주거안정대책 등의 내용이 포함된다. 도시관리·주택·교통정책 등 도시·군기본계획과 연계된 도시·주거환경정비의 기본방향, 도시·주거환경정비의 목표, 도심기능의 활성화 및 도심공동화 방지 방안, 역사적 유물 및 전통건축물의 보존계획, 정비사업의 유형별 공공 및 민간부문의 역할, 정비사업의 시행을 위하여 필요한 재원조달에 관한 사항도 포함하여 기본계획을 수립하여야 한다.

[표 2-13] 도시 및 주거환경정비기본계획의 내용

구분	내용
「도시정비법」 제5조 (기본계획의 내용)	1. 정비사업의 기본방향 2. 정비사업의 계획기간 3. 인구·건축물·토지이용·정비기반시설·지형 및 환경 등의 현황 4. 주거지 관리계획 5. 토지이용계획·정비기반시설계획·공동이용시설설치계획 및 교통계획 6. 녹지·조경·에너지공급·폐기물처리 등에 관한 환경계획 7. 사회복지시설 및 주민문화시설 등의 설치계획 8. 도시의 광역적 재정비를 위한 기본방향 9. 정비예정구역의 개략적 범위 10. 단계별 정비사업 추진계획(정비예정구역별 정비계획의 수립시기 포함) 11. 건폐율·용적률 등에 관한 건축물의 밀도계획 12. 세입자에 대한 주거안정대책
「도시정비법 시행령」 제5조 (기본계획의 내용)	13. 도시관리·주택·교통정책 등 도시·군기본계획과 연계된 도시·주거환경정비의 기본방향 14. 도시·주거환경정비의 목표 15. 도심기능의 활성화 및 도심공동화 방지 방안 16. 역사적 유물 및 전통건축물의 보존계획 17. 정비사업의 유형별 공공 및 민간부문의 역할 18. 정비사업의 시행을 위하여 필요한 재원조달에 관한 사항

다만, 도시 및 주거환경정비기본계획이 정비예정구역의 지정에 치우칠 뿐 아니라, 물리적 노후도만을 고려하여 지정 여부가 결정된다는 문제점이 제기되자, 2012년 2월 「도시 및 주거환경정비법」 제3조 제9항의 신설[28]을 통해 생활권계획이 정비예정구역을 대체할 수 있게 되었다. 여기서 생활권계획은 서울도시기본계획에서의 116개의 지역생활권과 같은 의미인 주거생활권과 행정동 단위의 기초생활권으로 나뉘어진다. 전자는 서울시가 수립하는 법정계획이고, 후자는 자치구에서 수립하는 행정계획에 해당되며 이러한 위계에 따라 역할 및 계획 내용이 구분된다. 이를 통해 주거지 전체에 대한 종합적인 관리가 가능한 새로운 정비기본계획을 수립할 수 있는 제도적 기반이 마련되었다.

28) 법률 제11293호, 2012. 2. 1., 일부개정

[「도시 및 주거환경정비법」 제3조제9항 신설(2012년 2월)]

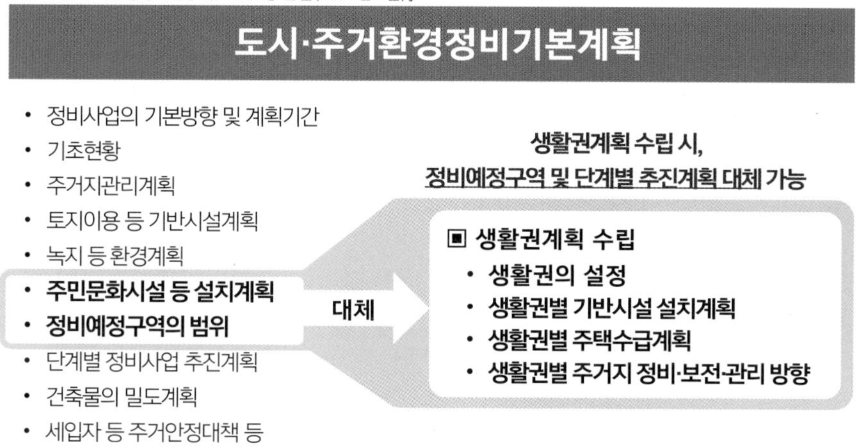

[그림 2-25] 생활권계획으로 대체되는 정비예정구역의 지정

③ 도시 및 주거환경정비기본계획의 수립절차

도시 및 주거환경정비기본계획은 기초조사(특별시장, 광역시장, 시장) → 기본계획(안) 작성(특별시장, 광역시장, 시장) → 주민공람(14일 이상) 및 지방의회 의견 청취 → 관계행정기관 협의(특별시장, 광역시장, 시장) → 지방도시계획위원회 심의 → 지방자치단체 공보 고시 → 국토교통부 장관 보고의 절차에 따라 수립 또는 변경한다. 다만, 「도시 및 주거환경정비법 시행령」 제6조 제4항의 경미한 변경에 해당하는 경우에는 관계 행정기관의 장과의 협의 및 지방도시계획위원회의 심의를 거치지 아니한다.

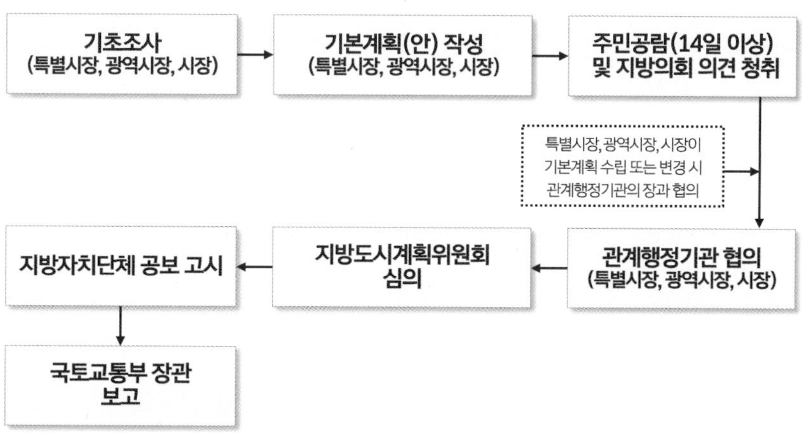

[그림 2-26] 도시 및 주거환경정비기본계획의 수립 절차

④ 도시 및 주거환경정비기본계획의 수립에 따른 행위제한

국토교통부장관, 시·도지사, 시장, 군수 또는 구청장은 비경제적인 건축행위 및 투기 수요의 유입을 막기 위해 기본계획을 공람 중인 정비예정구역 또는 정비계획을 수립 중인 지역에 대하여 3년 이내의 기간(1년의 범위에서 한 차례만 연장 가능함)을 정해 건축물의 건축과 토지의 분할을 제한할 수 있다(「도시 및 주거환경정비법」 제19조 제7항). 이에 따라 행위를 제한하려는 때에는 제한지역·제한사유·제한대상행위 및 제한기간을 관보 또는 해당 지방자치단체의 공보에 게재하여 미리 고시하여야 한다. 또한, 정비예정구역 또는 정비구역에서 지역주택조합의 조합원을 모집하는 것은 금지된다(「도시 및 주거환경정비법」 제19조 제8항).

(2) 정비계획 수립과 정비구역 지정

중·장기 측면에서 해당 도시에서 정비사업을 할 수 있는 영역을 지도상에 개략적으로 그리고 어떻게 추진하여야 도시의 미래상에 부합하면서 동시에 주변 지역과의 조화를 도모할 수 있을지에 관한 내용을 담는 것이 도시 및 주거환경정비기본계획이라면, 정비계획 수립과 정비구역 지정은 그 영역을 명확한 선으로 확정 지어 법적인 효력을 발생케 하는 행정행위이다.

① 정비계획 수립과 정비구역 지정의 효력

정비구역이란 정비사업을 계획적으로 시행하기 위하여 「도시 및 주거환경정비법」 제16조에 따라 지정·고시된 구역을 말한다(「도시 및 주거환경정비법」 제2조 제1호). 정비구역의 지정은 단순히 2차원의 면적만을 의미하며, 해당 정비구역의 구체적인 개발계획과 내용을 결정하는 계획인 정비계획이 함께 수립된다. 정비계획 수립과 정비구역의 지정 이 양자가 결합함으로써 구속력을 갖는 도시관리계획으로서의 효력이 발생하고, 행정청이 이를 공보 등에 고시함으로써 대외적으로 구속력을 갖게 된다. 또한 정비계획 및 정비구역은 「도시 및 주거환경정비법」 제4조 제6항에 따라 「국토의 계획 및 이용에 관한 법률」 따른 지구단위계획 및 지구단위계획구역과 같은 효력을 갖는다. 즉,

정비계획은 행정계획[29] 중 처분성을 가지는 구속적 계획으로서, 이에 따라 특정 개인의 국민의 권리·의무의 제한이 가능해진다.

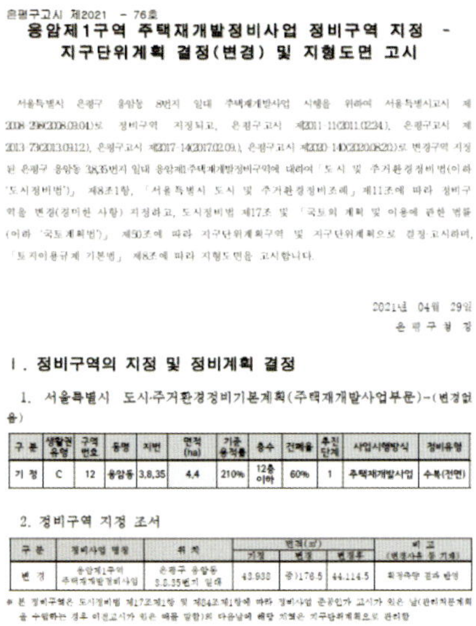

은평구고시 제2021 - 76호

응암제1구역 주택재개발정비사업 정비구역 지정 - 지구단위계획 결정(변경) 및 지형도면 고시

서울특별시 은평구 응암동 8번지 일대 주택재개발사업 시행을 위하여 서울특별시고시 제2008-298(2008.09.04)로 정비구역 지정되고, 은평구고시 제2011-11(2011.02.24), 은평구고시 제2013-73(2013.04.12), 은평구고시 제2017-14(2017.02.09), 은평구고시 제2020-140(2020.08.20)로 변경구역 지정된 은평구 응암동 3,8,35번지 일대 응암제1주택재개발정비구역에 대하여 「도시 및 주거환경정비법(이하 '도시정비법')」 제8조1항, 「서울특별시 도시 및 주거환경정비조례」 제11조에 따라 정비구역을 변경(경미한 사항) 지정하고, 도시정비법 제17조 및 「국토의 계획 및 이용에 관한 법률(이하 '국토계획법')」 제50조에 따라 지구단위계획구역 및 지구단위계획으로 결정·고시하며, 「토지이용규제 기본법」 제8조에 따라 지형도면을 고시합니다.

2021년 04월 29일

은 평 구 청 장

Ⅰ. 정비구역의 지정 및 정비계획 결정

1. 서울특별시 도시·주거환경정비기본계획(주택재개발사업부문)-(변경없음)

구 분	생활권 유형	구역 번호	동명	지번	면적 (ha)	기준 용적률	층수	건폐율	추진 단계	사업시행방식	정비유형
기 정	C	12	응암동	3,8,35	4.4	210%	12층 이하	60%	1	주택재개발사업	수복(전면)

2. 정비구역 지정 조서

구 분	정비사업 명칭	위 치	면적(㎡)			비 고 (변경사유 등 기재)
			기정	변경	변경후	
변 경	응암제1구역 주택재개발정비사업	은평구 응암동 3,8,35번지 일대	43,938	증)176.5	44,114.5	[illegible]

※ 본 정비구역은 도시정비법 제17조제1항 및 제84조제1항에 따라 정비사업 준공인가 고시가 있은 날(관리처분계획을 수립하는 경우 이전고시가 있은 때를 말함)의 다음날에 해당 지역은 지구단위계획으로 관리함

[그림 2-27] 서울시 은평구 응암제1구역의 정비구역 지정 고시

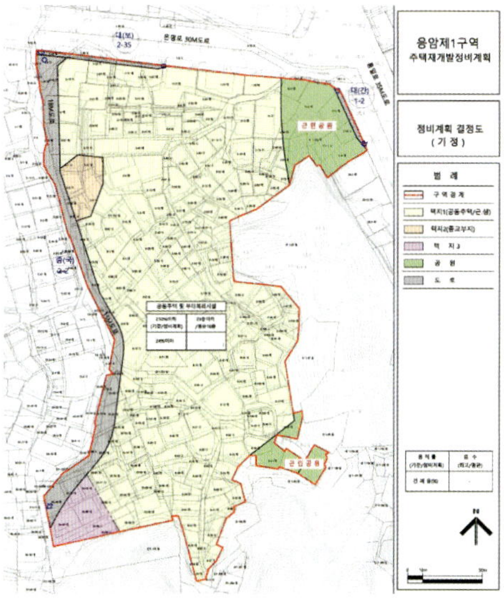

[그림 2-28] 서울시 은평구 응암제1구역의 정비계획 결정도

② **정비계획 수립과 정비구역 지정에 따른 행위제한**

앞서 서술한 바와 같이 정비계획 수립과 정비구역 지정에 따라 구속력이 발생하게 되는데, 이에 근거하여 해당 구역 내에서는 건축물의 건축, 공작물의 설치, 토지의 형질변경, 토석의 채취, 토지분할, 물건을 쌓아놓는 행위 등이 제한된다. 여기에서의 건축물의 건축이란 「건축법」상 건축을 말하는 것으로 신축뿐만 아니라, 증개축과 대수선 등 수선행위까지 모두 제한된다.

이와 같은 행위제한 규정을 둔 것은 크게 두 가지 이유에서 비롯된다. 첫째, 정비사업의 추진에 따라 기존 건축물의 철거 및 신규 주택의 건축이 예정되었다는 점을 고려

[29] 행정계획이란, 행정에 관한 전문적·기술적 판단을 기초로 하여 도시의 건설·정비·개량 등과 같은 특정한 행정목표를 달성하기 위하여 서로 관련되는 행정수단을 종합·조정함으로써 장래의 일정한 시점에 있어서 일정한 질서를 실현하기 위해 수립되는 것이다(대법원 2007.1.25. 선고 2004두12063 판결).

하면 토지등소유자의 노력과 비용이 무용하게 될 염려가 있다는 점이다. 둘째, 소유한 토지 또는 건축물에 비용을 투입한 다음 추후 보상을 요구함으로써 사업시행자, 즉 일반적으로 토지등소유자로 구성된 조합으로 하여금 불필요한 손실보상 비용을 지출하지 않도록 사전에 방지하는 데에 있다.

[표 2-14] 정비계획 수립 및 정비구역 지정에 따른 행위제한

구분		내용
1	건축물의 건축 등	「건축법」 제2조 제1항 제2호에 따른 건축물(가설건축물을 포함)의 건축, 용도변경
2	공작물의 설치	인공을 가하여 제작한 시설물(「건축법」 제2조 제1항 제2호에 따른 건축물을 제외)의 설치
3	토지의 형질변경	절토(땅깎기) · 성토(흙쌓기) · 정지(땅고르기) · 포장 등의 방법으로 토지의 형상을 변경하는 행위, 토지의 굴착 또는 공유수면의 매립
4	토석의 채취	흙 · 모래 · 자갈 · 바위 등의 토석을 채취하는 행위. 다만, 토지의 형질변경을 목적으로 하는 것은 제3호에 따름
5	토지분할	지적공부(地籍公簿)에 등록된 1필지를 2필지 이상으로 나누어 등록하는 것
6	물건을 쌓아놓는 행위	이동이 쉽지 아니한 물건을 1개월 이상 쌓아놓는 행위
7	죽목의 벌채 및 식재	

(3) 조합설립추진위원회 구성

조합설립추진위원회(이하 '추진위원회')라는 명칭에서 알 수 있는 것처럼 추진위원회의 최종 목표는 바로 '조합의 설립'이다. 따라서 추진위원회는 조합설립인가일까지 업무를 수행하며, 조합 설립 후 모든 업무와 자산을 조합으로 인계하고 해산한다. 또한 추진위원회는 자신이 행한 업무를 총회에 보고하여야 하며, 추진위원회가 행한 업무와 관련된 권리와 의무는 조합이 포괄승계한다(「정비사업 조합설립추진위원회 운영규정」 제5조).

추진위원회를 구성하기 위하여는 ① 정비구역의 지정·고시가 있은 후, ② 위원장을 포함한 5명의 위원에 대한 토지등소유자 과반수의 동의를 받고, ③ 운영규정을 작성하여 그에 대하여 토지등소유자 과반수의 동의를 받아 ④ 시장·군수의 승인을 받아야 한다.

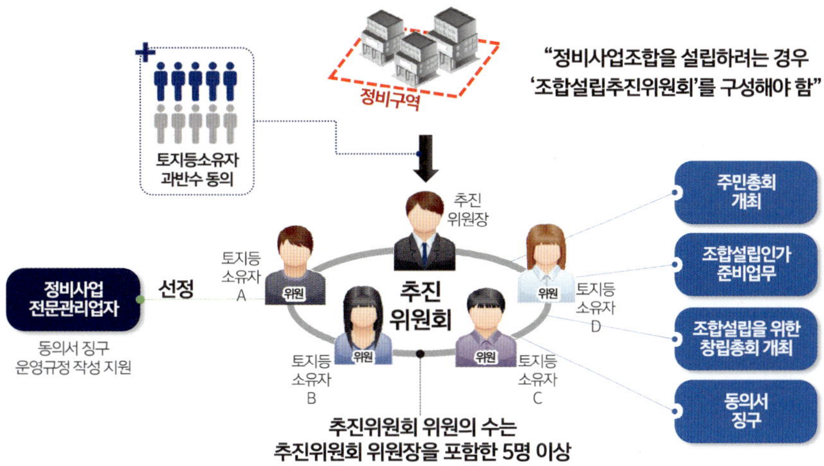

[그림 2-29] 조합설립추진위원회의 구성

추진위원회의 가장 핵심적인 업무는 운영규정에 따라 추진위원회를 운영하면서 토지등소유자로부터 조합 설립에 필요한 동의서를 징구하고, 조합정관의 초안을 작성한 뒤 조합의 설립을 위한 창립총회를 개최하는 것이다. 주요 업무의 내용에 대해 보다 자세히 살펴보면 다음과 같다.

[그림 2-30] 조합설립추진위원회의 주요 업무 절차

① 조합설립추진위원회 운영규정의 작성

정비사업 조합을 설립하고자 하는 경우 추진위원회를 시장·군수 등에게 승인 신청하기 전에 운영규정을 작성하여 토지등소유자의 과반수의 동의를 얻어야 하는데, 이 추진위원회의 운영규정은 「정비사업 조합설립추진위원회 운영규정」을 기반으로 작성하여야 한다. 국토교통부에서 고시하고 있는 이 운영규정은 조합의 표준정관과는 달리, 형식상 행정규칙에 해당하지만 법령과 결합하여 대외적으로 구속력이 있는 법규명령으로서의 효력을 가지는 강행규정에 해당된다(대법원 2019. 5. 30. 선고 2016다276177). 즉, 확정·수정·보완 또는 추가하는 사항이 법·관계법령, 관련 행정기관의 처분에 위배되는 경우에는 효력이 없으며, 원칙적으로 그 단체의 성립 근거법령상의 강행규정이나 사회상규에 위배되지 않는 한 사적 자치의 원칙상 어떠한 내용도 자유롭게 규정할 수 없다. 이에 전국 어딜가나 추진위원회의 운영규정은 거의 동일하다. 그렇다면 왜 조합의 표준정관과는 달리 추진위원회 운영규정은 강행규정으로 정하고 있을까? 추진위원회는 조합과는 달리 '비법인사단'이자, 토지등소유자와는 별개의 '독립된 조직체'이기 때문에 강력한 통제가 동반되지 않으면 악용될 소지가 많기 때문이다.

[표 2-15] 조합설립추진위원회의 업무 범위

조합설립추진위원회의 업무 범위	
「도시 및 주거환경정비법」 제32조 제1항	1. 정비사업전문관리업자의 선정 및 변경
	2. 설계자의 선정 및 변경
	3. 개략적인 정비사업 시행계획서의 작성
	4. 조합설립인가를 받기 위한 준비업무
「도시 및 주거환경정비법 시행령」 제26조	5. 추진위원회 운영규정의 작성
	6. 토지등소유자의 동의서의 접수
	7. 조합의 설립을 위한 창립총회의 개최
	8. 조합 정관의 초안 작성
	9. 그 밖에 추진위원회 운영규정으로 정하는 업무

② 정비사업전문관리업자 등 용역업체의 선정

추진위원회는 전문적인 지식과 경험을 바탕으로 조합의 업무를 대행 및 지원하는 정비사업전문관리업자와, 개략적인 시행계획서를 작성하고 건축 설계 등을 담당하는 설계자, 조합설립동의서를 받기 위한 추정분담금을 산정하는 감정평가업자 등을 선정한다. 위 업체들 모두 「도시 및 주거환경정비법」 제29조와 국토교통부의 '정비사업 계약업무처리기준' 등에 규정되어 있는 바에 따라 경쟁입찰, 전자입찰 등의 방법으로 선정한다.

이들의 도움을 받아 향후 정비사업의 시행에 대한 개략적인 계획서를 작성하게 되는데, 여기에는 용적률·건폐율 등 건축계획, 건설예정 세대수 등 주택건설계획, 철거 및 신축비 등 공사비와 부대경비, 사업비의 분담에 관한 사항, 사업 완료 후 소유권의 귀속에 관한 사항 등이 포함된다. 이는 후에 조합설립동의서(「도시 및 주거환경정비법 시행규칙」 별지 제6호 서식)를 구성하는 내용 중 일부가 된다.

③ 조합설립을 위한 동의서의 징구

❑ 조합설립을 위한 동의요건

추진위원회가 정비사업 조합을 설립하기 위한 동의요건은 사업의 종류마다, 또 대상지의 여건에 따라 차이가 발생한다. 먼저, 재개발사업의 경우 토지등소유자의 3/4 이상 및 토지면적의 1/2 이상의 토지소유자의 동의를 받아 시장·군수등의 인가를 받아야 한다. 재건축사업의 경우에는 주택단지와 주택단지가 아닌 지역으로 나뉘는데, 먼저 주택단지에서는 주택단지 전체 구분소유자의 3/4 이상 및 토지면적의 3/4 이상의 토지소유자의 동의와 주택단지의 공동주택의 각 동별 구분소유자의 과반수 동의가 모두 충족되어야 한다. 재건축사업이 시행되는 지역이 주택단지가 아닌 경우에는 토지 또는 건축물 소유자의 3/4 이상 및 토지면적의 2/3 이상의 토지소유자의 동의가 필요하다.

이때 조합설립동의서에 건설되는 건축물의 설계의 개요, 정비사업비, 정비사업비의 분담기준, 사업 완료 후 소유권의 귀속에 관한 사항, 조합 정관 등을 포함하여 토지등소유자의 동의를 받아야 한다(「도시 및 주거환경정비법 시행령」 제30조 제1항·제2항 및 「도시 및 주거환경정비법 시행규칙」 제8조 제3항).

[표 2-16] 추진위원회 및 조합의 설립을 위한 동의요건

<table>
<tr><th colspan="2">구분</th><th colspan="2">동의요건</th></tr>
<tr><td colspan="2">추진위원회
구성 승인</td><td colspan="2">▪ 토지등소유자 과반수의 동의
(추진위원회 운영규정에 대한 동의는 별도로 동의서를 받을 필요 없이 추진위원회 구성동의서를 받을 때에 운영규정을 첨부하여 동의를 받으면 됨)</td></tr>
<tr><td rowspan="3">조합
설립
인가</td><td>재개발
사업</td><td colspan="2">▪ 토지등소유자의 3/4 이상 및 토지면적의 1/2 이상의 토지소유자의 동의</td></tr>
<tr><td rowspan="2">재건축
사업</td><td>주택단지</td><td>① 주택단지의 전체 구분소유자의 3/4 이상 및 토지면적의 3/4 이상의 토지소유자의 동의
+
② 주택단지의 공동주택의 각 동별 구분소유자의 과반수 동의(복리시설의 경우에는 주택단지의 복리시설 전체를 하나의 동으로 봄)</td></tr>
<tr><td>주택단지가
아닌 지역</td><td>▪ 주택단지가 아닌 지역의 토지 또는 건축물 소유자의 3/4 이상 및 토지면적의 2/3 이상의 토지소유자의 동의</td></tr>
</table>

❑ 토지등소유자의 수 산정

이때 조합 설립에 동의하는 토지등소유자의 수를 산정하는 것은 매우 중요하다. 동의자 수 및 동의율 산정, 더 나아가 조합 설립의 적법성을 좌우하는 등 많은 경우 분쟁의 소지로 작용하고 있기 때문이다. 먼저 재개발사업의 경우에는 공유자, 지상권, 다물건 소유자 등올 나누어 살펴볼 수 있다. 공유자가 여러 명일 때에는 수인을 대표하는 1인을 토지등소유자로 산정하고, 둘 이상의 토지/건축물 소유 공유자가 동일한 경우에도 대표 1인을 토지등소유자로 산정한다. 다만, 공유자가 동일하지 아니한 경우에는 소유권 또는 구분소유권별로 대표 1인을 토지등소유자로 산정한다. 지상권의 경우에는 토지의 소유자와 해당 토지의 지상권자를 대표하는 1인을 토지등소유자로 산정한다. 만약 한 사람이 한 구역 내에 여러 개의 물건을 소유하고 있는 경우에는 그 사람이 소유하고 있는 필지나 건축물의 수에 관계없이 토지등소유자는 1인으로 산정된다. 참고로 재건축사업에서는 재개발사업과는 달리 토지와 건축물을 모두 소유한 자만 조합원이 될 수 있으므로 지상권을 제외하고 공유자의 경우와 다물건소유자의 경우에 대해 살펴볼 수 있는데, 그 내용은 재개발사업과 같다.

그렇다면 만약 공유자 간 의견의 불일치로 대표자가 선정되지 않는 경우에는 어떻게 하여야 할까? 먼저 총회의 의결권 행사는 원칙적으로 불가하다. 동의자 수를 산정함

[표 2-17] 재개발사업 및 재건축사업에서 토지등소유자의 산정 방법

구분		동의요건
재개발 사업	공유자	▪ 공유자 수인을 대표하는 1인을 토지등소유자로 산정 ▪ 둘 이상 토지/건축물 소유 공유자가 동일한 경우에도 대표 1인을 토지등소유자로 산정 - 다만, 공유자가 동일하지 아니한 경우에는 소유권 또는 구분소유권별로 대표 1인을 토지등소유자로 산정
	지상권	▪ 토지의 소유자와 해당 토지의 지상권자를 대표하는 1인을 토지등소유자로 산정
	다물건 소유자	▪ 1인이 소유하고 있는 필지나 건축물의 수에 관계없이 토지등소유자를 1인으로 산정 - 다만, 토지등소유자 시행방식(구 도시환경정비사업)은 구역지정 기준으로 각각 산정하는 예외를 인정
재건축 사업	공유자	▪ 공유자 수인을 대표하는 1인을 토지등소유자로 산정 ▪ 둘 이상 토지/건축물 소유 공유자가 동일한 경우에도 대표 1인을 토지등소유자로 산정 -다만, 공유자가 동일하지 아니한 경우에는 소유권 또는 구분소유권별로 대표 1인을 토지등소유자로 산정
	다물건 소유자	▪ 소유권 또는 구분소유권의 수에 관계없이 토지등소유자를 1명으로 산정

에 있어서도 공유자 일부만 동의서를 제출한 경우에는 동의하지 않은 것으로 보고, 공유자 전원이 동의서를 제출하여야 1개의 동의자 수로 인정된다. 대법원에서도 "토지 또는 건축물 소유자의 동의율을 산정할 때 1필지의 토지 또는 하나의 건축물을 여러 명이 공유하고 있는 경우 그 토지 또는 건축물의 소유자가 조합설립에 동의한 것으로 보기 위해서는, 공유자 전원의 동의로 선임된 대표자가 조합설립에 동의하거나 대표자의 선임 없이 공유자 전원이 조합설립에 동의할 것을 요하고, 그중 일부만 조합설립에 관하여 동의한 경우에는 유효한 조합설립 동의가 있다고 볼 수 없다."고 판시하고 있다(대법원 2017. 02. 03. 선고 2015두50283 판결). 분양신청 효력에 있어서도 공유자 일부가 분양신청을 하였어도 단독 분양 토지면적 조건을 충족하지 못한 경우나, 공유자 각자 모두 분양신청을 하였어도 그 신청사항이 불일치하는 경우에는 전원 현금청산이 된다.

[표 2-18] 공유자 의견 불일치의 경우 처리 방법

구분		내용
총회 의결권 행사		불가
동의자 수 산정기준	공유자 일부만 동의서 제출	미동의자
	공유자 전원이 동의서 제출	1개의 동의자 수 인정
분양신청 효력	공유자 일부만 분양신청	(재개발의 경우) 단독분양 토지면적 조건이 안되면 전부 현금청산
	공유자 각자 모두 분양신청 (분양신청사항 동일)	분양권 인정
	공유자 각자 모두 분양신청 (분양신청사항 불일치)	부적법 분양신청 → 전원 현금청산

❑ 동의와 반대의 의사표시 방법

동의는 서면동의서에 토지등소유자가 성명을 적고 지장(指章)을 날인하는 방법으로 하며, 주민등록증, 여권 등 신원을 확인할 수 있는 신분증명서의 사본을 첨부하여야 한다. 이때 서면동의서는 시장·군수등이 검인(檢印)한 서면동의서를 사용해야 하며, 검인을 받지 않은 서면동의서는 효력이 발생하지 않는다. 다만, 토지등소유자가 해외에 장기체류하거나 법인인 경우 등 불가피한 사유가 인정되면 토지등소유자의 인감도장을 찍은 서면동의서에 해당 인감증명서를 첨부하면 된다(「도시 및 주거환경정비법」 제36조)

만약 토지등소유자가 조합의 설립에 동의를 하였지만, 이후에 마음이 바뀐다면 어떻게 하여야 할까? 토지등소유자의 동의 철회나 반대의 의사표시는 기한과 요건을 충족한 경우에만 성립한다. 조합설립인가 신청 전에 반대의 의사표시를 하여야 하며, 이미 창립총회를 개최한 경우에는 불가능하다. 또한 절차적 안정을 위하여 반대의 의사표시를 할 경우에는 반드시 「도시 및 주거환경정비법 시행령」 제33조 제3항이 정하는 바에 따라야 한다. 단순히 만나서 또는 전화로 의사를 전달하거나 일반우편만으로는 반대의 의사표시가 성립되지 않고 철회서에 토지등소유자가 성명을 적고 지장(指章)을 날인한 후 주민등록증 및 여권 등 신원을 확인할 수 있는 신분증명서 사본을 첨부하여 동의의 상대방 및 시장·군수등에게 내용증명의 방법으로 발송하여야 한다.

④ 조합정관 초안의 작성

「도시 및 주거환경정비법」에 의한 정비사업 조합의 정관은 해당 조합의 조직, 기관, 활동, 조합원의 권리의무관계 등 단체법적 법률관계를 규율하는 것으로서 공법인인 조합과 조합원에 대하여 구속력을 가지는 자치법규(대법원 2019. 10. 31. 선고 2017다282438 판결)이기 때문에 이를 작성하는 것도 추진위원회의 중요한 업무 중 하나가 된다. 조합정관은 시장·군수가 조합설립인가를 한 때부터 해산을 하는 날까지 효력을 가진다.

조합정관에는 필요적 기재사항과 임의적 기재사항이 있다. 필요적 기재사항은「도시 및 주거환경정비법」제40조와 동법 시행령 제38조에서는 나열하고 있는데, 이 중 어느 한 사항이라도 누락될 경우 해당 정관은 무효가 된다. 필요적 기재사항 외에도 조합이 필요한 경우 임의적 기재사항을 추가하여 조합의 근본규칙으로 삼을 수 있다. 일단 정관에 기재되면 필요적 기재사항과 동일한 효력이 생기고, 그 내용을 변경하기 위해서는 정관변경의 절차를 밟아야 한다(「민법」 제42조).

정관은 조합 내부 최고의 자치법규로 구성원들의 합의로 자유롭게 작성할 수 있으며, 특별한 사정이 없는 한 이를 유효한 것으로 보아야 한다. 다만, 정관의 내용은 작성자의 주관이나 해석 당시의 사원의 다수결에 의한 방법으로 자의적으로 해석될 수 없고, 어디까지나 객관적인 기준에 따라 그 규범적인 의미 내용을 확정하는 법규 해석의 방법으로 해석되어야 한다(대법원 2000. 11. 24. 선고 99다12437 판결). 정관의 내용이 법률에 위반하는 경우 해당 정관 규정은 그 효력이 부정되며, 관련 법령이 그에 대한 벌칙을 두고 있을 경우에는 형사처벌의 대상이 될 수 있다.

[표 2-19] 조합정관의 기재사항(다음 페이지에 계속)

「도시 및 주거환경정비법」 제40조	1. 조합의 명칭 및 주소 2. 조합원의 자격에 관한 사항 3. 조합원의 제명·탈퇴 및 교체에 관한 사항 4. 정비사업 예정구역의 위치 및 면적 5. 제41조의 규정에 의한 조합의 임원의 수 및 업무의 범위 6. 조합임원의 권리·의무·보수·선임방법·변경 및 해임 7. 대의원의 수, 의결방법, 선임방법 및 선임절차 8. 조합의 비용부담 및 조합의 회계

	9. 정비사업의 시행연도 및 시행방법 10. 총회의 소집절차·시기 및 의결방법 11. 총회의 개최 및 조합원의 총회소집요구에 관한 사항 12. 제73조 제3항에 따른 이자 지급에 관한 사항 13. 정비사업비의 부담시기 및 절차 14. 정비사업이 종결된 때의 청산절차 15. 청산금의 징수·지급의 방법 및 절차 16. 시공자·설계자의 선정 및 계약서에 포함될 내용 17. 정관의 변경절차 18. 기타 법 시행령 제38조에서 정하고 있는 사항
「도시 및 주거환경정비법 시행령」 제38조	1. 정비사업의 종류 및 명칭 2. 임원의 임기, 업무의 분담 및 대행 등에 관한 사항 3. 대의원회의 구성, 개회와 기능, 의결권의 행사방법 및 그 밖에 회의의 운영에 관한 사항 4. 법 제24조 및 제25조에 따른 정비사업의 공동시행에 관한 사항 5. 정비사업전문관리업자에 관한 사항 6. 정비사업의 시행에 따른 회계 및 계약에 관한 사항 7. 정비기반시설 및 공동이용시설의 부담에 관한 개략적인 사항 8. 공고·공람 및 통지의 방법 9. 토지 및 건축물 등에 관한 권리의 평가방법에 관한 사항 10. 법 제74조 제1항에 따른 관리처분계획 및 청산(분할징수 또는 납입에 관한 사항을 포함)에 관한 사항 11. 사업시행계획서의 변경에 관한 사항 12. 조합의 합병 또는 해산에 관한 사항 13. 임대주택의 건설 및 처분에 관한 사항 14. 총회의 의결을 거쳐야 할 사항의 범위 15. 조합원의 권리·의무에 관한 사항 16. 조합직원의 채용 및 임원 중 상근(常勤)임원의 지정에 관한 사항과 직원 및 상근임원의 보수에 관한 사항 17. 그 밖에 시·도조례로 정하는 사항

⑤ 조합설립을 위한 창립총회 개최

행정관청이 재개발사업을 인·허가 및 심의하는 과정은 서류심사를 중심으로 하는 확인행위일 뿐, 토지등소유자의 다양한 이해관계를 조절하여 하나의 법적 주체를 만들어 내는 실질적 과정을 담고 있지 않다. 조합원들의 권리 및 의무는 토지등소유자의 개별적 동의와 총회에서의 결의에서 구체화되는 것이다. 즉, 조합원 총회는 의회의 입법절차에 비견될 수 있다. 단순히 토지등소유자들의 의견을 모으는 것이라면 총회는 동의서 징구와 다를 바 없다. 그러나 동의서 징구를 통해 취합된 토지등소유자의 의견을 창립총회를 통해 다시 한번 확인하는 것은 바로 총회가 의견을 모으는 절차인 동시에, 입법절차와 같이 권리의 정당성과 절차적 정당성을 만드는 절차이기 때문이다.

추진위원장은 직권 또는 토지등소유자 1/5 이상의 요구로 창립총회를 소집하여야 한다. 창립총회는 토지등소유자의 1/5 이상이 '직접' 출석하고, 출석한 토지등소유자의 과반수 찬성으로 결의가 이루어진다. 유의하여야 할 사항은 창립총회의 소집통지는 조합설립에 동의하지 않은 사람을 포함한 전체 토지등소유자에게 이루어져야 하고, 창립총회에 참석하여야 하는 토지등소유자는 조합설립에 동의한 사람만 해당한다는 점이다. 참고로 일반적으로 정비사업에서 총회의 의결은 조합원의 10/100 이상이 직접 출석을 요구하나, 대통령령으로 정하는 총회(창립총회, 사업시행계획서의 작성 및 변경, 관리처분계획의 수립 및 변경을 의결하는 총회 등)의 경우에는 사안의 중대성을 고려하여 조합원 20/100 이상이 직접 출석하여야 한다.

조합설립 창립총회에서는 조합정관의 확정, 조합임원 및 대의원의 선임, 그 밖에 필요한 사항으로서 사전에 통지한 사항 등이 정해진다. 여기에서 확정되는 조합정관에는 조합의 운영방식, 조합원들의 권리 및 의무, 조합임원 및 대의원들의 선출 방법 및 권한, 조합의 의사결정 방법 및 절차 등에 관한 내용이 포함된다.

2) 사업시행 단계

(1) 시공자 선정

시공자는 정비사업에서 가장 중요한 협력업체로 단순 공사업체라는 역할 외에도 자금조달의 창구 역할도 수행하며, 공동주택의 브랜드 및 설계에도 지대한 영향을 미친다(시공자의 역할에 관한 보다 자세한 사항은 2.5 누가 주택정비형 재개발사업을 추진하나요? 참고). 조합은 조합설립인가를 받은 후 조합총회에서 일반경쟁 또는 지명경쟁의 방법으로 시공자를 선정해야 한다(「도시 및 주거환경정비법」 제29조 제4항 본문 및 「정비사업 계약업무 처리기준」[30] 제26조 제1항). 시공자는 설계도서에 따라 내역에

---

30) 2021년 1월 1일 시행, 국토교통부고시 제2020-1182호

의하여 경쟁입찰로 총회에서 선정되며, 법·시행령·조례에서 정한 것을 제외하고는 서울시에서 제정한 공공지원 시공자 선정기준[31]에서 정하는 바에 따른다.

구역이 좋은 입지에 위치하거나, 주택경기가 양호한 경우 여러 건설회사들이 시공권을 두고 수주 경쟁을 펼치게 된다. 공사비 매출과 영업이익을 올릴 수 있을 뿐만 아니라 핵심지역에서 시공권을 확보하면 브랜드 인지도로 이어질 가능성이 크고, 이는 또 다른 사업장의 수주에도 큰 영향을 주기 때문이다. 이에 시공자 선정에 앞서 펼쳐지는 건설회사 또는 홍보 용역업체의 홍보에 대하여 여러 가지 제한을 둔다. 건설회사 또는 홍보 용역업체의 임직원 등은 토지등소유자 등을 상대로 개별적인 홍보를 할 수 없으며, 홍보를 목적으로 토지등소유자 또는 정비사업전문관리업자 등에게 사은품 등 물품·금품·재산상의 이익을 제공하거나 제공을 약속하여서는 아니 된다. 합동홍보설명회 개최 이후 지정된 홍보공간에서만 홍보가 가능하며, 미리 홍보를 수행할 직원의 명단을 사업시행자 등에 등록하여야 한다. 홍보직원의 명단을 등록하기 이전에 홍보를 하거나, 등록하지 않은 홍보직원이 홍보를 하여서는 아니 된다. 이 경우 사업시행자 등은 등록된 홍보직원의 명단을 토지등소유자에게 알릴 수 있다.

[그림 2-31] 용산구 한남3재정비촉진구역 주택재개발정비사업 시공자 수주 팜플렛(2020년)

---

31) 서울특별시 개정고시 제2019-159호(2019. 05. 30.)

(2) 사업시행계획인가

① 사업시행계획의 주요 내용 및 인가 절차

사업시행계획인가란 정비구역 안에서 정비계획의 내용과 관계 법률에 따른 심의를 거쳐 실질적인 사업의 범위 및 규모를 확정하여 정비사업을 할 수 있도록 시장·군수·구청장이 인가하여 주는 행정처분을 말한다. 이 문장을 분절하여 보다 자세히 살펴보면 다음과 같다. 첫째, 사업시행계획은 '정비계획에 따라야 하는 것'으로서 그 내용이 정비계획에서 주어진 용적률, 건축규모 등을 벗어나는 것은 불가하다. 만약 정비계획의 범위 밖으로 수립하여야 할 필요가 충분히 인정되는 경우에는 정비계획의 변경 절차가 선행된 후, 변경된 정비계획에 따라 사업시행계획서를 작성(변경)하여야 한다. 둘째, '관계 법률에 따른 심의'를 거쳐야 하는 것으로, 사업시행자는 타 법령에 의한 각종 심의 및 평가를 받아 그 내용을 반영하여 사업시행계획을 수립하여야 한다. 셋째, 사업시행계획은 시장·군수·구청장으로부터 '인가'를 득하여야 하는 것으로, 인가권자는 이 사업시행계획이 「건축법」 등 관계 법령에 저촉되는지, 타 법령에 의한 심의 및 평가를 적법하게 거쳤는지, 이미 수립되어 있는 도시·주거환경정비기본계획과 정비계획에 적합한지 등을 검토하여 인가 여부를 결정하게 된다.

사업시행계획서에는 토지이용계획(건축물 배치계획 포함), 정비기반시설 및 공동이용시설의 설치계획, 임시거주시설을 포함한 주민이주대책, 세입자의 주거 및 이주대책, 사업시행 기간 동안의 범죄예방대책, 임대주택 건설계획, 국민주택규모 주택의 건설계획, 건축계획, 폐기물 처리계획, 교육환경 보호에 관한 계획, 정비사업비 등이 포함된다([표 2-20]).

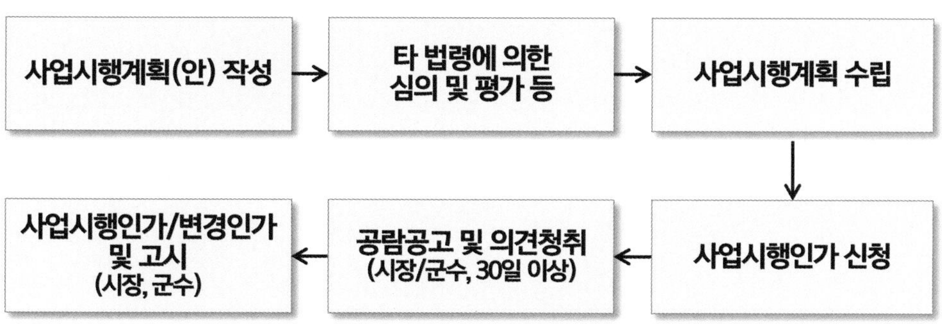

[그림 2-32] 사업시행계획인가를 위한 절차

[표 2-20] 사업시행계획서의 내용

사업시행계획서의 내용(「도시 및 주거환경정비법」 제52조)
1. 토지이용계획(건축물배치계획을 포함한다)
2. 정비기반시설 및 공동이용시설의 설치계획
3. 임시거주시설을 포함한 주민이주대책
4. 세입자의 주거 및 이주 대책
5. 사업시행기간 동안 정비구역 내 가로등 설치, 폐쇄회로 텔레비전 설치 등 범죄예방대책
6. 제10조에 따른 임대주택의 건설계획(재건축사업의 경우는 제외한다)
7. 제54조 제4항, 제101조의5 및 제101조의6에 따른 국민주택규모 주택의 건설계획(주거환경개선사업의 경우는 제외한다)
8. 공공지원민간임대주택 또는 임대관리 위탁주택의 건설계획(필요한 경우로 한정한다)
9. 건축물의 높이 및 용적률 등에 관한 건축계획
10. 정비사업의 시행과정에서 발생하는 폐기물의 처리계획
11. 교육시설의 교육환경 보호에 관한 계획(정비구역부터 200미터 이내에 교육시설이 설치되어 있는 경우로 한정한다)
12. 정비사업비
13. 그 밖에 사업시행을 위한 사항으로서 대통령령으로 정하는 바에 따라 시 · 도조례로 정하는 사항

사업시행자 조합은 인가를 신청하기 전에 미리 총회를 개최하여 사업시행계획(안)에 대해 조합원 과반수의 찬성을 얻어 의결해야 한다. 다만, 정비사업비가 10/100[32] 이상 늘어나는 경우와 같이 사안이 중대한 때에는 과반수가 아닌 조합원 2/3 이상의 찬성으로 의결해야 한다(「도시 및 주거환경정비법」 제45조 제4항). 반대로 경미한 사항의 변경은 총회의 의결을 필요로 하지 않는데, 여기에는 '정비사업비를 10퍼센트의 범위에서 변경하거나 관리처분계획의 인가에 따라 변경하는 때', '대지면적을 10퍼센트의 범위에서 변경하는 때', '사업시행계획인가의 조건으로 부과된 사항의 이행에 따라 변경하는 때' 등이 해당된다(「도시 및 주거환경정비법 시행령」 제46조).

② 타 법령에 의한 심의 및 평가 등

유기체·복합체에 비유되는 도시에서는 도시의 환경을 보호하고 적절한 방향으로

---

32) 생산자물가상승률분, 「도시 및 주거환경정비법」 제73조에 따른 손실보상 금액은 제외

발전을 유도하기 위한 끊임없는 정책적 노력이 필요하다. 이에 도시의 관리·개발·정비 등과 같은 특정한 행정목표를 위해 서로 관련되는 행정수단들을 종합·조정함으로써 장래에 일정한 질서를 실현하는 다양한 위원회들이 설립되어 있다. 특히, 정비사업은 필연적으로 용적률, 높이와 인구밀도의 상승을 수반할 수밖에 없고, 이는 해당 구역뿐만 아니라 주변 지역에 대해 상당한 물리적·사회적 영향을 미치기 때문에 이러한 심의 및 평가의 중요성이 더욱 강조된다.

이에 사업시행자는 타 법령에 의한 각종 심의 및 평가를 받아 그 내용을 반영하여 사업시행계획을 수립하여야 한다. 이러한 위원회의 심의 및 평가는 사업시행계획인가를 받기 위한 필수 조건으로서 일종의 부관(附款)[33]이자, 처분성이 인정되는 행정청의

[표 2-21] 사업시행계획인가를 위한 타 법령에 의한 심의 및 평가

심의 및 평가	내용
「건축법」에 따른 건축위원회 심의	▪ 역사성(기존 도시구조 및 역사자원의 보존 등), 공공성 및 공동성(보행가로, 외부공간 및 조경, 주변과의 조화, 임대주택 계획 등), 공개공지와 커뮤니티 계획, 창의성(우수디자인 공동주택 등), 지속성(친환경, 내구연한, 저류·침투시설 등), 안전성과 피난·방재계획, 주차장 계획 등 심의
「경관법」에 따른 경관심의	▪ 대지면적 3만㎡ 이상 구역 대상 ▪ 조망축, 경관축, 통경축, 스카이라인, 경관시설 등 심의
「교육환경 보호에 관한 법률」에 따른 교육환경평가	▪ 학교 경계 직선거리로 200m 이내(신설 예정 포함) 정비구역 대상 ▪ 학생 수 증가, 학교환경 및 학생안전 등 교육환경 전반에 미치는 영향 심의
「도시교통정비 촉진법」에 따른 교통영향평가	▪ 국토교통부 기준 부지면적 5만㎡ 이상, 서울시 기준 부지면적 2만 5천㎡ 이상 구역 대상 ▪ 정비사업의 시행에 따라 발생하는 교통량/교통흐름의 변화 및 교통안전에 미치는 영향을 조사·예측·평가, 각종 문제점을 최소화할 수 있는 교통개선대책 마련
「자연재해대책법」에 따른 재해영향평가	▪ 부지면적 5천~5만㎡ 소규모 재해영향평가 / 5만㎡ 이상 재해영향평가 ▪ 재해위험 요인을 사전에 예측·분석, 근본적 저감대책 마련
「환경영향평가법」에 따른 환경영향평가	▪ 연면적 10만㎡ 이상 건축물 또는 부지면적 9만㎡ 이상~30만㎡ 미만 정비사업 ▪ 태양광 설치 확대, 연료전지 의무사용, 전기 사용 없는 냉방설비 설치, 재활용 골재 사용 의무화 등 총 10가지 항목

33) 부관(附款): 법률행위로부터 일반적으로 발생할 효과를 제한하기 위하여 의사표시 하는 데 있어서 표의자가 특히 부가한 제한을 말함. 행정행위에도 부관이 붙여지는데 여기에는 조건·기한·부담·취소권의 유보·법률효과의 일부배제 등이 있음(법률용어사전, 이병태, 2011)

재량행위에 해당된다[34]. 「건축법」에 의한 건축위원회 심의, 「경관법」에 의한 경관심의, 「교육환경 보호에 관한 법률」에 의한 교육환경평가, 「도시교통정비 촉진법」에 의한 교통영향평가, 「자연재해대책법」에 의한 재해영향평가, 「환경영향평가법」에 의한 환경영향평가 등이 이에 해당된다.

③ 사업시행계획인가의 효과: 인·허가 의제, 수용·사용, 매도청구 등

❑ 인·허가 의제

정비사업과 같이 대규모 개발사업의 경우, 개별 법률에 규정되어 있는 인·허가를 받는 데 상당한 시간과 비용이 소요된다. 이에 여러 인·허가의 절차와 권한에 대해 특례를 부여하여, 주된 인·허가를 받으면 법률로 정하는 바에 따라 그와 관련된 여러 인허가를 받은 것으로 보는 인·허가 의제 제도가 활용되고 있다(「행정기본법」 제24조 제1항). 이러한 행정적 지원을 통해 인·허가 신청창구의 일원화, 심사·협의의 통합적·유기적 진행, 심사·협의·승인의 절차 간소화 등을 도모할 수 있게 된다. 다만, 인·허가 의제는 특례에 관한 것으로 어떠한 경우에, 어떠한 내용의 인허가가 의제되는지를 명확히 하여야 하기 때문에 법률에 의제되는 대상을 일일이 열거해야 한다. 이에 「도시 및 주거환경정비법」 제57조에서도 사업시행계획인가가 고시된 때 의제되는 23가지의 인·허가를 나열하고 있다. 대표적으로 「주택법」 제15조에 따른 사업계획의 승인, 「공공주택 특별법」 제35조에 따른 주택건설사업계획의 승인, 「건축법」 제11조에 따른 건축허가 등이 있다.

❑ 수용·사용과 매도청구

사업시행자는 정비사업의 시행에 동의하지 않는 조합원에 대하여 재개발사업은 수용권을, 재건축사업은 매도청구권을 행사할 수 있는데, 이러한 권한은 모두 사업시행계획인가로 말미암아 발생하게 된다.

---

34) 법령이 행정청에 그 요건의 판단 또는 효과의 결정에 관한 독자적 판단권을 부여하고 있고, 그 처분성이 인정되어 행정소송의 대상이 될 수 있다.

사업시행자가 공익사업의 수행을 목적으로 타인의 토지 등을 수용 또는 사용하기 위해서는 먼저 국토교통부장관으로부터 사업인정을 받아야 한다(「공익사업을 위한 토지 등의 취득 및 보상에 관한 법률」 제19조 및 제20조). 이러한 사업인정은 수용권을 설정해 주는 행정처분으로서, 이에 따라 수용할 목적물의 범위가 확정되고 수용권자가 목적물에 대한 현재 및 장래의 권리자에게 대항할 수 있는 공법상 권한이 생긴다(대법원 1994. 11. 11. 선고 93누19375 판결). 재개발사업도 사업시행계획인가의 고시가 있은 때에 「공익사업을 위한 토지 등의 취득 및 보상에 관한 법률」에 의한 사업인정 및 그 고시가 있은 것으로 보기 때문에(「도시 및 주거환경정비법」 제65조 제2항), 이로써 재개발사업의 조합은 수용권을 부여받게 된다. 또한 정비사업을 위한 수용에서는 해당 토지에 관한 협의의 성립 또는 재결 당시 공시된 공시지가 중 그 사업시행계획인가 고시일과 가장 가까운 시점에 공시된 공시지가를 근거로 보상금이 산정된다[35].

한편, 재건축사업의 경우에도 사업시행계획인가 이후에 조합설립에 동의하지 아니한 자 또는 공공시행자·지정개발자를 지정하는 것에 동의하지 아니한 자에게 매도청구권을 행사하는 절차에 착수할 수 있다. 사업시행계획인가를 받은 조합은 토지소유자들에게 시행계획인가의 고시가 있은 날로부터 30일 이내에 조합설립이나 사업시행자의 지정에 관한 동의 여부를 서면으로 촉구하여야 한다(「도시 및 주거환경정비법」 제64조).

한편, 사업시행계획인가로 인해 관리처분계획인가 이후 착공이 가능함을 전제로 건축허가의 효과도 발생하고, 정비구역 내 국·공유재산은 사업시행계획의 인가·고시가 있은 날 종전의 용도가 폐지되면서 일반재산으로 바뀌는 효과도 발생한다.

---

[35] 대법원은 「토지보상법」에 따른 사업인정이 의제되어 사업시행자에게 수용 권한이 부여된 후 최초 사업시행계획인가의 주요 내용을 실질적으로 변경하는 인가가 있는 경우에도 손실보상금을 산정하는 기준일은 변경된 것이 아니라 최초 사업시행계획인가 고시일이 된다고 판시하였다(대법원 2018.7.26. 선고 2017두33978 판결).

3) 관리처분 단계

(1) 조합원 분양신청

조합이 정비사업을 시행하는 과정에서 조합원 분양분 이외에 일반분양분, 근린상가 시설, 보류지를 분양하는 등 일종의 수익사업을 하기는 하지만, 사업을 시행하는 본질적 목적은 해당 구역의 조합원들에게 신규 주택 또는 상가를 분배하는 것에 있다. 이에 조합원 분양신청은 가장 중요하며 필수적인 과정이다. 사업시행계획의 인가와 시공자 선정 이후 조합은 조합원에 대하여 분양의 대상이 되는 대지 또는 건축물의 내역과 분양대상자별 종전가액과 분담금 추산액, 분양신청기간 등을 통지하고 해당 지역에서 발간되는 일간신문에 공고하여야 한다.

그렇다면 만약 조합원이 분양신청을 하지 않는다면 어떻게 될까? 이때 토지등소유자가 분양신청을 하게 되면 조합원의 지위를 유지하게 되지만, 분양신청을 하지 아니하는 경우 「도시 및 주거환경정비법」 제47조 규정에 따라 현금청산자가 되어 조합원이 아닌 현금청산금을 지급받을 수 있는 현금청산자의 지위를 득하게 된다.

따라서 분양신청은 조합설립 동의 후 다시 정비사업에 대한 동의의 의사를 표하는 매우 중요한 절차이다. 비록 조합설립에 동의한 자라 해도 분양신청을 하지 않은 자에 대해 현금청산 또는 수용의 절차가 진행된다는 것은 분양신청으로 하여금 조합원이 다시 한번 조합의 사업에 동의하는 뜻을 밝히는 중요한 공법적 견해표명이라는 것을 의미한다[36].

(2) 관리처분계획인가

관리처분계획은 사업비 전반을 아우르는 총괄적 계획이며, 조합원 간 비용분담과 배분 기준을 마련하는 계획이다. 구체적인 보상규모와 재건축 아파트 등 사업 이후 건물과 대지에 대한 조합원 간 자산 배분이 확정되는 중요한 과정으로, 정비사업 막바지 단계에 이루어진다.

---

[36] 강신은, 2012, '관리처분계획방식 정비사업에 관한 법적 연구: 주택재개발, 재건축사업을 중심으로', 중앙대학교 박사학위 논문, 121쪽.

관리처분계획에는 분양설계, 분양대상자의 종전자산 가액과 분양예정자산의 추산액, 정비사업비의 추산액 및 그에 따른 조합원 분담규모 및 분담시기, 분양대상자의 종전자산에 대한 소유권 외의 권리명세, 세입자별 손실보상을 위한 권리명세 및 그 평가액, 현금청산대상자의 종전자산의 명세와 청산방법, 보류지 등의 명세와 추산가액 및 처분방법, 정비사업의 시행으로 새롭게 설치되는 정비기반시설의 명세와 용도가 폐지되는 정비기반시설의 명세, 종전 건축물의 철거 예정시기 등이 포함되어야 한다(「도시 및 주거환경정비법」 제74조 및 시행령 제62조).

위에서 살펴본 바와 같이 관리처분계획은 조합원의 재산권과 이익에 결정적인 영향을 미치는 사안이다. 따라서 조합이 관리처분계획을 수립하거나 변경하는 경우에는 반드시 총회의 의결을 거쳐야 한다. 일반적으로 총회의 의결은 조합원의 10/100 이상이 직접 출석하여야 하는데, 관리처분계획의 수립 및 변경을 의결하는 총회는 그 사안의 중대성을 감안하여 조합원의 20/100 이상이 직접 출석하여야 한다(「도시 및 주거환경정비법」 제45조 제7항)[37].

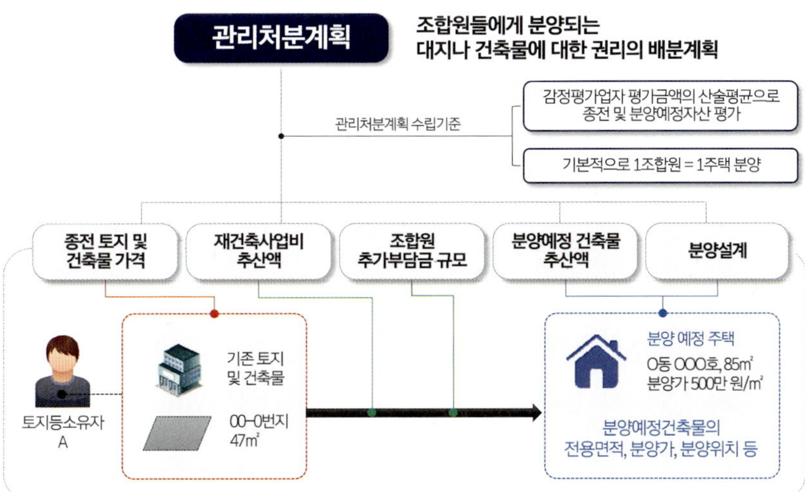

[그림 2-33] 관리처분계획의 주요 내용

37) 조합원의 100분의 20 이상이 직접 출석하여야 하는 총회는 창립총회, 사업시행계획서의 작성 및 변경, 관리처분계획의 수립 및 변경을 의결하는 총회. 정비사업비의 사용 및 변경을 위하여 개최하는 총회 등이 있다(「도시 및 주거환경정비법」 제45조 제7항 및 시행령 제42조 제2항)

서울특별시 영등포구 고시 제 50호

서울특별시고시 제2007-445호(2007.11.29)로 재정비촉진계획 결정 고시 및 서울특별시고시 제2009-347호(2009.9.10)로 재정비촉진지구 변경지정 및 재정비촉진계획 변경결정 고시되고 영등포구고시 제2009-65호(2009.12.3)로 사업시행인가된 신길11재정비촉진구역 주택재개발정비사업에 대하여 「도시 및 주거환경정비법」 제48조에 의한 관리처분계획을 인가하고 동법 제49조 제3항의 규정에 의거 이를 고시합니다.

2011년 08월 18일

영등포구청장

관리처분 계획인가

1. 사업의 종류 및 명칭 : 주택재개발사업, 신길11재정비촉진구역 주택재개발정비사업
2. 위치 및 면적 : 서울시 영등포구 신길동 329-94번지 일대(50,759.30㎡)
3. 사업시행자 : 신길11재정비촉진구역 주택재개발정비사업조합 조합장 문종근 (서울특별시 영등포구 신길동 296-26호 3층)
4. 관리처분계획인가일 : 2011년 08월 18일
5. 관리처분계획인가의 요지

가. 대지 및 건축물의 규모 등 건축계획

1) 건축계획

건축면적(㎡)	건축연면적(㎡)			건폐율(%)	용적률(%)
	계	지상	지하		
7,073.81	134,054.78	91,099.38	42,995.40	17.79%	228.90%

2) 토지이용계획

계(㎡)	분양대지(㎡)		정비기반시설(㎡)				
	분양 및 임대아파트 (근린생활시설 포함)	소계	도로	공원	녹지	도서관	소계
50,759.3	39,762.60	39,762.60	6,158	1,929.8	608.6	2,300.3	10,996.7

나. 권리자별 관리처분

대상자	분 양				청산	수용	협의매수
	소계	공동주택	근린생활시설	주택 및 상가			
427인	301인	297인	0인	4인	116인	8인	2인

다. 신설 또는 폐지하는 정비기반시설(도시계획시설포함)

구분	용도폐지			신설				
종류	계	도로	주차장	계	도로	공원	녹지	도서관
규모(㎡)	3,767	2,881	886	10,996.7	6,158	1929.8	608.6	2,300.3

라. 분양 또는 보류지의 규모 등 분양계획

공급대상	주택규모별(전용면적기준)공급세대수								근린생활시설(㎡)	
	계	39A	39B	49	59B	59A	84	114	대지면적	건축연면적
계	836	56	5	71	19	101	335	249	389.22	1,248.04
조합원	301					19	224	58		
세입자(임대)	151	56	5	71	19					
보류시설	4					2	2			
일반분양	380					80	109	191		

마. 기존 건축물의 철거 예정시기

- 2011년 8월 ~ 2012년 6월

6. 관계도서는 생략하며 일반인의 열람편의를 위하여 영등포구청 도시계획과 (02-2670-3527)에 비치하고 있습니다.

[그림 2-34] 서울시 영등포구 신길제11재정비촉진구역 주택재개발사업 관리처분계획인가 고시

(3) 이주

관리처분계획인가를 득한 후 해당 구역 내 건축물 및 지장물의 철거에 앞서 본격적으로 이주에 대한 논의가 시작된다. 조합은 이주 기한과 계획을 자체적으로 설정하고, 조합원 및 세입자에 대해 안내한 뒤 조합원 개개인의 이주계획서를 접수받는 절차가 진행된다. 이 계획서를 바탕으로 개인의 책임과 비용하에 정해진 기간 내에 이주를 완료하여야 하며, 이주비 대여를 원하는 조합원에게는 조합과 금융기관 또는 조합과 시공사 간의 약정에 따라 이주비가 지급된다.

미이주자가 발생하게 되면 사업이 지연되고 사업비용이 증가한다. 특히, 조합원들에게 이주비가 지급되고 난 이후의 시점이므로 금융비용의 증가 속도가 이전보다 훨씬 가파르다. 따라서 정해진 이주기간이 지나도 이주를 하지 않거나, 이주를 거부하는 조합원에 대해서는 조합의 정관에 따라 건물의 명도 소송, 처분금지 가처분 소송, 손해배상청구 소송, 매도청구 소송 등을 제기할 수 있다. 또한, 관리처분계획인가 고시일 익일

부터 90일 이내에 협의대상자와 현금청산 및 손실보상에 대한 협의가 이루어져야 한다. 이때 협의대상자에는 분양신청을 하지 아니한 자, 분양신청을 철회한 자, 분양신청 대상에서 제외된 자(예를 들어 투기과열지구에서 재당첨 제한규정 등으로 인해 분양신청을 할 수 없는 자 등), 영업손실보상대상자(세입자 포함) 등이 포함된다. 만약 기간 내 협의가 이루어지지 않았을 경우 조합은 수용재결을 신청할 수 있다.

이와 같이 재개발사업이 필요한 노후·열악한 환경에 거주하다가 사업이 진행되면서 비자발적으로 주거이동을 해야만 하는 세입자, 영세 토지등소유자들은 재개발사업으로 가장 직접적인 영향을 받지만 동시에 피동적인 입장일 수밖에 없다. 주변지역의 높은 임대료를 감당하지 못해 외곽으로, 더 열악한 주거환경으로 밀려나기 쉬운 계층이기 때문에 주거권, 생존권 등 기본권 보호를 위해 다양한 정책적 지원 제도가 마련되어 왔다. 보다 자세한 사항은 6장의 6.5 세입자 등 주거취약계층의 보호를 위한 대책 마련 부분에서 살펴볼 수 있다.

4) 사업완료 단계

(1) 철거 및 착공

사업시행자는 관리처분계획인가를 받은 후 기존의 건축물을 철거하여야 한다(「도시 및 주거환경정비법」 제81조 제2항)[38]. 조합은 철거방안을 수립한 후 범죄예방(공·폐가관리), 석면 해체 및 철거·감리, 수목 이식 및 이식 수목 관리, 지장물(상하수도, 전기, 가스, 통신, 소화전, 전신주 등)의 철거 및 이설 등의 업무를 대행하는 용역업체를 선정한다. 특히 공·폐가의 경우 청소년 탈선과 강력범죄의 온상이 될 수 있어 각별한 주의를 요한다. 따라서 관할 경찰서의 협조하에 순찰 및 방범활동을 강화하고, 조합은 안전펜스, 출입금지 경고판, 자체 방범용 CCTV 등 방범시설을 설치하고, 이주가 완료된 주택의 경우에는 출입문을 완전 폐쇄하는 등의 조치를 하여야 한다.

조합이 시장·군수·구청장 등에 신고하여 철거 승인을 득하면 철거예정일 7일 전까

---

[38] 다만, 「재난 및 안전관리 기본법」·「주택법」·「건축법」 등 관계 법령에서 정하는 기존 건축물의 붕괴 등 안전사고의 우려가 있는 경우나, 폐공가(廢空家)의 밀집으로 범죄 발생의 우려가 있는 경우에는 관리처분계획인가를 득하기 전이어도 철거가 가능하다(「도시 및 주거환경정비법」 제81조 제3항).

[그림 2-35] 철거가 진행 중인 아현제4구역의 현대아현아파트

자료: 서울역사박물관, 2010, 『기억 혹은 기록; 사진으로 본 아현·염리』, 56쪽.

지 건축물 철거서 및 멸실신고서를 제출해야 한다. 일반적으로 「건축법」에 의한 철거 및 멸실신고는 조합이 일괄 위임받아 처리한다.

(2) 일반분양

조합이 정비사업을 시행하는 과정에서 조합원 분양분 이외에 일반분양분, 근린상가 시설, 보류지를 분양하는 등 일종의 수익사업을 하여 정비사업비 및 공사비를 충당한다. 이 중 조합의 주된 수입원은 바로 일반분양분 주택이다. 전체 세대 중 조합원 분양 이후 남은 세대를 일반분양하게 되는데, 만약 이 분양하는 세대수가 30세대 이상이면 「주택공급에 관한 규칙」에 따라 일반에게 공개모집하는 방법으로, 그 미만일 경우에는 공고나 청약접수 없이 임의분양을 할 수 있다(「주택법 시행령」 제27조, 「주택공급에 관한 규칙」 제3조 제1항).

또한 조합은 분양시점에 따라 선분양과 후분양 중 선택할 수 있다. 일반적으로 '선분양제'는 1984년 「주택공급에 관한 규칙」의 개정을 통해 최초로 등장한 이후 현재까지 가장 널리 사용되는 분양방식으로, 주택이 완공되기 전에 분양을 하고 수분양자가 납부한 계약금, 중도금을 통해 주택가격의 60~80% 정도를 완공 이전에 납부하도록 해 건설

비용에 충당하는 제도이다. '후분양제'는 선분양과 대응되는 개념으로, 아파트 건설공정을 60~80% 이상 진행한 후 입주자를 모집하는 방식이다. 선분양제에서는 주택구매자가 조감도 및 견본주택을 보면서 구매 의사를 결정하게 된다면, 후분양제에서는 거의 완성된 상태의 주택 실물(동간격, 일조, 조망 등)을 확인하고 매수할 수 있다. 100% 완공 후 후분양하는 경우에는 각 세대의 내부 마감재까지도 확인한 후 결정하게 된다.

(3) 준공

공사가 완료되면 조합은 준공인가를 신청하여야 한다. 다만, 준공인가를 하기 전이라도 완공된 건축물에 전기·수도·난방 및 상하수도 시설 등이 갖추어져 있어 해당 건축물을 사용하는 데 지장이 없을 것, 완공된 건축물이 관리처분계획에 적합할 것, 입주자가 공사에 따른 차량통행·소음·분진 등의 위해로부터 안전할 것 등의 기준에 적합한 경우에는 입주예정자가 완공된 건축물을 사용할 수 있도록 허가할 수 있다.

조합은 준공인가신청서, 건축물·정비기반시설 및 공동이용시설 등의 설치내역서, 공사감리자의 의견서 등을 제출하여 준공인가를 신청하며, 준공인가신청을 받은 시장·군수등은 지체 없이 준공검사를 실시해야 한다. 시장·군수등은 준공검사를 실시한 결과 정비사업이 인가받은 사업시행계획대로 완료되었다고 인정되는 때에는 준공인가를 하고 공사의 완료를 해당 지방자치단체의 공보에 고시해야 한다(「도시 및 주거환경정비법」 제83조).

준공인가를 하거나 공사완료를 고시하는 경우 시장·군수등이 의제되는 인·허가등에 따른 준공검사·준공인가·사용검사·사용승인 등에 관하여 관계 행정기관의 장과 협의한 사항은 해당 준공검사·인가 등을 받은 것으로 본다(「도시 및 주거환경정비법」 제85조 제1항).

(4) 이전고시 및 청산

이전고시란 재개발사업의 시행이 완료된 이후에 관리처분계획에서 정한 바에 따라 조합원들 및 사업시행자에게 공동주택의 소유권을 귀속시키는 행정처분을 말한다. 과거 「도시재개발법」에서는 분양처분과 분양처분고시라는 용어를 사용하였는데, 「도시 및 주거환경정비법」에서는 분양처분을 '소유권 이전'으로, 분양처분고시를 '이전고시'라고 표기하고 있다. 또한 이전고시는 「도시개발법」 제40조 규정에 따른 환지처분의 효력과 같다. 즉, 이전고시의 핵심은 종전의 토지 또는 건축물에 대한 권리가 새로운 토지 또는 건축물에 그 동일성을 유지하면서 이전되는 것에 있다.

동시에 이전고시는 청산금과도 깊은 관련을 가진다. 청산금이란 조합원의 종전 토지 또는 건축물의 가격과 분양받은 대지 또는 건축물의 가격 사이에 차이가 있는 경우에 그 차액을 말하는데, 「도시 및 주거환경정비법」 제89조에서는 사업시행자인 조합이 조합원에 대하여 청산금의 지급의무가 발생하는 시점이 '이전고시 이후'로 규정하고 있다. 다만, 정관 등에서 분할징수 및 분할지급에 대하여 정하고 있거나 총회의 의결을 거쳐 따로 정한 경우에는 관리처분계획인가 후부터 이전고시일까지 일정기간별로 분할징수하거나 분할지급할 수 있다. 예를 들어 실무에서는 조합과 각 조합원이 분양계약을 체결한 뒤 계약금·중도금·잔금 순으로 분담금을 납입함으로써 사실상 청산금 징수 또는 지급절차를 취하고 있다.

만약 청산금을 납부할 자가 납부하지 않는 경우, 조합은 시장·군수에게 청산금의 징수를 위탁할 수 있고. 이 경우 지방세 체납처분의 예에 의하여 이를 부과·징수할 수 있다(「도시 및 주거환경정비법」 제58조).

(5) 조합 해산

조합의 본질적 성격은 '공법상 사단법인'으로, 「도시 및 주거환경정비법」에서 정하는 사항을 제외하고는 「민법」상 사단법인 법리가 적용된다(이에 관한 보다 자세한 사항은 2장의 2.5 누가 주택정비형 재개발사업을 추진하나요? 참고). 이에 법인의 해산에 관하여 「민법」을 살펴보면, "법인은 존립기간의 만료, 법인의 목적의 달성 또는 달성의

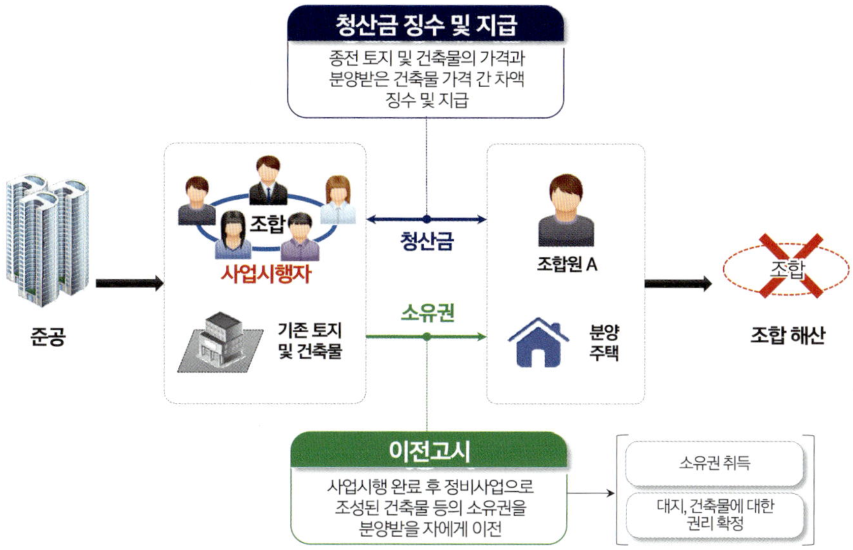

[그림 2-36] 조합의 해산을 위한 절차

불능 기타 정관에 정한 해산사유의 발생, 파산 또는 설립허가의 취소로 해산한다."고 정하고 있다(「민법」 제77조 제1항). 즉, 정비사업이 무사히 완료되어 관리처분계획에 따라 대지 또는 건축물에 관한 권리귀속이 확정됨으로써 조합의 설립 목적이 달성되면 조합은 해산된다.

2.7 주택정비형 재개발사업의 현황

1) 시기별 추진 현황

도시계획과 정비에 관한 주요 계획 및 정책의 수립 시점과 금융위기로 주택시장이 급변하기 시작한 시점 등을 기준으로 총 여섯 개의 기간으로 구분할 수 있다.

첫 번째 기간은 「주택개량촉진에 관한 임시조치법」이 한시적으로 운용된 1973년부터 1981년까지로, 1973년 이 법의 시행과 동시에 151개 구역(787.9ha)이 대규모로 지정되었다. 이를 통해 지방자치단체가 시행자가 되어 공공시설 설치 및 행정지원 등을 담당하고 주택은 주민이 건립하는 형태인 자력재개발방식이 추진되기 시작했다.

두 번째 기간은 1982년부터 1997년까지로, 1983년 합동재개발방식이 도입된 이후 재개발사업이 매우 활발히 추진되던 시기이다. 1990년 일반주거지 용적률 기준이 250%에서 400%로 대폭 완화되었으며, 1994년 200만 호 주택공급정책 및 건축규제의 완화에 따른 재개발 활성화 정책이 이어졌다. 이로 인해 재개발사업의 사업성이 급격히 향상되었으나, 동시에 주변 지역에 부영향을 미치는 고밀도의 주거단지가 폭발적으로 양산되기 시작했다. 이 시기에는 서울시에서 연평균 7.5개 구역이 지정되었다.

세 번째 기간은 1998년부터 2003년까지로, 1997년 말부터 발생한 외환 유동성 위기로 인해 분양가 규제 완화 및 주택경기 부양책이 시행된 시기이다. 현행 도시계획의 모법이 되는 「국토의 계획 및 이용에 관한 법률」 및 「서울특별시 도시계획 조례」가 제정되었으며, 재개발기본계획이 수립되고 구역지정 주체가 건설교통부 장관에서 서울시장으로 이관된 시기이도 하다. 이 시기에는 서울시에서 연평균 10개 구역이 지정되었다.

네 번째 기간은 2004년부터 2008년까지로, 재개발사업이 폭발적으로 증가하는 시기이다. 2004년 「2010 서울시 도시 및 주거환경정비기본계획」이 수립되었고, 2005년 「도시재정비촉진을 위한 특별법」이 제정되었다. 2002년 시범뉴타운 3개소를 지정한 것으로부터 시작된 뉴타운·재개발사업이 본격화되는 기간으로, 서울시에서는 연평균 33.8개의 구역이 지정되었다.

다섯 번째 기간은 2009년부터 2014년으로, 2009년 글로벌 금융위기에서 촉발된 세계적·장기적 경기침체와 저성장이 본격 시작되고 주택시장이 침체기를 이어간 시기이다. 주택경기의 침체는 곧 사업성의 악화로 이어져 많은 구역에서 사업기간의 장기화, 이에 따른 비용증가 등 전반적 사업성 저하와 주민들의 의견을 충분히 수렴하지 못한 사업 진행으로 주민 간 갈등이 격화되는 등 사업 진행 자체가 어려운 상황이 초래되었다. '없었던 것으로' 하기에는 어려운 사업의 특성상 조합과 토지등소유자에게는 그간 지출해 왔던 비용과 지역 내 갈등이 고스란히 남았다. 이에 2012년 1월 서울시는 최대 갈등 현안으로 정비사업을 꼽으면서, 뉴타운·재개발 출구전략을 내놓았다. 2021년 6월 현재까지 388개소가 해제되었으며, 이 중 254곳이 일반해제되고 134곳이 직권해제되었다.

마지막으로 여섯 번째 기간인 2015년부터 2022년은 재개발사업의 재활성화가 이루어지는 시기이다. 주거정비지수제가 도입된 2015년부터 폐지된 2021년까지 서울시에서는 단 두 개의 주택정비형 재개발구역이 지정되었다. 이 두 곳은 송파구 마천1재정비

[표 2-22] 사회·경제적 여건과 서울시 연평균 주택정비형 재개발구역 지정 수

	기간	현황	서울시 연평균 구역지정 수
1	1973년 ~1981년	▪ 1973년 「주택개량촉진에 관한 임시조치법」에 근거 151개 구역(787.9ha)지정, 1981년까지 한시적 운용 ▪ 1978년~1979년, 위탁재개발시기(단독 및 연립주택)	19.3개
2	1982년 ~1997년	▪ 1983년 합동재개발방식 도입 이후 활발히 진행 ▪ 제3자국토종합개발계획(1992-2001)하에서 민간 주도의 대규모 주택건설, 주택 질적 수준 향상에 중점 ▪ 1990년 일반주거지 용적률 기준 250% → 400% 완화 ▪ 1994년 200만 호 주택공급정책 및 건축규제의 완화에 따른 재개발 활성화	7.5개
3	1998년 ~2003년	▪ 주택시장 자율화 확대 시기 ▪ 재개발기본계획 수립, 구역지정 주체가 건설교통부 장관에서 서울시장으로 이관 ▪ 1997년 말부터 외환 유동성 위기 발생, 분양가 규제 완화 및 주택경기 부양책 ▪ 2000년 「국토의 계획 및 이용에 관한 법률」 및 「서울특별시 도시계획 조례」 제정	10개
4	2004년 ~2008년	▪ 2004년 2010 서울시 도시 및 주거환경정비기본계획 수립 ▪ 2005년~2007년 급격한 지가 상승 시기 도래. 특히 2006년 한 해 서울시 아파트 가격 24.1% 상승 ▪ 2005년 「도시재정비촉진을 위한 특별법」 제정 ▪ 서울시, 2007년 50개, 2008년 64개 재개발구역 지정	33.8개
5	2009년 ~2014년	▪ 2009년 글로벌 금융위기에서 촉발된 세계적·장기적 경기침체와 저성장 본격 시작 ▪ 2012년 서울시 뉴타운·재개발 출구전략 발표 ▪ 저층 주거지 도시재생사업 추진	10.2개
6	2015년 ~2022년	▪ 2015년 「주거기본법」 제정, 주거정비지수제 도입 ▪ 서울시 아파트 가격 2016년 4.22%, 2017년 5.28%, 2018년 13.56%, 2019년 2.91%, 2020년 10.7% 상승(KB국민은행), 주택시장 회복에 따라 정비사업에 대한 관심과 수요 증대 ▪ 2020년 공공재개발사업, 2021년 공공 직접시행 정비사업, 서울시 신속통합기획 도입	0.6개

촉진구역(2020년 지정)과 마천3재정비촉진구역(2017년 지정)인데, 각각 2014년과 2013년에 노후도 불충분을 사유로 구역 지정이 취소되었다가 다시 지정된 케이스이다. 여기에 더해 대규모 정비(예정)구역의 해제가 이어지면서 초기 단계의 재개발구역이 상당수 사라지게 되었다. 그러나 동시에 2015년 이후 주택시장이 회복되어 높은 주택가격 상승이 이어지자 서울 주요지역에 신규주택을 공급하는 방안으로 재개발사업에 대한 관심과 수요가 다시 증대되었다. 2020년 5월에는 「수도권 주택공급 기반 강화 방안」을 통해 공공재개발사업, 2021년 2월에는 「공공주도 3080+ 대도시권 주택공급 획기적 확대방안」을 통해 공공 직접시행 정비사업이 도입되었다. 2021년 9월에는 「서울특별시 2025 도시·주거환경정비 기본계획」의 개정을 통해 정비사업에 대한 공공지원계획이 도입되었으며, 통합계획을 신속하게 진행한다는 의미를 담아 신속통합기획이라는 정책브랜드로 발전되었다.

한편, 주거정비지수제의 폐지 이후 서울에서 가장 최근 지정된 주택정비형 재개발구역은 2022년 7월에 지정된 용산구 청파1구역과 강동구 천호3-2구역 두 곳이다.

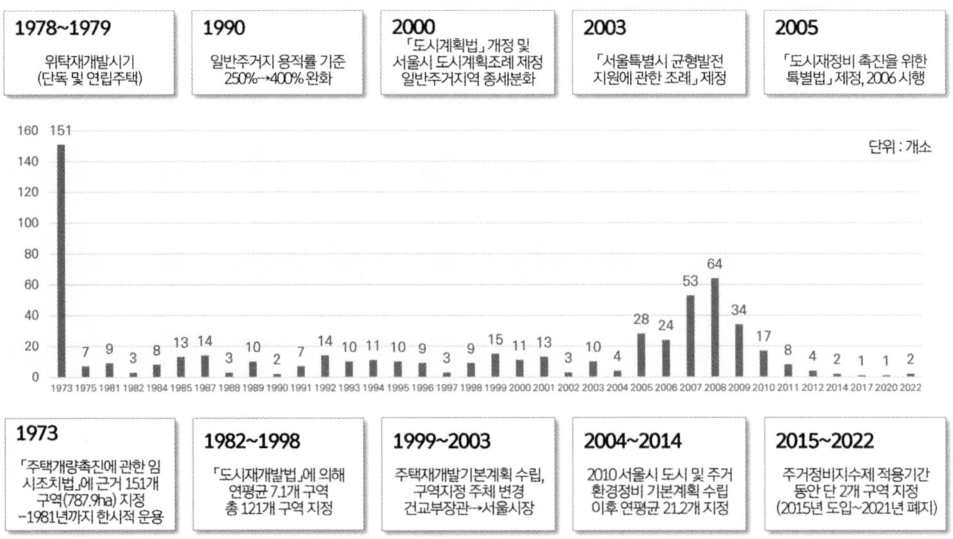

[그림 2-37] 재개발사업의 주요 정책 변화 및 서울시 주택정비형 재개발구역 지정 수

2) 자치구별 추진 현황

토지구획정리사업이나 도시개발사업으로 도시가 형성된 한강 이남지역과는 달리, 한강 이북지역은 6.25 전쟁 이후 도시계획과 정책이 미처 수립되기 전에 전쟁 피난민과 전재민들이 도시로 대거 유입된 데다가, 1970~80년대 경제 고도성장기에는 이촌향도 현상이 본격화되어 과밀화로 인한 주택부족 문제와 불량주거지 문제로 매우 심각한 상황이었다.

이에 주택정비형 재개발사업은 강북을 중심으로, 주로 특히 종로구, 중구, 용산구 등 도심지역을 둘러싼 주변 지역에서 다수 이루어졌다. 2021년까지 준공된 주택정비형 재개발구역 중 74.3%(347개)가 한강 이북지역에 분포하고 있으며, 서대문구(69곳), 성동구(50곳), 성북구(48곳), 동대문구(42곳), 마포구(34곳) 순으로 많은 사업이 추진되었다. 전체 구역 중 25.6%(120개)가 한강 이남지역에 분포하고 있는데, 이 중에서도 약 45%의 구역이 구릉지를 따라 노후·열악한 주택들이 집중해있던 동작구(32개), 관악구(22개)에 소재하는 것으로 나타났다.

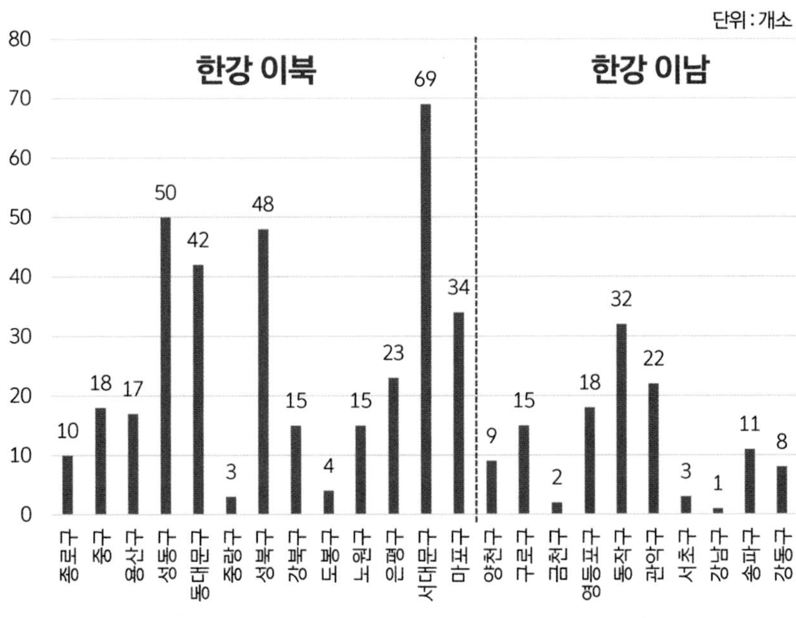

[그림 2-38] 서울시 주택정비형 재개발사업의 구별 시행현황(준공기준, 1973년~2022년)

[그림 2-39] 주택정비형 재개발사업의 구별 분포(준공기준, 1973년~2022년)

3) 구역 평균 면적

1973년부터 2022년까지 서울시에서 지정된 주택정비형 재개발사업 구역의 면적은 평균 약 5ha이다. 2004년 서울시 도시 및 주거환경정비기본계획의 최초 수립 이전에는 소규모의 구역들이 난립하여 주변 지역과의 맥락이 전혀 고려되지 않은 채 추진되고 있었으나, 계획 수립 이후에는 그 면적이 증가하여 2004년부터 현재까지의 평균 면적이 8.08ha로 나타났다.

서울시에서 구역면적이 가장 넓은 주택정비형 재개발사업은 2009년에 구역 지정된 한남제3재정비촉진구역으로, 정비구역 면적 39.4ha, 조합원 3,880명, 사업 완료 이후 공급되는 주택 5,757세대(임대주택 979세대 포함)의 대규모 사업구역이다. 그 뒤를 이은 구역은 가재울뉴타운4구역으로, 이곳의 구역면적이 28.5ha라는 점을 고려하면 한남3구역의 규모를 짐작할 수 있다.

2011년과 2012년, 그리고 2020년에 지정된 주택정비형 재개발사업 구역의 평균 면적은 다른 해에 비해 유독 높은 것으로 나타나는데, 그 이유는 2011년에 성수전략1~4구역(4개 구역 총 53ha), 갈현1구역(23.8ha), 2012년에 증산4재정비촉진구역(17.2ha)[39], 정릉골(20.4ha), 2017년에 마천3재정비촉진구역(13.4ha), 2020년 마천1재정비촉진구역(14.8ha)[40] 등이 지정되었기 때문인 것으로 분석된다.

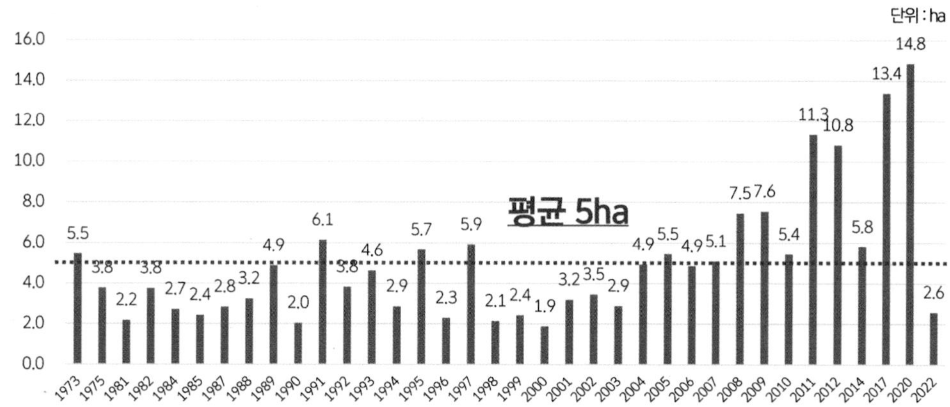

[그림 2-40] 서울시 주택정비형 재개발구역의 평균 면적(1973년~2022년)

4) 주택정비형 재개발사업의 소요기간

관련 법·제도·계획체계의 변천에 따라 주택정비형 재개발사업의 소요기간이 어떻게 변화하였는지 살펴보면 다음과 같다. 「주택개량촉진에 관한 임시조치법」에 따라 재개발사업이 도입된 시기 합동재개발방식이 도입된 1983년 이후, 주택재개발기본계획 수립 이후, 2010 도시·주거환경정비기본계획 수립 이후로 구분하여 소요기간을 파악하였다.

주택정비형 재개발사업이 시행된 1973년부터 2009년까지 구역지정 후 준공까지 소요된 기간을 살펴본 결과 평균 소요기간은 약 11년 2개월, 최대 소요기간은 약 37년 3개월인 것으로 나타났다. 이렇게 사업의 시행에 장기간이 소요되는 것은 초창기의 주택재개발사업이 주로 자력재개발 형태로 추진되었기 때문이다.

합동재개발사업이 도입된 1983년 이후부터 현재까지 사업 시행된 285개 구역을 대

---

39) 증산4재정비촉진구역은 2019년에 구역 해제되었다.

40) 마천1재정비촉진구역은 2011년 4월에 최초로 재정비촉진구역으로 지정되었으나, 2014년 3월 일부 주민이 제기한 소송의 대법원 판결(2013. 06. 13. 대법원 판결, 2013두4262)에 따라 건축물 노후도 산정 흠결 사유로 구역지정이 취소되었다. 이후 2020년 1월에 다시 구역지정이 이루어졌으며, 같은 해 11월에 추진위원회 설립 승인을 받았다.

상으로 살펴본 결과 구역지정 이후 준공까지 평균 소요기간은 약 7년 10개월, 최대 소요기간은 약 23년 5개월로 나타나 이전보다 소요기간이 단축된 것으로 나타났다. 이는 민간 건설사와 합동으로 사업을 추진하면서 자력재개발 형태와 비교하여 조합의 자본 조달이 용이해졌기 때문이다.

1998년 주택재개발기본계획이 수립된 이후에는 구역지정 이후 사업시행인가까지 소요된 기간이 평균 2년 8개월인 것으로 나타났는데, 이는 구역대상 범위의 도입으로 인하여 정비사업을 계획적으로 추진함에 따라 사업에 소요되는 기간이 단축되었기 때문으로 보인다. 준공까지 평균적으로 소요되는 기간(약 6년 5개월)을 기준으로 하였을 경우에도, 「주택개량촉진에 관한 임시조치법」 시행시기(약 11년 2개월)와 합동재개발 시기(약 7년 10개월)보다 단축된 것으로 나타났다.

2010 도시·주거환경정비기본계획에 의한 2004년부터 2015년까지의 구역지정부터 준공까지 소요기간을 살펴보면 평균 약 8년 2개월, 최대 약 14년 6개월로 기간이 증가한 것으로 나타났는데, 이는 2009년 글로벌 금융위기 이후 사업의 추진동력이 약해지자 사업 진행 속도가 느려진 것에서 비롯되었다.

[표 2-23] 구역지정 이후 단계별 사업시행 소요기간

구역 지정년도	사업단계	구역 수	평균 소요기간	최대 소요기간	법·제도·계획 도입
1973년 ~2009년	구역지정~준공	441	약 11년 2개월	약 37년 3개월	「주택개량촉진에 관한 임시조치법」
1983년 ~2009년	구역지정~준공	285	약 7년 10개월	약 23년 5개월	합동재개발
1998년 ~2003년	구역지정~ 사업시행인가	60	약 2년 8개월	약 18년 4개월	주택재개발기본계획
	구역지정~ 관리처분인가	60	약 3년 7개월	약 8년 3개월	
	구역지정~준공	58	약 6년 5개월	약 11년 4개월	
2004년 ~2015년	구역지정~ 사업시행인가	231	약 3년 7개월	약 13년 2개월	2010 정비기본계획
	구역지정~ 관리처분인가	231	약 5년 6개월	약 13년 1개월	
	구역지정~준공	121	약 8년 2개월	약 14년 6개월	

자료: 서울특별시 정비사업 추진현황(2022년 말 기준)

3

재건축사업이란?

3 장 재건축사업이란?

3.1 재건축사업의 개요

재건축사업은 정비기반시설은 양호하나 노후·불량건축물이 밀집한 지역에서 주거환경을 개선하기 위하여 시행하는 사업으로, 정비구역 또는 정비구역이 아닌 구역에서 관리처분계획에 따라 공동주택 및 부대·복리 시설을 건설하여 공급하는 사업을 말한다. 구 「주택건설촉진법」에 근거하여 민간에서 자율적으로 시행해오다가 2003년 「도시 및 주거환경정비법」으로 통합되면서 정비사업의 한 종류로 정의되고 있다.

[그림 3-1] 철거 이전의 반포주공1단지 3주구 모습(2023년 3월 착공)

자료: 서울역사아카이브, 서울생활문화자료조사(https://museum.seoul.go.kr/archive)

3.2 주택정비형 재개발사업과의 비교

노후·불량건축물을 부수고 새로이 공동주택을 건설한다는 점에서 재건축사업과 주택정비형 재개발사업은 유사하다. 그러나 동시에 사업의 성격, 절차, 대상지, 조합원 자격 요건, 임대주택 건설의무와 세입자 보상 등에서 여러 가지 차이점을 보인다. 요약하면 재건축사업은 재개발사업에 비해 공공성이 상대적으로 약하고, 방법상으로 주택재개발사업보다 강제성이 낮고 온건하며, 대상지역이 불량주거지가 아니고, 토지등소유자가 대체로 재건축사업에 자발적으로 합의한다는 점에서 공적 관여의 강도에 차이가 있다(헌법재판소 2012. 11. 29. 2011헌바224). 이에 관하여 이미 2장의 2.2 재건축사업과의 차이점 부분에서 자세히 다루었으므로 참고하면 된다.

3.3 재건축사업의 변천과정

우리나라 재건축사업은 「주택건설촉진법」(1972년 제정)에 근거하여 추진되던 성장기와 「도시 및 주거환경정비법」(2002년)에 근거하여 추진되고 있는 안정기로 나눠 살펴볼 수 있다.

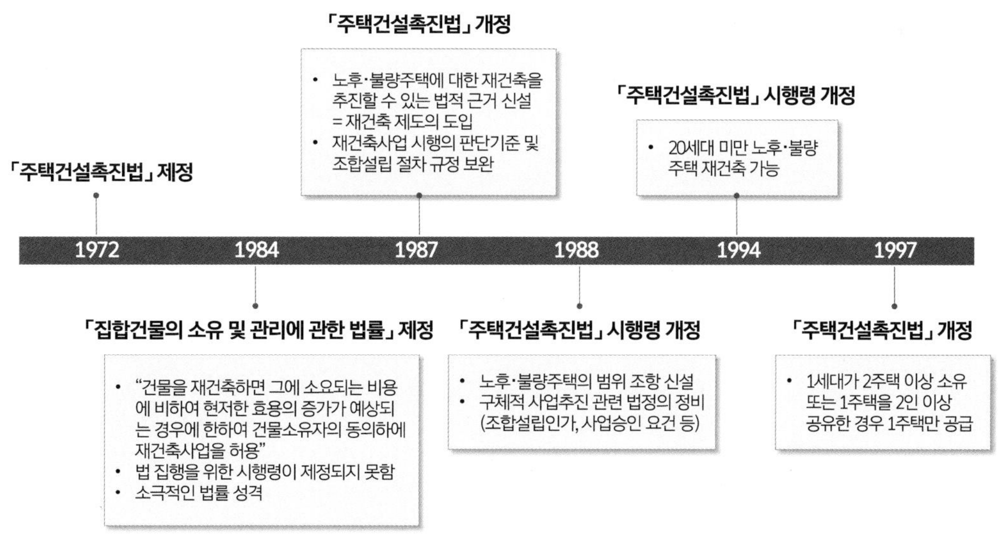

[그림 3-2] 재건축사업 관련 법제의 변화(1972년~1997년)

1) 재건축사업의 성장기(1972년~2001년)

(1) 1972년 「주택건설촉진법」의 제정

1972년 제정된 「주택건설촉진법」[41]은 주택이 없는 국민의 주거생활의 안정을 도모하고 모든 국민의 주거수준의 향상을 기하기 위하여 주택의 건설·공급과 이를 위한 자금의 조달·운용 등에 관하여 필요한 사항을 규정할 목적으로 탄생하여 주택산업이 활성화되는 토대가 되었다.

「주택건설촉진법」은 주택의 라이프 사이클(택지개발 → 주택건설 → 주택공급 → 주택 관리·개보수 → 주택 철거 및 재건축 등) 전반에 관하여 광범위하게 규율하는 주택에 관한 기본법이자 「건축법」 등에 우선하는 특별법이며, 사업법이자 관리법으로서 작동하였다. 이 법을 모법으로 하여 「주택공급에 관한 규칙」, 「공동주택관리령」, 「주택건설기준 등에 관한 규정」, 「건설기술관리법」, 「건설산업기본법」 등이 제정되었다.

이 법이 제정되던 1970년대 초반 78.2%에 불과하던 주택보급률은 「주택건설촉진법」의 제정 이후 지속적으로 상승하여 2000년에는 96.2%를 달성하였으며, 제정 이후 「주택법」으로 전면개정될 때까지 약 28년간 약 1,050만 가구가 넘는 주택을 공급하여 주택난 해소에 기여하였다.

[표 3-1] 주택보급률 변화 추이(%)

1960년	1970년	1975년	1980년	1985년	1990년	1995년	2000년
84.2	78.2	74.4	71.2	69.8	72.4	86.0	96.2

(2) 1984년 「집합건물의 소유 및 관리에 관한 법률」의 제정

재건축사업에 관한 최초의 법적 근거는 「집합건물의 소유 및 관리에 관한 법률」[42]로, ① 건물 건축 후 상당한 기간이 경과되어 건물이 훼손 또는 일부 멸실된 경우, ② 그 밖의 사정에 의하여 건물의 가격에 비하여 과다한 수선·복구비나 관리비용이 소요되는 경우, ③ 부근 토지의 이용상황의 변화나 그 밖의 사정에 의하여 건물을 재건축하

---

41) 법률 제2409호, 1972. 12. 30., 제정

42) 법률 제3725호, 1984. 4. 10., 제정

면 그에 소요되는 비용에 비하여 현저한 효용의 증가가 있게 되는 경우에 '관리단' 집회를 통해 그 건물을 철거하고 신축할 것을 결의할 수 있다고 정하고 있다(「집합건물의 소유 및 관리에 관한 법률」 제47조 제1항). 여기에서 말하는 관리단이란, 건물의 구분소유자 전원으로서 건물 및 그 대지와 부속시설의 관리에 관한 사업의 시행을 목적으로 하는 주체를 의미한다(「집합건물의 소유 및 관리에 관한 법률」 제23조).

그러나 이 법에 의한 재건축사업을 시행하기 위하여 필요한 구체적인 시행령이 제정되지 못하여, 1987년 「주택건설촉진법」의 개정에 의해 재건축사업의 법적 근거가 마련되기 전까지 재건축사업은 원활하게 추진되지 못했다.

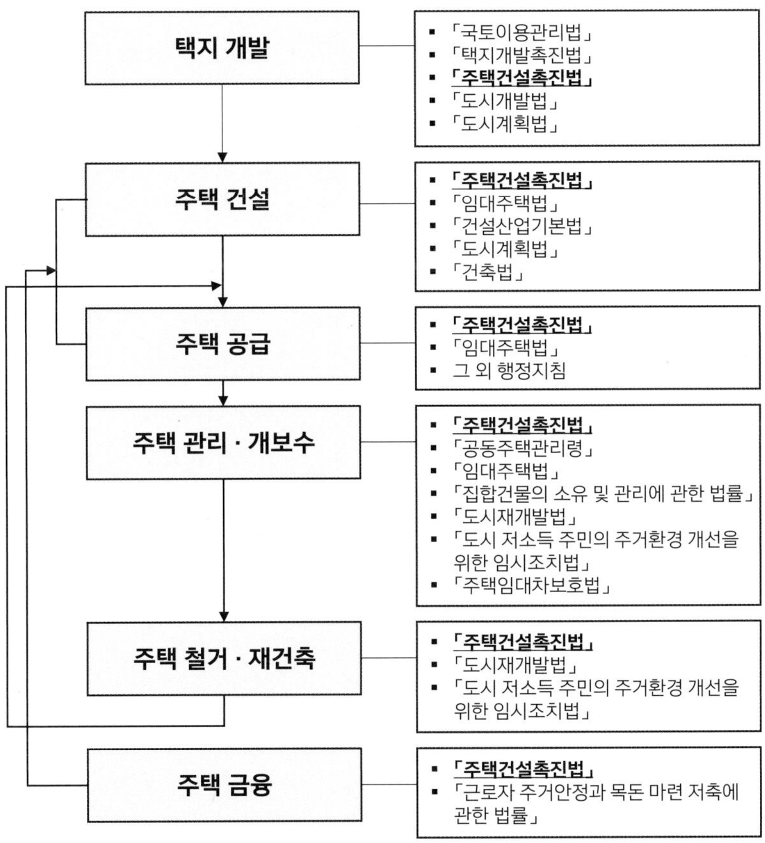

[그림 3-3] 주택의 라이프 사이클에 따른 주택 관련 법령의 구성

자료: 임서환 외 2인, 2001, "주택 관련 법제의 정비방안: 주거기본법과 주택건설관리법 제정을 중심으로", 대한주택공사 주택연구소, 13쪽.

(3) 1987년 재건축제도의 도입

1987년 「주택건설촉진법」의 개정[43]으로 조합에 의해 '노후·불량한 주택을 철거하고 그 철거한 대지 위에 주택을 건설'하는 재건축제도의 법적 근거가 마련되었다(제3조 제9호). 1988년 6월 시행령에 관련 조항이 신설되고, 1989년 11월 서울시에서 「노후불량 주택 재건축 업무지침」을 마련함으로써 사업 추진을 위한 제도적 기반이 강화되었다.

개정 당시, 이 법에서는 재건축이 가능한 노후·불량주택의 범위를 건물이 훼손되거나 일부가 멸실되어 기타 안전사고의 우려가 있는 주택과 준공 후 20년이 경과되어 과다한 수선유지비나 관리비가 소요되는 주택 등으로 한정하고(「주택건설촉진법 시행령」 제4조의2), 이에 해당하는 경우만 재건축을 허용함으로써 무분별한 재건축사업을 억제하고자 하였다. 그러나 이후 1993년 3월 「주택건설촉진법 시행령」이 개정[44]되면서 20년이 경과하지 않아도 미관이 불량하거나 난방방식이 노후하고 불량시공된 공동주택에 대해서는 재건축이 가능하도록 대상 범위가 확대되었다.

1987년 당시 건설부가 노후·불량한 아파트의 재건축을 허용하는 방침을 잇달아 내놓

[표 3-2] 1993년 「주택건설촉진법 시행령」의 개정으로 완화된 노후·불량주택의 범위(제4조의2)

1. 건물이 훼손되거나 일부가 멸실되어 도괴 기타 안전사고의 우려가 있는 주택
2. 건물이 준공된 후 20년이 경과되어 건물의 가격에 비하여 과다한 수선·유지비나 관리비용이 소요되는 주택
3. 건물이 준공된 후 20년이 경과되고 부근 토지의 이용상황 등에 비추어 주거환경이 불량한 경우로서 건물을 재건축하면 그에 소요되는 비용에 비하여 현저한 효용의 증가가 예상되는 주택
4. 「건축법」 제54조의 재해위험구역 내의 주택으로서 재해를 방지하기 위하여 재건축이 필요한 주택
5. **도시미관·토지이용도·난방방식·구조적 결함 또는 부실시공 등으로 인하여 재건축이 불가피하다고 관할 시장·군수 또는 자치구의 구청장(이하 '시장 등'이라 한다)이 인정하는 주택[본조신설 1988. 6. 16.]**

---

43) 법률 제3998호, 1987. 12. 4., 일부개정

44) 대통령령 제13850호, 1993. 2. 20., 일부개정

자, 재건축사업을 추진하려는 움직임이 곳곳에서 발생하였다. 국내 아파트 재건축사업의 첫 사례인 서울시 마포구 도화동 마포아파트의 경우 1987년 6월 아파트 재건축 추진위원회가 설립되었으며, 주민동의율 92%를 확보해놓은 상황에서 「주택건설촉진법 시행령」의 확정 발효를 기다려 1988년 12월에 국내 최초로 재건축사업의 사업인가를 받았다. 1991년 3월부터 1992년 2월까지 마포아파트를 철거한 후 ㈜삼성종합건설(현재 삼성물산)에서 시공하여 1994년 7월에 마포삼성아파트(14개동 982가구)가 준공되었다.

(4) 재건축사업에 관한 「주택건설촉진법」의 내용과 문제점

2003년 「도시 및 주거환경정비법」의 제정 이전, 재건축사업에 관해서는 「주택건설촉진법」과 「집합건물의 소유 및 관리에 관한 법률」에서 정하고 있었다. 재건축사업은 1987년 12월 「주택건설촉진법」의 개정[45]으로 그 법적 근거가 마련되었는데 제3조(용어의 정의)에서는 재건축조합의 용어를 정의하고, 제44조의3(재건축조합의 주택건설)에서는 안전진단의 신청, 시행자(사업주체), 소유권을 제외한 저당권 등 기타 물권 및 채권의 처분 방식, 동의율 등에 관하여 규정하였으며, 제44조의4(지방자치단체장의 의무)에서는 재건축사업에 대한 지방자치단체의 지원에 관한 사항을 정하였다. 「집합건물의 소유 및 관리에 관한 법률」(1985년 제정)에서는 재건축사업의 절차 중 일부에 관하여 규정하고 있었는데, 제7절의 제47조(재건축의 결의), 제48조(구분소유권등의 매도청구등), 제49조(재건축에 관한 합의) 등이 이에 해당된다.

이처럼 「주택건설촉진법」에 의해 추진되는 재건축사업은 제도의 안정성 측면에서, 도시계획적 측면에서 여러 가지 문제를 양산하였다. 먼저 제도의 안정성 측면에서 살펴보면, 재개발사업과 다름없이 재건축사업도 기성시가지에서 기존주택의 멸실 후 아파트를 신축하는 사업이기에 필연적으로 추진방법 및 절차가 복잡한 정비방식임에도 불구하고 단 몇 개의 법률 조항과 여기에서 파생되는 시행령, 시행규칙 등으로 사업이 추진되는 불안정한 구조였다. 재건축사업에 대한 공공의 지원에 관한 사항도 제44조의4에서 매우 추상적으로 "시장 등은 재건축사업이 신속하게 이루어질 수 있도록 노력하여야 한다."라고 정하

---

[45] 법률 제3998호, 1987. 12. 4., 일부개정

고 있어 규정의 실효성에 대한 의문이 제기되었다. 또한 「주택건설촉진법」은 행정법, 「집합건물의 소유 및 관리에 관한 법률」은 민사법으로 각각의 입법목적과 적용대상, 시행수단 등이 달라 법리해석상의 문제가 발생하였다.

한편, 도시계획적 측면에서도 「주택건설촉진법」에 의해 추진되는 재건축사업의 부영향이 부각되었다. 공급물량 확대를 최우선 목표로 하는 「주택건설촉진법」에 의해 추진된 결과, 재건축 대상지의 지역적 특수성과 주변여건이 고려되지 않은 채 용적률 400%와 건폐율 60%가 획일적으로 적용되었다. 이렇게 용적률 및 거주세대 수가 급격히 증가함에도 불구하고, 조합이 도로·상하수도 등 기반시설에 대한 확충 의무를 부담하지 않아 주변지역에 기반시설 용량의 부담이 전가되는 심각한 부영향이 발생하였다.

[표 3-3] 「주택건설촉진법」에서 정한 재건축사업에 관한 규정

제44조의3(재건축조합의 주택건설) ① 노후·불량주택의 소유자들이 당해 주택을 철거하고 그 철거한 대지 위에 주택을 건설하고자 하는 경우에는 시장 등에게 안전진단을 신청하여야 한다. 〈개정 2000. 1. 28.〉 ② 시장 등은 제1항의 규정에 의한 안전진단의 신청이 있을 때에는 대통령령이 정하는 바에 따라 안전진단을 실시할 기관을 지정하여야 한다. 다만, 시장 등이 안전진단의 실시가 필요없다고 인정한 노후·불량주택에 대하여는 그러하지 아니하다. ③ 제2항의 규정에 의한 안전진단의 대상·기준·실시기관·수수료·기타 필요한 사항은 대통령령으로 정한다. ④ 노후·불량주택이 붕괴 등 안전사고의 현저한 우려가 있는 경우 등 대통령령이 정하는 경우에는 제44조 제3항의 규정에 불구하고 시장 등이 재건축사업을 직접 시행하거나, 대한주택공사 또는 지방공사를 당해 재건축사업의 사업주체로 지정할 수 있다. 이 경우 시장 등의 재건축사업 시행절차 등 필요한 사항은 대통령령으로 정한다. ⑤ 재건축대상인 노후·불량주택이나 그 대지에 설정된 저당권·가등기담보권·가압류·전세권·지상권 등 등기된 권리는 제33조의 규정에 의한 주택건설사업계획 승인 이후에는 새로이 건설되는 주택이나 그 대지에 설정된 것으로 본다. 이 경우 도시재개발법 제33조 내지 제45조의 규정을 준용한다. ⑥ 재건축조합원 중 1세대가 2주택 이상을 소유하거나 1주택을 2인 이상이 공유지분으로 소유하는 경우에는 이를 1조합원으로 보며 1주택만 공급한다. 다만, 소속근로자의 숙소 등으로 사용하기 위한 주택을 소유하고 있는 법인등 대통령령이 정하는 경우에는 그러하지 아니한다. ⑦ 하나의 주택단지 안에 여러 동의 건물이 있는 노후·불량주택의 소유자들이 재건축하고자 하는 경우에는 집합건물의 소유 및 관리에 관한 법률 제47조 제1항·제2항의 규정에 불구하고 주택단지 안의 각 동별 구분소유자 및 의결권의 각 3분의 2 이상의 결의와 주택단지 안의 전체 구분소유자 및 의결권의 5분의 4 이상의 결의로 재건축할 수 있다. 제44조의4(지방자치단체장의 의무) 대통령령이 정하는 규모 이상의 재건축사업으로서 이 법에 의한 재건축사유가 발생한 경우에는 시장 등은 재건축사업이 신속하게 이루어질 수 있도록 노력하여야 한다.

2) 재건축사업의 안정기(2002년~현재)

(1)「도시 및 주거환경정비법」의 제정

서울시와 수도권, 대도시 등에서는 가용택지가 점차 고갈되어 대규모 택지개발사업을 통한 신규주택의 공급이 어려운 상황에 직면하게 되자 정비사업이 중요한 택지확보의 수단으로 비중이 증대되었다. 그러나 재건축사업이 당초「주택건설촉진법」에 의한 주택사업제도로 도입되어 운용되자, 도시계획(도시기본계획 및 도시관리계획)을 통해 재건축사업의 개발행위를 바람직한 방향으로 유도하거나 제어하기가 어려운 상황이 발생하였다. 게다가 재건축사업의 시행 규모가 점차 커지자, 해당 지역과 도시 전체에 미치는 파급효과도 이전보다 증대되어 도시계획적 관리의 필요성이 대두되기 시작하였다.

이에 따라 2003년 '선계획-후개발' 원칙에 따른 종합적 도시관리를 지향하기 위해 국토, 도시, 주택 관련 법령의 통·폐합이 대거 이루어지면서「주택건설촉진법」이 주거시설의 질적 수준을 높이는 내용의「주택법」으로 전면 개편되고, 재건축사업에 관한 부분이「도시 및 주거환경정비법」으로 편입되었다. 이와 함께「도시재개발법」에 의한 주택재개발사업,「도시저소득주민의주거환경개선을위한임시조치법」등 각기 다른 법으로 규정되어 온 기성시가지 정비사업들이 흡수·통합되어「도시 및 주거환경정비법」이라는 체계적인 단일·통합법이 탄생하게 되었다.

[표 3-4] 2003년 국토·도시·주택 관련 법령의 통·폐합

<table>
<tr><th>종전</th><th></th><th>개선</th></tr>
<tr><td>국토건설종합계획법</td><td rowspan="3">⇨</td><td rowspan="2">국토기본법
(2003. 1. 1. 시행)</td></tr>
<tr><td>국토이용관리법</td></tr>
<tr><td>도시계획법</td><td>국토의 계획 및 이용에 관한 법률
(2003. 1. 1. 시행)</td></tr>
<tr><td>도시재개발법</td><td rowspan="3">⇨</td><td rowspan="3">도시 및 주거환경정비법
(2003. 7. 1. 시행)</td></tr>
<tr><td>주택건설촉진법(재건축사업)</td></tr>
<tr><td>도시저소득주민의주거환경개선을
위한임시조치법</td></tr>
<tr><td>주택건설촉진법(재건축사업 제외)</td><td>⇨</td><td>주택법
(2003. 11. 30. 시행)</td></tr>
</table>

이에 따라 종전에는 재건축사업이 주민의 발의만 있다면 필지 단위의 주택건설사업과 같이 사업계획의 승인만으로도 추진될 수 있었다면, 「도시 및 주거환경정비법」에 편입된 이후에는 도시계획사업의 일환으로 도시 및 주거환경정비기본계획의 수립, 정비계획의 수립, 구역지정 등의 절차가 추가되었다. 주택재정비가 필요하다고 판단되는 지역에 한해 사업을 시행할 수 있게 되었으며, 도시관리적 측면에서 기반시설의 용량과 배치 등을 고려한 사업의 추진이 가능하게 되었다.

[그림 3-4] 「도시 및 주거환경정비법」의 제정에 따른 기성시가지 정비방식의 재편

(2) 재건축초과이익환수제의 실시

재건축초과이익환수제도는 재건축으로 조합이 얻는 이익의 일부를 국가가 환수하는 제도이다. 재건축사업의 종료시점(준공인가)의 공시지가에서 개시시점(추진위원회 설립인가)의 공시지가와 정상주택가격 상승분, 개발비용을 뺀 금액이 1인당 3,000만 원

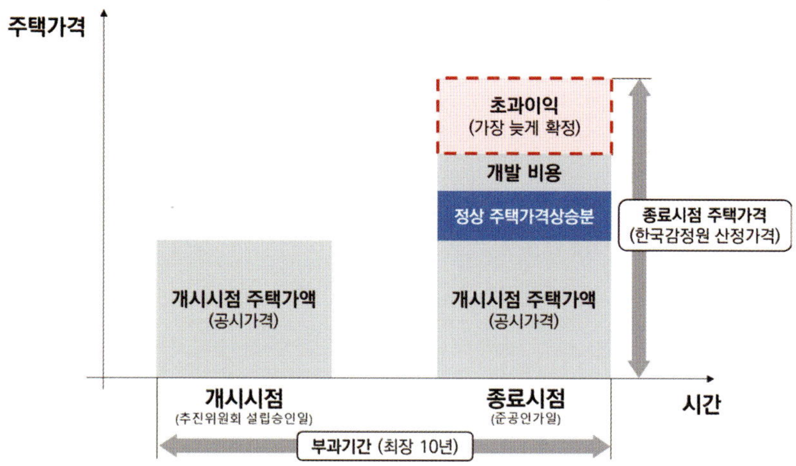

[그림 3-5] 재건축초과이익 산정 방식

을 넘을 경우 초과금액구간별로 10~50% 누진과세하는 것을 골자로 한다.

이 제도의 근거가 되는 「재건축초과이익 환수에 관한 법률」은 2005년 노무현 참여정부 당시 8.31 부동산 대책에도 불구하고 부동산 시장의 불안정한 양상이 이어지자 마련된 2006년 3.30 대책의 실현을 위한 후속법안으로서, 2006년 5월 24일 제정하여 2006년 9월 25일부터 시행되었다. 당시 주택가격 급등의 원인으로 강남지역 재건축시장의 과열이 꼽히면서 재건축사업으로 발생하는 과도한 개발이익을 환수함으로써 주택시장의 안정과 사회적 형평을 기하고자 하였다.

그러나 2008년 말부터 시작된 글로벌 금융위기 이후 강남을 비롯한 서울의 주택거래가 보합상태에 머물다 2011년 이후 하락세가 이어지자, 2014년 12월 31일까지 관리처분계획의 인가를 신청한 재건축사업에 대해서 재건축부담금을 면제하도록 2012년 12월 법률이 개정되었고, 이후 2017년 12월 31일까지 한 차례 더 유예가 연장되었다. 총 2차례 유예되었던 재건축초과이익환수제는 2018년 1월 1일부로 부활하여 2023년 현재까지 시행되고 있다. 재건축부담금의 내용과 산정 방식 등에 대한 자세한 사항은 6.4 정비사업의 공공기여 중 재건축부담금에서 살펴볼 수 있다.

(3) 단독주택재건축사업의 폐지

재건축사업은 주로 공동주택을 대상으로 하나, 단독주택지를 대상으로 하는 경우도 있다. 단독주택재건축사업은 노후화된 단독주택 등이 밀집한 저층 주거지를 집단개량한다는 점에서 재개발사업과 유사하나, 주변 기반시설이 양호하여 재개발사업을 시행할 수 없는 지역의 주거환경을 개선하기 위해 도입되었다. 주로 과거에 토지구획정리사업, 택지개발사업, 일단의 주택지 조성사업, 시가지 조성사업, 재개발사업 등에 의해 계획적으로 조성된 지역이나 그 밖에 시·도지사가 기반시설이 양호하다고 인정한 일단의 지역에서 사업을 시행할 수 있다. 대상지역이 전부 단독주택만 있는 경우뿐 아니라 상가나 다세대주택 등이 일부 있는 경우에도 정비구역 지정기준을 만족하면 구역지정이 가능하다. 다만, 상가, 공동주택 등 단독주택이 아닌 건축물은 정비구역 지정 호수 기준(200호) 산정에서 제외하되, 부지면적 기준(1만㎡)에는 포함할 수 있다.

단독주택지는 「주택건설촉진법 시행령」에서 정하는 노후·불량주택의 범위에 따라 재건축사업에 포함되거나 제외되어 왔다. 1993년 2월 개정 시에는 노후·불량주택의 범위가 축소되어 제외되었고 1994년 7월 개정으로 다시 단독주택의 재건축이 가능해졌다. 다만, 「도시 및 주거환경정비법」의 제정 이전에 추진된 단독주택재건축사업은 주택재개발사업의 임대주택건설의무 등을 회피하거나, 기존 공동주택에 인접한 나대지를

[그림 3-6] 서초구 방배동 단독주택재건축사업 대상지(방배5구역 및 14구역)

자료: 네이버 항공뷰

확보하기 위한 편법적인 수단으로 사용되기도 하였다[46]. 2003년 「도시 및 주거환경정비법」의 시행에 따라 도시 및 주거환경정비기본계획의 수립이 의무화되고 정비예정구역이 탄생한 이후 정비기반시설이 양호한 단독주택지역에서의 사업이 본격화되었다. 서울시에서는 2006년 단독주택재건축 정비예정구역이 등장하였으며, 2008년 12월 「도시 및 주거환경정비법 시행령」에 제52조 제2항 제1호에 단독주택재건축사업에 관한 규정이 신설되면서 법적 기반이 마련되었다.

2012년 서울시에는 단독주택재건축 정비예정구역이 300여 곳에 달하고 있었으나, 실질적으로 단독주택재건축사업의 관리처분계획 수립 시 재개발사업에 준하여 규정이 적용될 뿐만 아니라 토지등소유자 동의율, 국공유지 비율, 순부담률, 종전 용도지역 및 용적률 등의 측면에서 재개발사업과의 차별성이 부족하다는 점이 지적되어 왔다. 이에 2012년 새로운 정비사업 방식의 도입 등의 내용으로 「도시 및 주거환경정비법」이 개정[47]되어 노후·불량건축물이 밀집한 가로구역에서 노후주택을 소규모로 정비하여 주거환경을 개선할 수 있는 가로주택정비사업이 제도화되고, 단독주택재건축사업은 시행령 별표 1(정비계획 수립대상구역)에서 삭제되어 폐지되었다.

이후 2년간의 유예기간을 거쳐 2014년 8월 3일부터 신규 단독주택재건축사업은 진행할 수 없게 되었다. 다만, 이해관계인의 기득권 및 구법질서에 대한 신뢰를 보호하기 위해 이전에 정비구역으로 지정된 경우에 한하여 「도시 및 주거환경정비법 시행령」 제52조 제2항 제1호 및 별표 1 제3호의 개정규정에도 불구하고 단독주택재건축사업이 추진될 수 있도록 예외규정을 두었다. 따라서 2014년 8월 2일까지 정비기본계획이 수립된 지역에서는 종전규정에 의하여 계속 단독주택재건축사업이 가능하다.

---

46) 권순형·백성준, 2012, '주택재개발사업과 단독주택재건축사업의 물리적 특성 비교 연구', 주택연구 제20권 제3호, 한국주택학회, 103-130쪽.

47) 법률 제11293호, 2012. 2. 1. 공포, 8. 2. 시행

3.4 어디에서 재건축사업을 시행할 수 있나요?

재건축사업 정비계획의 입안대상지역에는 먼저 정비시급성이 매우 강조되는 지역, 즉 ① 건축물의 일부가 멸실되어 붕괴나 그 밖의 안전사고의 우려가 있는 지역이나, ② 재해 등이 발생할 경우 위해의 우려가 있어 신속히 정비사업을 추진할 필요가 있는 지역이 포함된다. 또한 ③ 노후·불량건축물로서 기존 세대수가 200세대 이상이거나 그 부지면적이 1만 제곱미터 이상인 지역[48]이거나, ④ 안전진단 실시 결과 전체 주택의 2/3 이상이 재건축이 필요하다는 판정을 받은 지역이 해당된다(「도시 및 주거환경정비법 시행령」 제7조 제1항 및 별표 1 제3호). 따라서 어떤 건축물이 「도시 및 주거환경정비법」과 동법 시행령에서 정하는 노후·불량건축물에 해당하는지 여부는 정비계획의 수립과 정비구역의 지정에 있어 매우 중요한 사안이다.

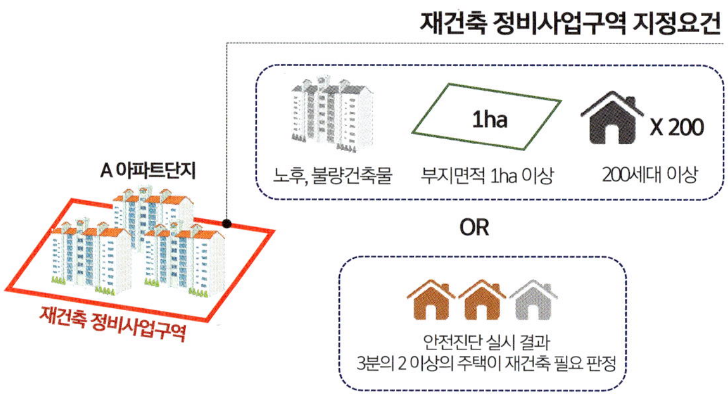

[그림 3-7] 재건축 정비사업구역 지정요건

[표 3-5] 재건축사업을 위한 정비계획의 입안대상지역

「도시 및 주거환경정비법 시행령」 별표 1 제3호	
1	건축물의 일부가 멸실되어 붕괴나 그 밖의 안전사고의 우려가 있는 지역
2	재해 등이 발생할 경우 위해의 우려가 있어 신속히 정비사업을 추진할 필요가 있는 지역
3	노후·불량건축물로서 기존 세대수가 200세대 이상이거나 그 부지면적이 1만 제곱미터 이상인 지역
4	셋 이상의 「건축법 시행령」 별표 1 제2호 가목에 따른 아파트 또는 같은 호 나목에 따른 연립주택이 밀집되어 있는 지역으로서 법 제12조에 따른 안전진단 실시 결과 전체 주택의 3분의 2 이상이 재건축이 필요하다는 판정을 받은 지역으로서 시·도조례로 정하는 면적 이상인 지역

---

48) 이처럼 재건축사업의 최소규모를 정한 것은 사업의 경제적 타당성 혹은 편의성을 이유로 규모가 작은 개별 구역들이 난립하는 것을 방지하고, 보다 효율적으로 기반시설을 확보하기 위함이다.

1) 재건축 허용연한

「도시 및 주거환경정비법」 제2조 제3호에서는 '노후·불량건축물'이란 도시미관을 저해하거나 노후화로 인하여 구조적 결함 등이 있는 건축물로서 대통령령으로 정하는 바에 따라 시·도조례로 정하는 건축물(라목) 등 같은 호 각 목의 어느 하나에 해당하는 건축물을 말한다고 규정하고 있다. 이러한 사항의 위임에 따라 「도시 및 주거환경정비법 시행령」 제2조 제3항에서는 시·도조례로 정할 수 있는 건축물을 '준공된 후 20년 이상 30년 이하의 범위에서 조례로 정하는 기간이 지난 건축물'(제1호) 등 같은 항 각 호의 어느 하나에 해당하는 건축물을 말한다고 정하고 있다. 이러한 규정을 바탕으로 일반적으로 준공된 후 일정 기간이 지나면 '재건축사업이 가능한 단지'라고들 표현한다.

이와 같은 재건축 허용연한은 주택경기의 과열 또는 침체, 주택수급의 불균형 등에 대응하기 위한 정책적 목적에 따라 늘어나기도, 또는 단축되기도 한다. 재건축사업의 추진 속도 및 물량을 조절하고자 하는 지방자치단체에서는 조례로 정하도록 되어 있는 기준연한을 길게 정하고, 반대로 재건축사업을 활성화하고자 하는 지방자치단체에서는 재건축 연한이 도래하지 않은 건축물이라도 '내진성능이 확보되지 아니한 건축물 중 중대한 기능적 결함 또는 부실 설계·시공으로 구조적 결함 등이 있는 건축물로서 대통

[표 3-6] 서울시의 노후·불량건축물 기준(철근콘크리트·철골콘크리트·철골철근콘크리트 및 강구조 공동주택)

준공연도 \ 구분	5층 이상 건축물	4층 이하 건축물
1981. 12. 31. 이전	20년	20년
1982	22년	21년
1983	24년	22년
1984	26년	23년
1985	28년	24년
1986	30년	25년
1987		26년
1988		27년
1989		28년
1990		29년
1991. 1. 1. 이후		30년

자료: 「서울특별시 도시 및 주거환경정비 조례」 별표 1

령령으로 정하는 건축물(「도시 및 주거환경정비법」 제2조 제3호 나목)'에 해당하도록 하여 노후·불량건축물의 비율을 높일 수 있다. 2023년 현재 서울시의 재건축 연한은 준공년도와 건축물의 현황에 따라 일부 차이가 있으나 대부분 30년이다.

그렇다면 재건축 허용연한이 도래한 모든 주택단지가 재건축이 가능한 노후·불량건축물이라고 할 수 있을까? 결론부터 말하자면, 아니다. 「도시 및 주거환경정비법」과 그 시행령이 '준공된 후 20년 이상 30년 이하의 범위에서 조례로 정하는 기간이 지난 건축물'을 노후·불량건축물의 하나로 규정하고 있는 취지는 준공된 후 일정기간이 경과하면 건축물이 그에 비례하여 노후화하고 그에 따라 구조적 결함 등이 발생할 가능성도 크기 때문에 단지 노후·불량화의 징표가 되는 여러 기준의 하나로서 제시한 것일 뿐이다(대법원 2012. 6. 18. 선고 2010두16592 판결). 즉, 건축물의 노후·불량화를 인정받기 위해서는 안전진단 등 별도의 자료가 구비되어야 하며, 그렇지 않는 한 노후·불량건축물로 단정할 수 없다. 따라서 재건축 허용연한을 충족하고 정비예정구역으로 지정된 후, 안전진단을 통과하여 정비구역으로 지정되어야 재건축사업의 추진이 가능하다.

2) 재건축 안전진단

(1) 재건축 안전진단이란?

「도시 및 주거환경정비법」 제2조, 동법 시행령 제2조, 시·도조례 등 관련 규정에 따라 건축물이 준공된 후 일정 기간이 경과되어 '노후·불량건축물'에 해당되는 경우 재건축사업의 추진이 가능하다. 그러나 법령에서 정하는 조건을 충족하였다고 해서 모든 노후·불량건축물의 재건축이 가능한 것은 아니다. 재건축의 허용 여부는 안전진단 실시 결과와 도시계획 및 지역여건 등의 종합적 검토에 따라 결정된다.

현지조사 및 재건축사업의 안전진단(이하 '재건축 안전진단'이라 한다)은 무분별한 재건축으로 인한 사회적 자원낭비를 방지하고, 재건축에 동의하지 않은 구분소유자의 재산권 침해를 최소화하기 위하여 도입되었다. 공동주택을 대상으로 재건축을 위한 정비계획의 수립 또는 재건축의 필요성을 검증하는 등 사업시행 여부를 결정하기 위해 실시된다. 즉, 재건축 안전진단은 재건축사업의 추진 여부가 결정되는 첫 단추로서 중요한 의미를 가진다.

(2) 재건축 안전진단의 절차

정비계획을 입안하는 특별자치시장, 특별자치도지사, 시장, 군수 또는 구청장은 [표 3-7]의 요건 중 어느 하나에 해당하는 경우에 재건축 안전진단을 실시해야 한다(「도시 및 주거환경정비법」 제2조 제3호 나목, 제12조 제1항 및 제2항). 재건축 안전진단 실시 요청에 따라 진단하는 경우, 이를 요청한 자는 안전진단에 드는 비용을 부담할 수 있다. 안전진단은 「주택 재건축 판정을 위한 안전진단 기준」[49]에 따라 실시하되, 구체적인 실시요령은 국토안전관리원이 정하는 「재건축사업의 안전진단 매뉴얼」이 정하는 바에 따른다.

주민요청에 의해 안전진단을 실시하는 경우, 주민요청(10% 이상 동의) → 현지조사(시장·군수) → 안전진단 의뢰 → 안전진단(전문기관) → 판정(유지보수/조건부 재건축/재건축 결정)의 절차를 거친다. 현지조사는 안전진단 실시 여부를 판단하기 위한 절차로, 시장·군수등이 육안조사 및 설계도서 검토 등을 통해 '유지보수' 또는 '안전진단 실시'를 판정한다. 여기에서 '안전진단 실시' 판정을 받은 경우, 시장·군수등이 안전진단 전문기관으로 하여금 구조안전성, 주거환경, 설비노후도 등을 종합적으로 평가하여 재건축 실시 여부를 최종적으로 결정하게 된다. 다만, 안전진단의 통과는 사업의 확정을 의미하지 않고, 정비구역의 지정이 이루어지지 않으면 사업이 중단된다.

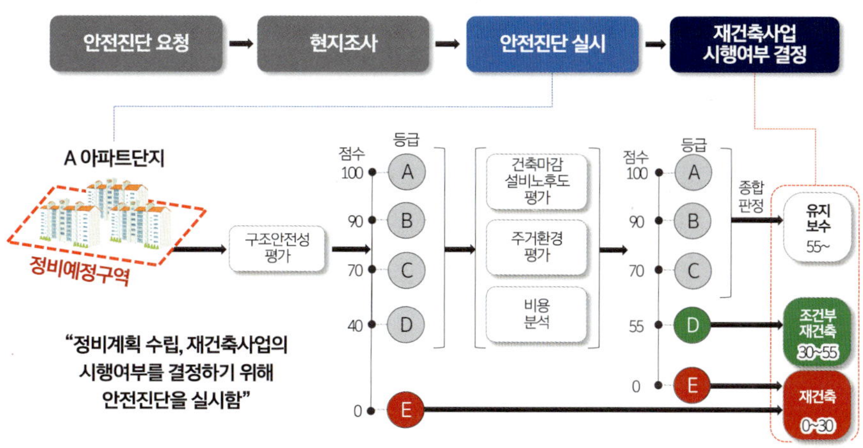

[그림 3-8] 재건축사업의 안전진단의 절차

49) 국토교통부고시 제2020-1182호

[표 3-7] 재건축사업 정비계획 입안을 위한 안전진단의 실시 요건

「도시 및 주거환경정비법」 제12조 제1항 및 제2항
▪ 정비예정구역별 수립시기가 도래한 경우 ▪ 정비계획의 입안을 제안하려는 자가 입안을 제안하기 전에 해당 정비예정구역에 위치한 건축물 및 그 부속토지의 소유자 10분의 1 이상의 동의를 받아 안전진단 실시를 요청하는 경우 ▪ 정비예정구역을 지정하지 않은 지역에서 재건축사업을 하려는 자가 사업예정구역에 있는 건축물 및 그 부속토지의 소유자 10분의 1 이상의 동의를 받아 안전진단의 실시를 요청하는 경우 ▪ 내진성능이 확보되지 않은 건축물 중 중대한 기능적 결함 또는 부실 설계·시공으로 구조적 결함 등이 있는 법령으로 정하는 건축물의 소유자로서 재건축사업을 시행하려는 자가 해당 사업예정구역에 위치한 건축물 및 그 부속토지의 소유자 10분의 1 이상의 동의를 받아 안전진단의 실시를 요청하는 경우

[표 3-8] 재건축사업의 안전진단 항목(「주택 재건축 판정을 위한 안전진단 기준」 2-3-1)

평가분야	평가항목	중점 평가사항
구조 안전성	지반상태	▪ 지반침하상태 및 유형
	변형상태	▪ 건물 기울기, 바닥판 변형(경사변형, 휨변형)
	균열상태	▪ 균열유형(구조균열, 비구조균열, 지반침하로 인한 균열) ▪ 균열상태(형상, 폭, 진행성, 누수)
	하중상태	▪ 하중상태(고정하중, 활하중, 과하중 여부)
	구조체 노후화 상태	▪ 철근 노출 및 부식상태, 박리/박락상태, 백화, 누수
	구조부재의 변경 상태	▪ 구조부재의 철거, 변경 및 신설
	접합부 상태	▪ 접합부 긴결철물 부식상태, 사춤상태
	부착 모르타르 상태	▪ 부착 모르타르 탈락 및 사춤상태
건축 마감 및 설비 노후도	지붕 마감상태	▪ 옥상 마감 및 방수상태/보수의 용이성
	외벽 마감상태	▪ 외벽 마감 및 방수상태/보수의 용이성
	계단실 마감상태	▪ 계단실 마감상태/보수의 용이성
	공용창호 상태	▪ 공용창호 상태/보수의 용이성
	기계설비 시스템의 적정성	▪ 난방 방식의 적정성 ▪ 급수·급탕 방식의 적정성 및 오염방지 성능 ▪ 기타 오배수, 도시가스, 환기설비의 적정성 ▪ 기계 소방설비의 적정성
	기계설비 장비 및 배관의 노후도	▪ 장비 및 배관의 노후도 및 교체의 용이성
	전기·통신설비 시스템의 적정성	▪ 수변전 방식 및 용량의 적정성 등 ▪ 전기·통신 시스템의 효율성과 안전성 ▪ 전기 소방 설비의 적정성
	전기설비 장비 및 배선의 노후도	▪ 장비 및 배선의 노후도 및 교체의 용이성
주거환경	주거환경	▪ 주변 토지의 이용상황 등에 비교한 주거환경, 주차환경, 일조·소음 등의 주거환경
	재난대비	▪ 화재 시 피해 및 소화용이성(소방차 접근 등), 홍수대비·침수피해 가능성 등 재난환경
	도시미관	▪ 도시미관 저해정도

3.5 누가 재건축사업을 추진하나요?

재건축사업의 추진 주체는 재개발사업의 추진 주체와 대동소이하다. 조합이 시행하거나 조합이 조합원의 과반수의 동의를 받아 시장·군수등, 토지주택공사등, 건설업자 또는 등록사업자와 공동으로 시행할 수 있다(「도시 및 주거환경정비법」 제25조 제2항). 다만, 정비기반시설이 극히 열악하고 노후·불량건축물이 과도하게 밀집한 지역에서 시행되는 재개발사업의 경우 정비기반시설이 양호한 지역에서 시행되는 재건축사업보다 도시계획적 측면에서 공공성이 더욱 강조되기 때문에(헌법재판소 2014. 1. 28. 선고 2011헌바363 결정례 및 헌법재판소 2018. 7. 26. 선고 2016헌바83 결정례 등 참조), 두 사업 간 추진주체의 역할과 권한의 범위에도 차이가 발생한다.

따라서 재건축사업의 주된 추진 주체인 조합과 협력업체인 시공자, 정비사업전문관리업자, 감정평가법인 등의 역할과 성격에 관해서는 기본적으로 2장의 2.5 누가 주택정비형 재개발사업을 추진하나요?를 참고하며, 두 사업 간 차이점을 중심으로 설명하면 다음과 같다.

1) 사업시행자의 역할

(1) 조합의 설립

재건축사업의 시행을 위한 조합을 설립하기 위해서는 주택단지 안의 각 동별 구분소유자의 과반수 동의와 주택단지 안의 전체 구분소유자의 3/4 이상 및 토지면적의 3/4 이상의 토지소유자의 동의를 받아야 한다. 재개발사업의 경우 토지등소유자 3/4 이상, 토지면적 1/2 이상 토지소유자의 동의를 받아야 한다는 점을 고려하면, '동별 구분소유자'의 동의율이 재건축사업에는 추가되는 것이다. 이는 재건축사업이 과거 「집합건물의 소유 및 관리에 관한 법률」과 「주택건설촉진법」에 규정을 두고 있던 시기에는 구분소유관계에 있는 수동의 건물이 단지 관계를 이루고 있는 경우 각 동별 구분소유자들은 단지관리단을 구성하여 그 단지 전체를 대상으로 한 재건축사업이 추진되었기 때문이다. 이에 각 동별 이해관계가 대립하는 조합원들 간의 형평을 보장하기 위하여 재건축 결의 시에 적용하였던 특별다수의 의결정족수(「집합건물의 소유 및 관리에 관한 법률」 제47조 제2항 준용)에서 동별 구분소유자 동의요건이 유래된 것이다[50]. 이러한 요건으로 인해 조합원 동의서 징구에 있어 구역 전체의 조합원 동의요건은 만족하였으나 동별 동의요건을 충족하지 못한 경우 동(棟) 구분소유자와 재건축추진위원회의 갈등이 발생하게 된다.

(2) 조합원의 임의가입

재개발사업의 경우 조합설립 동의 여부와 관계없이 조합설립과 동시에 조합원이 되며, 토지 또는 건물 중 하나만 소유해도 조합원이 될 수 있다(강제가입제). 재개발사업에 반대하는 토지등소유자는 관리처분계획의 단계에 가서 분양신청을 하지 않음으로써 수용재결의 대상이 된다. 따라서 조합정관은 사업에 찬성하는 사람들에 의해 작성 및 의결되지만, 그 구속력은 해당 구역 내 모든 토지등소유자에게 미치는 것이다.

반면 재건축사업은 조합설립에 동의한 토지등소유자만 조합에 가입하며(임의가입제), 동의하지 않는 경우 현금청산의 대상이 된다. 이때 토지등소유자가 조합원이 되기 위해서는 토지와 건물을 모두 소유해야 한다. 다만, 설립인가 이후에는 부득이한 사유가 없는 한 조합을 임의로 탈퇴할 수 없다. 따라서 강제가입제가 채택된 재개발사업의 경우 토지등소유자와 조합원의 범위는 동일하지만, 임의가입제를 채택한 재건축사업의 경우 토지등소유자와 조합원의 범위가 다르다.

(3) 재건축소형주택의 건설·공급

시기에 따라 그 비율은 다르나[51], 재개발사업의 시행자는 전체 세대수의 일정 비율을 임대주택으로 공급하고, 지자체는 이를 매입하여 임대주택(50년 공공임대)으로 활용한다. 반면 재건축사업의 시행자에게는 공공임대주택 건설 의무가 발생하지 않으나, 정

---

50) 대법원 1998. 6. 26. 선고 98다15996 판결 참조

51) 2021년 「도시 및 주거환경정비법 시행령」의 개정에 따라 재개발사업에 대한 임대주택 건설비율의 상한이 건설하는 주택 전체 세대수의 100분의 15에서 100분의 20으로 상향되었으며, 시장·군수·구청장 등은 관할 구역의 특성상 주택수급안정이 필요한 경우에는 임대주택 건설비율의 상한을 추가적으로 높일 수 있도록 정하고 있다.

비계획에서 정해진 용적률 이상으로 건축할 경우 재건축소형주택을 건설하여야 한다.

「수도권정비계획법」에 따른 과밀억제권역에서 재건축사업을 시행하는 경우 정비계획으로 정하여진 용적률에도 불구하고 지방도시계획위원회의 심의를 거쳐 법적상한 용적률[52]까지 건축할 수 있는데, 그 초과한 용적률에 시·도조례로 정하는 비율을 곱한 용적률에 해당하는 면적의 재건축소형주택을 국토교통부장관, 시·도지사, 시장·군수 또는 주택공사 등에 공급하여야 한다. 사업시행자는 사업시행계획인가를 신청하기 전에 미리 재건축소형주택에 관한 사항을 인수자와 협의하여 사업시행계획서에 반영하여야 한다. 이 경우 재건축소형주택의 공급가격은 국토교통부장관이 고시하는 공공건설임대주택의 표준건축비로 하며, 부속토지는 인수자에게 기부채납한 것으로 본다.

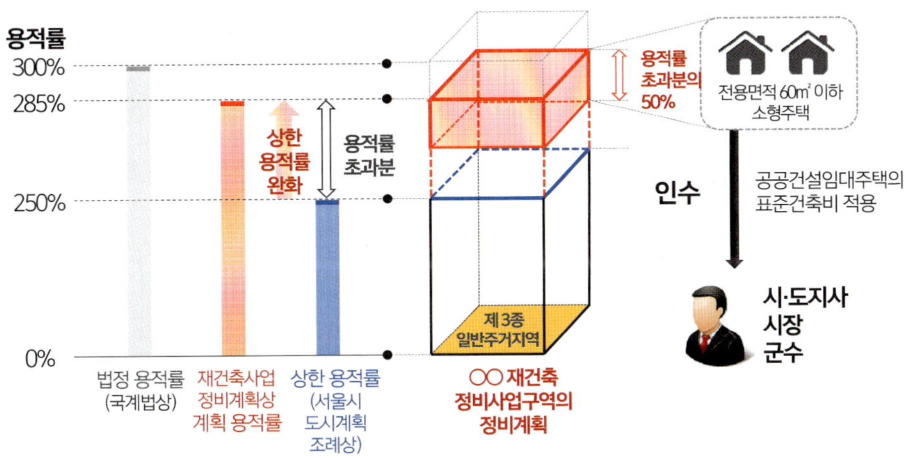

[그림 3-9] 재건축소형주택의 건설 및 공급 방식

(4) 주거·상가의 이전에 따른 보상

「헌법」 제23조 제3항에 따르면 공공필요에 의해 재산권의 수용·사용 또는 제한을 하는 경우에는 그에 대한 '정당한 보상'을 지급하여야 하며, 그 내용 및 절차를 법률에서 정하도록 하고 있다. 이에 재개발사업의 추진 과정에서 발생하는 재산권 침해와 이에 대한 보상에 관한 내용은 「도시 및 주거환경정비법」에서 정한 사항을 제외하고는

52) 「국토의 계획 및 이용에 관한 법률」 제78조 및 관계 법률에 따른 용적률의 상한

「공익사업을 위한 토지 등의 취득 및 보상에 관한 법률」을 준용하도록 하고 있다. 재개발사업으로 인해 이주하는 임차인에게는 국민주택의 특별공급, 주거이전비, 이사비, 상가의 경우 영업손실 보상과 같은 보상이 주어진다. 이처럼 재개발사업의 임차인이 보상받을 지위로 인정되면, 보상받을 때까지의 사용·수익권의 존재와 행사를 주장할 수 있다(대법원 2011. 11. 24. 선고 2009다28394 판결).

반면 재건축사업의 경우에는 「공익사업을 위한 토지 등의 취득 및 보상에 관한 법률」에 따른 보상규정이 적용되지 않기 때문에, 임차인은 아무런 보상 없이 임차목적물인 토지와 건축물을 인도해주어야 한다. 이는 재개발사업에 비해 상대적으로 공공성·강제성이 약하고 토지등소유자의 자발적 참여를 중심으로 추진되는 민간 주도 정비사업이라는 점을 고려한 것이다.

2) 사업시행자의 권한

(1) 현금청산자에 대한 매도청구권 행사

「도시 및 주거환경정비법」 및 조합 정관에서는 정비사업을 신속하고도 차질 없이 추진하기 위해 현금청산 조항을 규정하고 있다(대법원 2010. 8. 19. 선고 2009다81203 판결). ① 분양신청을 하지 아니한 자, ② 분양신청기간 종료 이전에 분양신청을 철회한 자, ③ 제72조 제6항 본문에 따라 분양신청을 할 수 없는 자, ④ 제74조에 따라 인가된 관리처분계획에 따라 분양대상에서 제외된 자 등은 재개발·재건축사업에서 현금청산의 대상이 된다(「도시 및 주거환경정비법」 제73조, 이하 '현금청산 대상자'). 이들을 대상으로 재개발사업에서는 사업시행자에게 토지·물건 또는 그 밖의 권리를 수용·사용할 수 있는 권한이 부여되고, 재건축사업에서는 건축물·토지의 소유권 등을 매도할 것을 청구할 수 있는 권한이 부여된다. 이때 재건축사업의 사업시행자는 민사 법원에 현금청산 대상자를 피고로 매도청구권 행사에 따른 소유권이전등기 청구 및 인도 소송을 제기하게 되는데, 이를 '매도청구 소송'이라고 부른다. 매도청구는 단순히 내용증명 우편 등을 통해 '매도청구한다'라고 알리는 방식으로 해서는 안 되고, 반드시 최고(촉구)절차를 사전에 거친 뒤에 법원에 매도청구소송을 제기하여야 한다. 최고절차는 '조

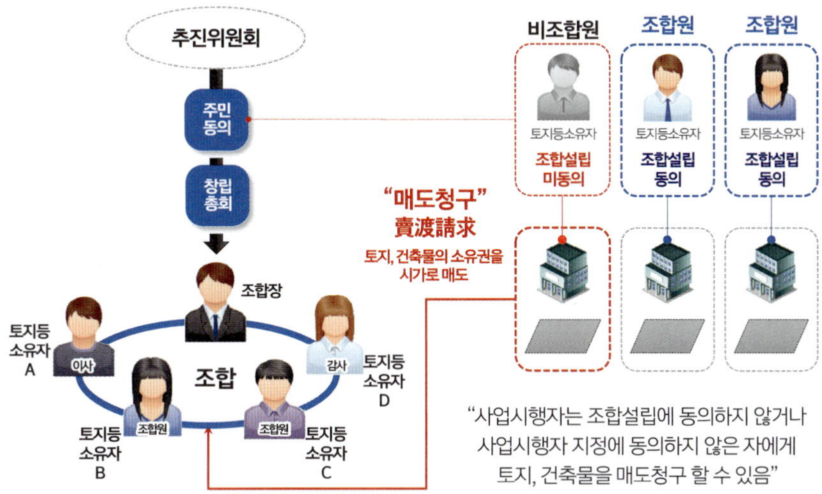

[그림 3-10] 재건축사업에서의 매도청구

합설립 또는 사업시행자의 지정에 관하여 동의하는지의 여부'를 회답할 것으로 촉구하는 것으로, 사업시행계획인가의 고시가 있은 날로부터 30일 이내에 하여야 한다. 촉구를 받은 토지등소유자는 2개월 이내에 회답하여야 하고, 회답하지 않은 경우 그 토지등소유자는 조합설립 또는 사업시행자의 지정에 동의하지 아니하겠다는 뜻을 회답한 것으로 본다(「도시 및 주거환경정비법」 제62조). 매도청구소송 이후 매도청구대상자 소유의 부동산에 대한 소유권이전등기절차이행을 구하는 민사소송으로 진행하게 되고, 이행청구가 받아들여지면 조합은 사업구역 내 부동산을 매매대금의 지급과 동시에 취득할 수 있다.

최초 「도시 및 주거환경정비법」이 제정될 당시의 입법안에서는 재개발사업과 마찬가지로 재건축사업의 경우에도 사업시행자에 대해 토지수용권을 부여하고, 도시계획에 의한 정비구역의 지정 없이 추진하는 소규모 사업에 대해서만 매도청구권이 인정되는 방안을 담고 있었다. 그러나 규제개혁위원회가 법률안에 대한 신설·강화규제 심사를 실시한 결과, 토지수용은 공공의 목적·공공복리를 위한 사업의 경우에도 꼭 필요한 경우에 국한하는 것이 원칙이므로 기본적으로 민간이 시행하는 사업인 재건축사업에 동의하지 않는다는 이유로 토지를 수용하도록 하는 것은 불합리한 조치로 보인다고 결정함으로써 재건축사업에 대한 수용권이 인정되지 않게 되었다.

다만, 예외적으로 재건축사업의 시간적 긴급성과 신속성이 요구되는 경우로 공공사업으로서의 성격이 강한 경우, 즉 천재·지변 그 밖의 불가피한 사유로 인하여 긴급히 정비사업을 시행할 필요가 있다고 인정되는 때에만 수용권이 부여된다(「도시 및 주거환경정비법」 제63조, 제26조 제1항 제1호 및 제27조 제1항 제1호).

(2) 현금청산액 산정 기준

재개발·재건축사업의 시행자는 관리처분계획이 인가·고시된 다음 날부터 현금청산대상자와 토지, 건축물 또는 그 밖의 권리의 손실보상에 관한 협의를 하여야 하는데, 만약 협의가 성립되지 않으면 협의기간의 만료일 다음 날부터 60일 이내[53]에 재개발사업의 시행자는 수용재결을 신청하고 재건축사업의 시행자는 매도청구 소송을 제기하여야 한다(「도시 및 주거환경정비법」 제73조 제2항). 이처럼 두 사업 간 현금청산 방식의 차이로 인해 현금청산액 기준에도 차이가 발생한다.

재개발사업의 현금청산액을 산정할 때에는 감정평가법인등 3인이 평가한 평가액의 산술평균치를 기준으로 하고(「공익사업을 위한 토지 등의 취득 및 보상에 관한 법률 시행규칙」 제16조 제6항), 재건축사업의 현금청산액은 시가와 유사하게 결정된다. 재건축사업의 시행자가 매도청구권을 행사하는 것은 곧 사업에 참가하지 않은 토지등소유자의 토지·건축물에 관하여 시가에 의한 매매계약이 성립되는 것으로, 이때의 시가란 매도청구권이 행사된 당시의 토지나 건물의 객관적 거래가격을 말한다. 즉, 노후되어 철거될 상태를 전제로 하거나 재건축사업이 시행되지 않은 현재의 현황을 전제로 한 거래가격이 아니라 그 토지나 건물에 관하여 재건축사업이 시행된다는 것을 전제로 하여 토지나 건축물을 평가한 가격으로, 재건축으로 인하여 발생할 것으로 예상되는 개발이익이 포함된 가격을 말한다(대법원 2009. 3. 26. 선고 2008다21549, 21556, 21563 판결)

---

53) 만약 사업시행자가 이 기간을 넘겨 수용재결을 신청하거나 매도청구 소송을 제기한 경우에는 해당 토지등소유자에게 지연일수(遲延日數)에 따른 이자를 지급해야 한다(「도시 및 주거환경정비법」 제73조 제3항 「도시 및 주거환경정비법 시행령」 제60조 제2항).

[표 3-9] 재개발사업과 재건축사업의 차이점

구분	재개발사업	재건축사업
정비기반시설	열악	양호
조합설립 동의요건	토지등소유자 ¾ 이상 + 토지면적 ½ 이상 토지소유자의 동의	동별 구분소유자의 ½ 이상 + 전체 구분소유자 ¾ 및 토지면적의 ¾ 이상의 토지소유자의 동의
조합원 자격	▪ 조합설립 동의 여부와 관계없이 조합설립과 동시에 조합원이 됨(강제가입제) ▪ 토지, 건물, 지상권 중 하나만 소유해도 됨	▪ 조합설립에 동의한 자만 조합원이 됨. 미동의 시 청산대상(임의가입제) ▪ 토지와 건물 모두 소유해야 함
임대주택 건설의무	서울 15%, 경기/인천 5%(조례)	상한용적률과 법정상한용적률 차이의 50%
주거이전비 및 영업보상비	지급	미지급(단, 2020년 이후 서울시 단독주택재건축 제외)
미동의자	권리의 수용 또는 사용	매도청구
현금청산액 기준	감정평가액 기준	시세 기준

3.6 재건축사업은 어떤 절차를 통해 추진하나요?

재건축사업은 재개발사업과 마찬가지로 「도시 및 주거환경정비법」과 동법 시행령·시행규칙, 기본계획 및 정비계획 수립지침, 조례 및 시행규칙 등에 의해 그 절차가 구체적으로 규정되며 크게 ① 사업준비 단계, ② 사업시행 단계, ③ 관리처분 단계, ④ 사업완료 단계 등 네 단계로 추진된다. 사업준비 단계에서는 도시 및 주거환경정비 기본계획을 수립하고, 안전진단 실시, 정비계획 수립 및 정비구역 지정, 추진위원회 구성 등이 이루어진다. 사업시행 단계에서는 조합설립, 사업시행계획의 수립 및 인가, 시공자 선정, 감리자 지정 등이 이루어지며, 관리처분 단계에서는 조합원 분양신청, 관리처분계획의 수립 및 인가, 이주 등이 이루어진다. 사업완료 단계에서는 철거 및 착공, 준공, 이전고시 및 청산, 조합해산 등이 이루어진다.

재개발사업과 재건축사업은 '안전진단' 단계를 제외하고 대부분의 절차가 유사하므로, 재건축사업의 전반적인 절차에 대해서는 2장의 2.6 주택정비형 재개발사업은 어떤 절차를 통해 추진하나요?를 참고하면 된다.

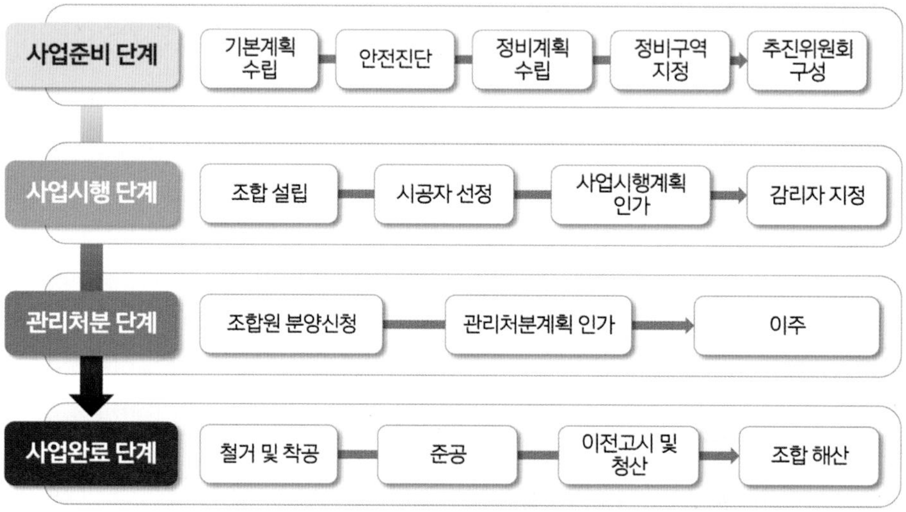

[그림 3-11] 재건축사업의 추진단계

3.7 재건축사업의 추진 현황

1) 자치구별 추진 현황

1972년부터 현재까지 재건축사업은 주로 서초구, 강남구, 강동구 등지에서, 과거 택지개발사업 또는 토지구획정리사업으로 조성된 주택단지를 중심으로 이루어졌다. 2022년까지 준공된 재건축구역 중 72.9%(132개)가 한강 이남지역에 분포하고 있으며, 서초구(53곳), 강남구(35곳), 강동구(18곳), 송파구(9곳) 순으로 많은 사업이 추진된 것으로 분석되었다.

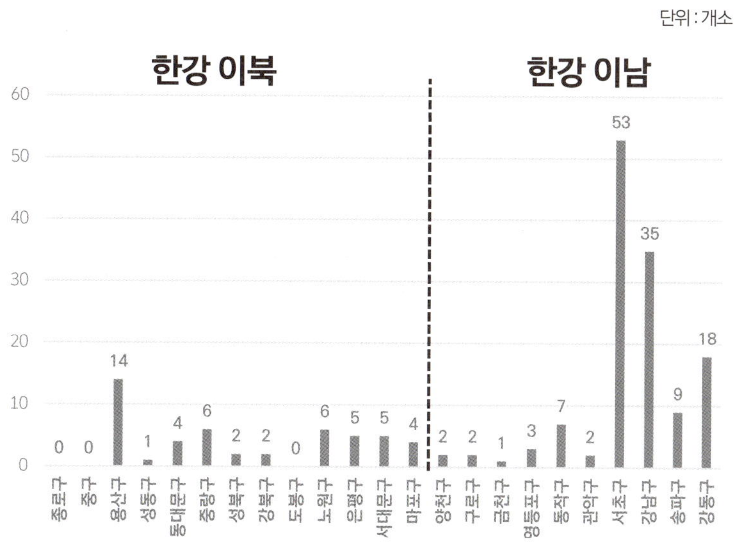

[그림 3-12] 서울시 재건축사업의 구별 시행현황(준공기준, 1973년~2022년)

서울의 아파트지구는 대표적인 재건축사업 대상지로, 1976년 「도시계획법」의 개정을 통해 신설된 용도지구이다. 1977년 「주택건설촉진법」에 사업 시행을 위한 구체적인 내용을 정하면서 아파트지구의 개발이 본격화되었다. 1976년부터 1986년까지 서울에는 총 18개의 아파트지구가 지정되었으며 이 중 저밀아파트지구는 5개소, 고밀아파트지구

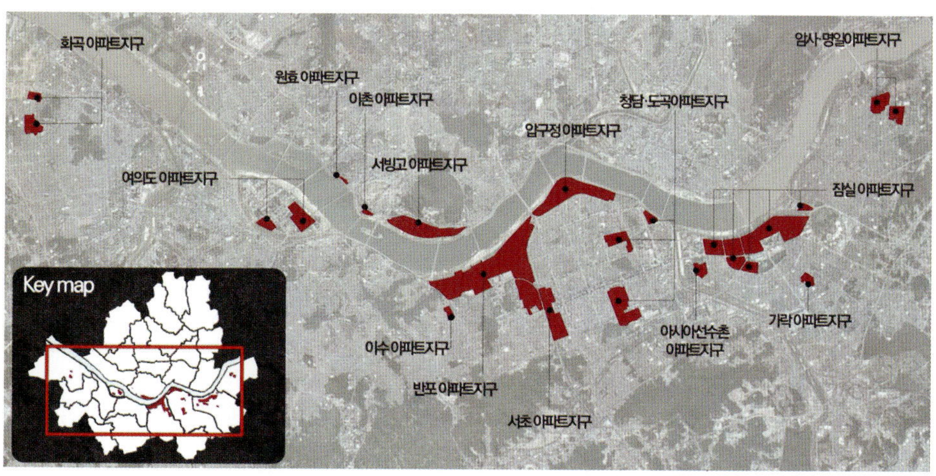

[그림 3-13] 서울시 내 아파트지구 현황

자료: 서울시, 2015, '아파트지구 관리방안'.

는 13개소이다. 이 시기에 집중적으로 지어진 공동주택과 상업시설들 등 건축물의 노후가 동시적, 대량으로 진행되어 재건축사업의 필요성이 부각되었다. 특히, 이 시기에 건축된 5층 이하 저층 아파트의 경우에는 고층 아파트에 비해 개발 가능한 용적률에 여유가 많고, 이는 곧 수익성으로 직결되기 때문에 더욱 활발히 개발이 전개되었다. 대표적으로 반포아파트지구(서초구 반포동, 잠원동 일대 265만㎡), 잠실아파트지구(송파구 잠실동, 신천동, 풍납동 일대 235만㎡) 등이 있다. 이 외에도 택지개발지구인 개포제1·2지구(강남구 개포동, 일원동 일대 204만㎡), 고덕지구(강동구 고덕동, 명일동, 상일동 일대 388만㎡) 등에서도 재건축사업을 통해 다수의 노후·저층아파트 단지가 신축 아파트로 탈바꿈하였다.

과거 1960~80년대에 토지구획정리사업으로 조성된 지역에서는 단독주택재건축사업[54]을 통해 정비된 경우가 많다. 예로 1971년도에 지구지정된 이수지구의 면적은 총 8,028,000㎡로, 2023년 7월 현재 방배5구역(176,496㎡, 착공), 방배6구역(63,214㎡, 착공), 방배7구역(17,560㎡, 조합설립), 방배13구역(129,891㎡, 이주개시), 방배14구역(27,460㎡, 이주완료), 방배15구역(84,934㎡, 구역지정) 등에서 단독주택재건축사업이 활발히 추진되고 있다.

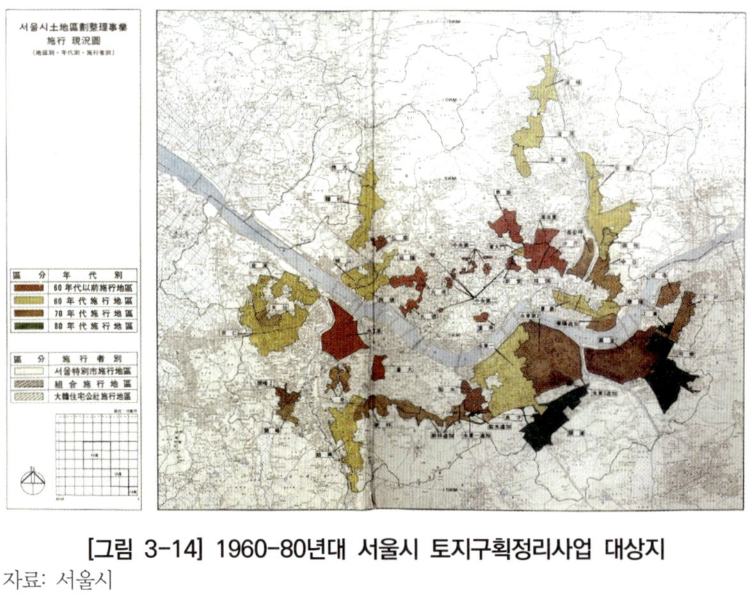

[그림 3-14] 1960-80년대 서울시 토지구획정리사업 대상지

자료: 서울시

---

54) 2012년 폐지, 단독주택재건축사업에 관한 보다 자세한 사항은 114-115페이지 참조

2) 구역 평균 면적

1973년부터 2022년까지 서울시에서 지정된 재건축사업 구역의 면적은 평균 약 5.1ha로, 주택정비형 재개발사업 구역의 평균 면적인 5ha와 유사한 것으로 나타났다.

예외적으로 2003년의 경우, 재건축사업 구역의 평균 지정면적이 16.3ha로 나타나 전체 평균에 비해 3배 이상으로 높았다. 이는 해당 년도에 단 2개 구역만이 지정되었고, 그중 하나가 대규모 사업장으로 손꼽히는 강남구 대치동 은마아파트(구역면적 24ha)이기 때문인 것으로 나타났다. 한편, 주택단지가 아닌 기반시설이 양호한 노후 저층 주거지를 대상으로 시행되는 단독주택재건축사업이 2012년에 폐지되자, 이후 지정되는 구역의 면적이 전반적으로 감소하게 되었다.

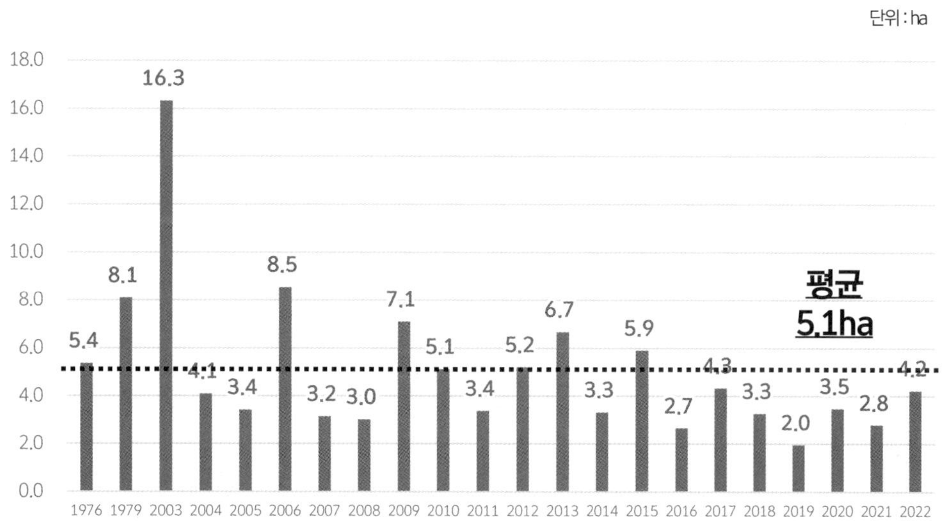

[그림 3-15] 서울시 재건축구역의 평균 면적(1973년~2022년)

도시정비론

4

재정비촉진사업이란?

4 장 재정비촉진사업이란?

4.1 재정비촉진사업의 개요

앞서 살펴본 바와 같이 재개발사업 등 정비사업은 조합원의 현물(토지 및 건축물 등)과 시공자의 자본력·기술력을 합쳐 노후·열악한 주거환경을 개선하고 신규주택을 공급하는 주요 도시관리 수단 중 하나로 자리잡게 되었다. 그러나 일단의 노후·저층 주거지 내에서도 사업성이 양호한 일부 지역만을 중심으로 면적이 작은 구역들이 개별적으로 사업을 추진함으로써, 도시기반시설에 대한 충분한 고려 없이 고층·고밀의 주택이 공급되는 양상이 이어졌다. 이로 인해 기반시설 연계성의 저하, 도시적 맥락의 저해, 구역 내외의 불균형 문제 등으로 요약될 수 있는 '난개발'이 초래되어 도시정비 수준의 저하로 이어지는 문제가 발생하게 되었다.

이에 무질서한 개별사업을 방지하고, 주변지역과 촉진구역 간의 조화를 이룰 수 있는 개발을 유도하여 합리적인 토지이용과 쾌적한 도시환경 조성이 이루어질 수 있도록 하는 재정비촉진사업이 도입되기에 이르렀다. 흔히 '뉴타운사업'이라고도 불리는 재정비촉진사업이란, 도시의 낙후된 지역에 대한 주거환경 개선과 기반시설의 확충 및 도시기능의 회복을 광역적으로 계획하고 체계적·효율적으로 추진하기 위하여 지정한 재정비촉진지구 내에서 시행하는 사업을 말한다.

1) 재정비촉진사업의 종류

재정비촉진사업에는 「도시 및 주거환경정비법」에 따른 주거환경개선사업, 재개발사업 및 재건축사업, 「빈집 및 소규모주택 정비에 관한 특례법」에 따른 가로주택정비사업 및 소규모재건축사업, 「도시개발법」에 따른 도시개발사업, 「전통시장 및 상점가 육성을 위한 특별법」에 따른 시장정비사업, 「국토의 계획 및 이용에 관한 법률」에 따른 도시·군계획시설사업이 포함된다. 재정비촉진사업의 시행에 관해서는 「도시재정비 촉진을 위한 특별법」이 다른 법률에 우선하여 적용되고, 여기서 정하지 아니한 사항에 관해서는 각 사업의 관계 법률에 따른다.

[표 4-1] 재정비촉진사업의 종류 및 정의

<table>
<tr><th>근거법</th><th>사업명</th><th>정의</th></tr>
<tr><td rowspan="3">「도시 및 주거환경정비법」</td><td>주거환경개선사업</td><td>도시저소득 주민이 집단거주하는 지역으로서 정비기반시설이 극히 열악하고 노후·불량건축물이 과도하게 밀집한 지역의 주거환경을 개선하거나 단독주택 및 다세대주택이 밀집한 지역에서 정비기반시설과 공동이용시설 확충을 통하여 주거환경을 보전·정비·개량하기 위한 사업</td></tr>
<tr><td>재개발사업</td><td>정비기반시설이 열악하고 노후·불량건축물이 밀집한 지역에서 주거환경을 개선하거나 상업지역·공업지역 등에서 도시기능의 회복 및 상권활성화 등을 위하여 도시환경을 개선하기 위한 사업</td></tr>
<tr><td>재건축사업</td><td>정비기반시설은 양호하나 노후·불량건축물에 해당하는 공동주택이 밀집한 지역에서 주거환경을 개선하기 위한 사업</td></tr>
<tr><td rowspan="2">「빈집 및 소규모주택 정비에 관한 특례법」</td><td>가로주택정비사업</td><td>가로구역에서 종전의 가로를 유지하면서 소규모로 주거환경을 개선하기 위한 사업</td></tr>
<tr><td>소규모재건축사업</td><td>정비기반시설이 양호한 지역에서 소규모로 공동주택을 재건축하기 위한 사업</td></tr>
<tr><td>「도시개발법」</td><td>도시개발사업</td><td>도시개발구역에서 주거, 상업, 산업, 유통, 정보통신, 생태, 문화, 보건 및 복지 등의 기능이 있는 단지 또는 시가지를 조성하기 위하여 시행하는 사업</td></tr>
<tr><td>「전통시장 및 상점가 육성을 위한 특별법」</td><td>시장정비사업</td><td>시장정비사업시행자가 시장의 현대화를 촉진하기 위하여 상업기반시설 및 정비기반시설을 정비하고, 대규모 점포가 포함된 건축물을 건설하기 위하여 「전통시장 및 상점가 육성을 위한 특별법」과 「도시 및 주거환경정비법」 등에서 정하는 바에 따라 시장을 정비하는 모든 행위</td></tr>
<tr><td>「국토의 계획 및 이용에 관한 법률」</td><td>도시·군계획시설사업</td><td>도시·군계획시설을 설치·정비 또는 개량하는 사업</td></tr>
</table>

2) 재정비촉진사업 관련 용어의 정의

(1) 재정비촉진계획

재정비촉진계획은 촉진지구를 광역적으로 계획하며 각종 촉진사업이 상호 유기적이며 효율적으로 정비될 수 있는 체계를 확립하고 촉진지구의 토지이용 및 기반시설의 설치 등에 관한 계획을 구체화하는 법정계획이다. 시장·군수 또는 구청장이 재정비촉진계획을 수립하고 지구의 지정을 신청하면, 시·도지사가 이에 대한 승인권을 가진다. 이렇게 재정비촉진계획이 수립되면 촉진지구 내에서 다른 법률에 의해 수립된 계획에 우선하는 지위를 가진다.

재정비촉진계획은 재정비촉진사업과 재정비촉진지구 및 구역에 대한 거시적, 미시적 측면의 계획 내용을 모두 담아낸다. 먼저, 재정비촉진계획은 촉진지구 전체의 정비 방향과 기본골격을 설정하는 기본계획으로서, 도시의 경제·사회·문화 활동, 물리적 환경의 현황, 기술발전 등 장래 변화에 대한 과학적 분석을 기반으로 생활권 단위를 고려한 미래지향적 기반시설계획을 수립함으로써 촉진사업이 합리적이고 효율적으로 추진되도록 한다. 동시에 촉진구역별 개별 촉진사업에 대한 세부계획으로서, 기반시설의 설치규모 및 비용분담, 개발밀도 등을 설정하여 구체적으로 집행할 수 있도록 물적으로 표현하며 촉진구역의 모든 사업은 촉진계획의 내용에 적합하게 추진되어야 한다.

구체적으로는 계획 개요, 토지이용에 관한 계획, 인구·주택 수용계획, 교육시설, 문화시설, 복지시설 등 기반시설 설치계획, 공원·녹지 및 환경보전계획, 교통계획, 경관계획, 촉진구역 지정에 관한 사항(촉진구역의 경계, 개별법에 의하여 시행 가능한 촉진사업의 종류, 존치지역에 관한 사항 등), 촉진사업별 용도지역 변경계획(필요한 경우), 촉진사업별 용적률, 건폐율 및 높이계획 등 건축계획, 기반시설의 비용분담계획 등이 재정비촉진계획에 포함된다(「도시재정비 촉진을 위한 특별법」 제9조 제1항).

특히 재정비촉진계획에서는 '광역적 기반시설 설치'가 핵심적인 요소 중 하나로, 도로, 상하수도, 전기공급설비 등 기반시설의 처리·공급·수용능력과 건축물의 연면적이 적정한 조화를 이루도록 하여 기반시설 용량이 부족하지 아니하도록 계획한다. 이를 실현하기 위해 기반시설 비용분담계획에는 시행자가 부담하는 시설, 지방자치단체가 부담하는 시설, 국가 또는 지방자치단체가 비용을 지원하는 시설 등 이해당사자 및 설치자 간의 명확한 역할분담이 제시되어야 한다.

이처럼 재정비촉진사업에서는 기존 개별 정비사업과는 달리 '광역적', '체계적'인 사업방식이 강조됨에 따라, 재정비촉진계획의 광역적인 통합성 및 일관성을 갖출 수 있도록 시·도지사는 도시계획·도시설계·건축 등 분야의 전문가를 총괄계획가(Master Planner; MP)를 위촉하여 계획 수립의 모든 과정을 총괄 진행 및 조정하도록 하고, 총괄사업관리자를 지정함으로써 사업 추진의 효율성을 도모하였다.

[표 4-2] 신길재정비촉진계획에서 제시하는 구역별 기반시설 분담면적(예시)

구분	구역면적(㎡) ①	분담률(%) ②	분담면적(㎡) A=①×②	계획기반시설 ③
1구역	62,275	12.6%	7,852	14,987
2구역	61,281		7,726	15,108
3구역	38,100		4,804	7,657
4구역	52,112		6,570	14,591
5구역	76,779		9,680	17,405
6구역	36,241		4,569	10,563
7구역	94,498		11,914	21,413
8구역	32,268		4,068	5,915
9구역	68,438		8,629	18,532
10구역	36,636		4,619	8,506
11구역	47,585		6,000	9,218
12구역	52,516		6,621	13,015
13구역	14,256		1,797	2,366
14구역	28,297		3,568	5,065
15구역	105,482		13,299	23,542
16구역	78,624		9,913	18,791
계	885,388		111,630	206,673

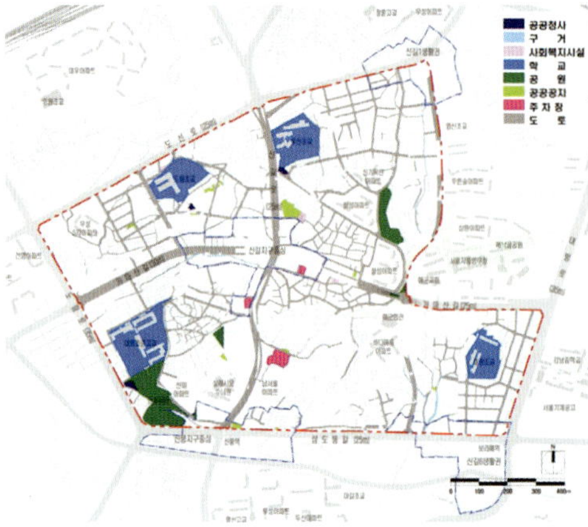

[그림 4-1] 신길재정비촉진지구의 기존 기반시설(2007년 촉진계획 수립 당시)

[그림 4-2] 신길재정비촉진지구의 기반시설 계획(2007년 촉진계획 수립 당시)

(2) 재정비촉진지구

재정비촉진지구란 도시의 낙후된 지역에 대한 주거환경의 개선, 기반시설의 확충 및 도시기능의 회복을 광역적으로 계획하고 체계적·효율적으로 추진하기 위하여 지정하는 지구(地區)를 말한다. 재정비촉진사업이 시행되는 재정비촉진구역과 사업 추진의 필요성이 적은 존치지역 등이 재정비촉진지구를 구성하게 된다.

재정비촉진지구는 지구의 특성에 따라 주거지형, 중심지형, 고밀복합형으로 구분한다. 주거지형은 노후·불량 주택과 건축물이 밀집한 지역으로서 주로 주거환경의 개선과 기반시설의 정비가 필요한 지구를 대상으로, 중심지형은 상업지역·공업지역 등으로서 토지의 효율적 이용과 도심 또는 부도심 등의 도시기능의 회복이 필요한 지구를 대상으로 지정한다. 고밀복합형은 주요 역세권, 간선도로의 교차지 등 양호한 기반시설을 갖추고 있어 대중교통 이용이 용이한 지역으로서 도심 내 소형주택의 공급 확대, 토지의 고도이용과 건축물의 복합개발이 필요한 지구를 대상으로 지정한다. 서울시의 경우 총 31개 재정비촉진지구 중 구의·자양, 돈의문, 미아중심, 상봉, 세운, 영등포, 천호·성내, 청량리, 합정, 홍제 등이 중심지형 재정비촉진지구로 지정되었고, 그 외 21개 재정비촉진지구는 모두 주거지형으로 지정되었다(2022년 말 기준).

[표 4-3] 서울시 재정비촉진지구 지정 현황(2022년 말 기준)

구분	합계	주거지형	중심지형	고밀복합형
지구 수	31	21	10	0
면적(㎢)	22.3	19.1	3.2	0

(3) 재정비촉진구역

재정비촉진구역이란 재정비촉진사업이 결정된 구역을 말한다. 재정비촉진사업이 정비사업인 때에는 '재정비촉진사업인 정비사업 또는 재정비촉진계획에 의한 정비사업 또는 재정비촉진구역의 정비사업'이라고 함으로써 「도시 및 주거환경정비법」에 의한 정비사업과 구별하여야 한다. 예를 들어 '배봉재정비촉진지구' 내에서 재개발사업을 추진하는 구역의 명칭은 '배봉3재정비촉진구역'이 되고, 사업명은 '배봉3재정비촉진구역 주택정비형 재개발사업'이 되는 것이다.

재정비촉진구역의 지정 시 사업방식을 결정하게 되는데, 만약 주택정비형 재개발사업으로 정하게 되면 「도시 및 주거환경정비법」에서 정하는 재개발사업의 방식대로 시행하게 되고, 도시개발사업으로 정하게 되면 「도시개발법」에서 정하는 도시개발사업의 방식대로 시행하게 된다. 따라서 재정비촉진사업은 지구지정과 구역지정만 「도시재

[그림 4-3] 서울시 서대문구 가재울 재정비촉진지구 내 재정비촉진구역

정비 촉진을 위한 특별법」에서 규정을 하고, 나머지 개별 구역에서 추진하는 사업은 「도시 및 주거환경정비법」 등 개별법의 규정에 따라 이루어진다.

여러 재정비촉진구역 중에서 재정비촉진사업의 활성화, 소형주택 공급 확대, 주민 이주대책 지원 등을 위하여 다른 구역에 우선하여 개발하여야 할 필요한 구역을 '우선 사업구역'으로 지정할 수 있으며, 이는 재정비촉진계획에 의해 결정된다.

(4) 존치지역

촉진구역의 지정 필요성이 인정되나 촉진구역 지정요건에 충족되지 않는 경우 향후 사업 실현가능성을 고려하여 존치지역으로 지정할 수 있다. 예를 들어 촉진지구 내에 신축건물을 포함하여 양호한 건축물이 다수 입지하고 있거나, 존치가 철거하는 것보다 공익상 또는 경제적으로 유리하거나, 혹은 촉진구역의 지정요건에 해당되지 않는 경우 등이 이에 해당된다. 존치지역은 촉진구역과 달리 개별법에 의해 관리되며, 필요한 경우 지구단위계획을 수립하여 인근 촉진구역의 촉진계획과 조화를 이룰 수 있도록 한다. 존치지역 내 기반시설이 부족할 경우에는 도시계획시설사업을 통해 확충될 수 있도록 하며 필요시 개별 획지단위 및 획지 간 공동개발을 통해 건축행위가 이루어지도록 한다. 만약 이후에 개발여건이 성숙될 경우에 존치지역이 재정비촉진구역으로 변경될 수 있으며, 반대로 대·내외적 여건 악화로 인해 사업의 추진이 어려워지는 경우에는 재정비촉진구역이 존치지역으로 변경될 수도 있다.

[그림 4-4] 재정비촉진지구, 재정비촉진구역, 존치지역의 개념도

존치지역은 존치정비구역과 존치관리구역 두 가지의 유형으로 구분할 수 있다. 먼저, 존치정비구역은 재정비촉진구역의 지정요건에는 해당하지 아니하나 시간의 경과 등 여건의 변화에 따라 재정비촉진사업 요건에 해당할 수 있거나 재정비촉진사업의 필요성이 높아질 수 있는 구역을 말한다. 재정비촉진계획 수립지침에서는 '3년 이내'에 촉진구역 지정요건을 충족시킬 수 있는 지역이어야 한다는 원칙을 제시하고 있다. 존치정비구역 내 기반시설부담계획은 도시계획시설사업 또는 지구단위계획으로 확보하는 것을 원칙으로 하며, 촉진구역의 지정요건이 갖추어질 경우 촉진계획 변경 시 기반시설분담계획을 조정토록 한다.

존치관리구역은 재정비촉진구역의 지정요건에 해당하지 아니하거나 기존의 시가지로 유지·관리할 필요가 있는 지역을 대상으로 지정된다. 촉진계획 수립 시 존치관리구역에 대한 관리계획을 수립하여야 하며 필요한 경우 지구단위계획을 수립할 수 있다.

[표 4-4] 재정비촉진사업 관련 용어의 정리

구분	내용
재정비촉진계획	재정비촉진지구의 재정비촉진사업을 계획적이고 체계적으로 추진하기 위한 재정비촉진지구의 토지이용, 기반시설의 설치 규모 및 비용분담, 개발밀도 등에 관한 계획
재정비촉진지구	도시의 낙후된 지역에 대한 주거환경의 개선, 기반시설의 확충 및 도시기능의 회복을 광역적으로 계획하고 체계적·효율적으로 추진하기 위하여 지정하는 지구(地區)
재정비촉진구역	재정비촉진지구를 구성하는 단위사업별 재정비촉진사업이 결정된 구역. 개별 재정비촉진구역에서 추진하는 사업의 추진은 「도시 및 주거환경정비법」 등 개별법의 규정에 따라 이루어짐
존치지역	재정비촉진지구 안에서 촉진구역의 지정 필요성이 인정되나 촉진구역 지정요건에 충족되지 않는 경우 향후 사업 실현가능성을 고려하여 존치하는 지역

(5) 지구해제 및 지구제척

재정비촉진지구의 해제 유형은 크게 세 가지로 나누어 살펴볼 수 있다. ① 재정비촉진계획의 변경을 통해 재정비촉진지구 내 일부 구역만 해제되는 경우(지구 면적의 유지), ② 일부 지역이 재정비촉진지구에서 제척되는 경우(지구 면적의 축소), ③ 지구 전체가 해제되는 경우 등이다.

[그림 4-5] 재정비촉진지구 해제 유형

①과 ②의 경우와 같이 재정비촉진지구 내에서 일부 촉진구역이 해제되면 지구에서 제척이 되거나 존치관리구역으로 변경된다. 일부 촉진구역이 해제되어 효력이 상실된 경우, 해당 구역에 대한 재정비촉진계획의 효력 또한 상실되고 도시관리계획으로 환원되며, 재정비촉진계획의 변경 절차가 이행된다.

③과 같이 재정비촉진지구 전체가 해제되는 것에는 두 가지 원인이 있다. 재정비촉진

◆ 서울특별시고시 제2019-180호

왕십리 재정비촉진지구 지정해제 결정 및 지형도면 고시

1. 서울특별시 고시 제2015-158호('15.6.11)로 지정된 왕십리 재정비촉진지구 내 모든 재정비촉진사업(왕십리뉴타운제1~3구역, 주택재개발정비사업)이 2017.08.31.로 완료됨에 따라, 재정비촉진지구의 지정목적을 달성하여 「도시재정비촉진을 위한 특별법」 제7조 제2항 및 제7항에 따라 재정비촉진지구를 해제 및 고시하며 「토지이용규제기본법」 제8조의 규정에 따라 지형도면을 고시합니다.
2. 아울러, 준공인가(이전고시)가 완료된 촉진구역은 「도시 및 주거환경정비법」 제84조 제1항에 따라 지구단위계획으로 관리하고, 「도시재정비촉진을 위한 특별법」 제13조의2 제2항에 따라 존치관리구역은 종전 왕십리뉴타운 지구단위계획으로 환원・관리됩니다.

2019년 6월 7일
서 울 특 별 시 장

1. 왕십리 재정비촉진지구 지정해제

명 칭	유 형	위 치	면 적(㎡)			해제사유
			기정	변경	변경후	
왕십리 재정비촉진지구	주거지형	성동구 하왕십리동 440일대	337,200	감)337,200	-	재정비촉진구역내 모든 촉진사업이 왜료되어 재정비촉진지구 지정목적 달성

[그림 4-6] 지정목적이 달성된 왕십리 재정비촉진지구의 지정해제 결정 고시(2019년)

지구의 지정목적을 이미 달성한 경우와 반대로 그 목적을 달성할 수 없다고 인정되는 경우이다. 촉진지구의 지정목적을 달성할 수 없어 촉진지구 지정이 해제된 경우에는 기존의 용도지역·용도지구로 환원되는 것으로 본다. 다만, 일정 비율[55] 이상의 토지등소유자가 원하는 경우에는 해제되는 재정비촉진사업을 「도시 및 주거환경정비법」에 따른 정비사업으로 전환하여 계속 시행할 수 있다. 이때 「도시재정비 촉진을 위한 특별법」 또는 관계 법률에 따른 종전의 지정·인가·허가·승인·신고·등록·협의·동의·심사 등이 유효한

◆ 서울특별시고시 제2017-401호

시흥재정비촉진지구 및 촉진계획 해제 결정 고시

1. 서울특별시 고시 제2006-357호(2006.10.19)로 시흥재정비촉진지구 지정, 서울특별시 고시 제2008-359호(2008.10.16)로 재정비촉진계획 결정되어 서울특별시 고시 2011-51호(2011.02.17), 서울특별시 고시 제2012-127호(2012.05.17), 서울특별시고시 제2013- 365호(2013.10.31), 서울특별시고시 제2014-32호(2014.01.29), 서울특별시 고시 제2014- 133호(2014.04.03), 서울특별시고시 제2016-179호(2016.06.30), 서울특별시 고시 제2016- 320호(2016.10.13)로 재정비촉진계획 변경 결정(지구단위계획 결정 등)되고, 서울특별시 고시 제2016-393호(2016.12.08.)로 재정비촉진(정비)구역이 해제된 시흥재정비촉진지구에 대하여 『도시재정비 촉진을 위한 특별법』 제7조제2항 규정에 의거 재정비촉진지구 지정을 해제하고, 재정비촉진계획으로 결정된 도시관리계획 등을 재정비촉진계획 결정 이전의 상태로 환원하여 고시합니다.
2. 시흥재정비촉진지구 지정해제 및 재정비촉진계획 효력 상실에 대하여 「토지이용규제기본법」 제8조의 규정에 따라 지형도면을 고시합니다.

2017년 11월 16일

서 울 특 별 시 장

1. 재정비촉진지구의 지정해제 결정(안)

명칭	유형	위 치	면 적 (㎡)			해제근거
			기 정	변 경	변경후	
시흥재정비 촉진지구	주거지형	금천구 시흥동 2,3,5동 일대	721,416	감)721,416	-	「도시재정비 촉진을 위한 특별법」 제7조제2항

2. 재정비촉진지구의 당초 지정 목적
   ○ 노후·불량주택이 밀집되고, 도로·공원 등 기반시설이 열악한 시흥동 일대의 주거환경개선 및 기반시설 확충 등을 통한 종합적·체계적 도시정비를 위하여 재정비촉진지구로 지정
3. 재정비촉진지구 지정의 해제 일자 : 고시된 날
4. 재정비촉진지구 해제 사유
   ○ 토지등소유자 과반수 이상의 요청에 의한 시흥1·2재정비촉진구역 주택재개발사업 조합설립추진위원회 해산 및 시흥1·2재정비촉진(정비)구역이 해제됨에 따라 「도시재정비 촉진을 위한 특별법」 제7조제2항 규정에 의거 재정비촉진지구의 지정 목적을 달성할 수 없어 재정비촉진지구의 지정을 해제함.

[그림 4-7] 지정목적이 달성되지 못한 시흥 재정비촉진지구의 지정해제 결정 고시(2017년)

---

55) 재정비촉진구역 내에서 추진위원회 또는 조합의 구성에 동의한 토지등소유자의 2분의 1 이상 3분의 2 이하의 범위에서 시·도 또는 대도시 조례로 정하는 비율 이상 또는 토지등소유자의 과반수(「도시재정비 촉진을 위한 특별법」 제7조 제6항)

것으로 본다.

시·도지사 또는 대도시 시장은 지방도시계획위원회 또는 도시재정비위원회의 심의를 거쳐 재정비촉진지구의 지정을 해제할 수 있으며, 그 사실을 지체 없이 지방자치단체의 공보에 고시하여야 한다. 재정비촉진지구 지정의 효력 상실 또는 해제가 고시되면 재정비촉진계획으로 결정된 도시관리계획 등이 재정비촉진계획 결정 이전의 상태로 환원된다.

이때 재정비촉진지구의 지정이 해제되더라도 구역 내 토지등소유자가 원하는 경우 사업을 원점으로 돌리지 않고 개별 정비사업으로 전환하여 계속 추진할 수 있도록 하여 절차의 무용한 반복 및 이로 인한 주민부담을 완화하고자 하였다. 다만, 재정비촉진구역 내 추진위원회 또는 조합의 구성에 동의한 토지등소유자의 1/2 이상 2/3 이하의 범위에서 조례로 정하는 비율 이상 또는 토지등소유자의 과반수 이상이 사업의 계속 시행을 원하는 경우에 한한다(「도시재정비 촉진을 위한 특별법」 제7조 제4항).

4.2 〉 재정비촉진사업의 변천과정

1) 재정비촉진사업의 도입 배경

1970년 강남지역 개발을 위해 남서울 개발계획이 발표된 이후, 도심집중 억제와 강남지역 개발을 촉진하기 위한 정책들이 추진되었다. 강북지역, 특히 도심부에서는 특정시설(용도)의 입지가 제한되었고, 강한 높이규제·밀도규제를 통해 개발행위도 제한되었다. 반면, 강남지역에서는 영동지구와 잠실지구의 토지구획정리사업을 필두로 도시기반시설의 대규모 공급, 1975년 아파트지구 제도의 도입, 공공기관 및 학교 이전 등이 이루어졌다. 그 결과 강북지역과 강남지역은 주거환경, 교육문화, 산업경제, 기반시설 등 생활환경 전반에 걸쳐 그 격차가 심화되었다.

서울의 강·남북 불균형 문제가 중요한 도시문제로 인식되기 시작한 것은 1990년대 초반이다. 1990년 1월 『강남북 균형발전 종합대책』이 발표되면서 강북지역의 규제가 해제되기 시작했다. 그러나 여전히 강남지역에서는 양질의 교육환경에 대한 기대, 가격상승에 대한 기대 등으로 인한 만성적인 초과수요가 발생하여 2000년대부터 시작된 강남의 주택가격 급등 현상 이후 강·남북 격차가 심각한 사회문제로 대두되기 시작하였다.

한편, 강북에서 노후·저층주거지를 정비한다고 하더라도 기존의 재개발사업은 높은 개발이익이 예상되거나, 개발편의가 높은 지역을 위주로 추진되는 문제점이 발생하였다. 이처럼 국지적으로 고층·고밀의 단지가 들어서는 난개발이 이어지자 지역적·장소적 맥락의 파괴, 주변 지역 기반시설 용량의 부담 증가, 구역 내·외의 불균형 격차 심화와 같은 각종 부영향이 동반되었다.

이처럼 기존의 주택재개발이 민간개발 편의 위주로 진행된 개별주택 가치 중심의 소규모 개발이라면, 서울시가 도입한 뉴타운사업은 공공이 원하는 민간사업으로 적정규모의 생활권역을 대상으로 한 도시기반시설을 확충하는 종합적인 도시계획사업이라 할 수 있다. 대상구역을 포함한 인근 생활권 전체를 대상으로 상위계획 및 주변 영향을 고려하여 생활권 전체에 대한 종합적인 정비계획을 수립하게 되었으며, 기반시설 확보에 있어서도 민간 의존 중심에서 탈피하여 재개발로 인해 영향을 받는 동일 생활권역과 전체 도시관리체계와 연계되는 부분의 공공시설에 대해서는 공공의 역할을 증대하였다.

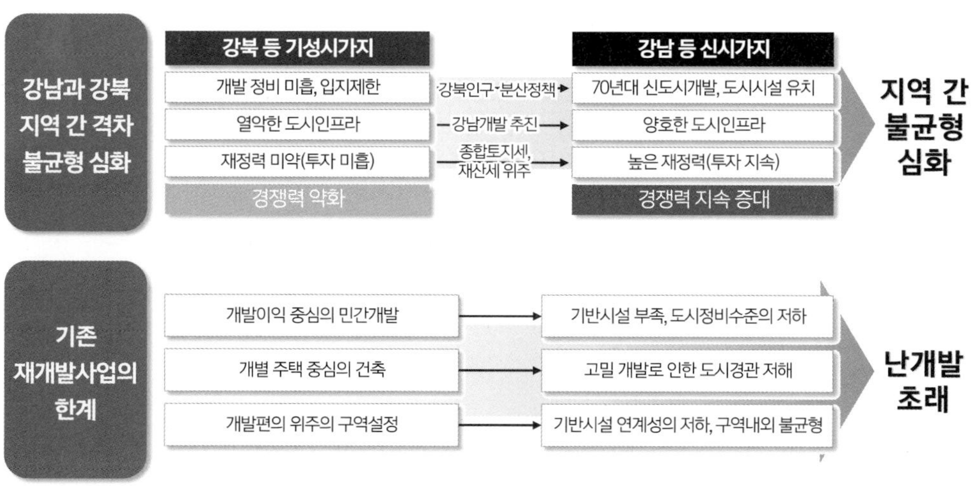

[그림 4-8] 재정비촉진사업의 도입 배경

2) 2000년대 초·중반: 재정비촉진사업의 활발한 전개

(1) 2002년 시범뉴타운 지정

서울시는 『시정운영 4개년 계획(2002~2006년)』을 통해 강북지역의 노후·불량주택지를 보다 적극적으로 정비하는 '뉴타운사업'을 도입하여 지역 간 불균형 해소에 적극적으로 대응하고자 하였다. 당면시책 전담추진기구 설치계획에 의하여 지역발전추진단[56]이 설치되었고, 성동구 하왕십리동의 왕십리 뉴타운(약 33.7ha)과 성북구 길음·정릉동의 길음 뉴타운(약 125ha), 은평구 진관내·외동의 은평 뉴타운(약 349.2ha) 등 3곳을 뉴타운 시범지구로 선정해 사업을 시작했다. 은평 뉴타운의 경우, 1971년 7월 개발제한구역 지정으로 30년 가까이 건축제한을 적용받았던 지역으로, 재개발사업으로 추진된 다른 시범뉴타운과 달리 SH공사(당시 서울시 도시개발공사)가 토지를 일괄 수용하는 도시개발 방식으로 사업이 진행되었다.

[표 4-5] 서울시 뉴타운사업의 전개 과정

구분	연도	제도 변화	지구 지정
시범뉴타운 시기	2002년		10월 23일 시범뉴타운 3개소 지정
뉴타운 확대 지정 시기	2003년	3월 13일「서울특별시 지역균형발전 지원에 관한 조례」제정	11월 18일 2차 뉴타운 12개소 지정
뉴타운 확대 지정 시기	2005년	6월 22일 서울시, (가칭)뉴타운특별법 제정 건의	
재정비 촉진지구 전환 시기	2005년	12월 30일「도시재정비 촉진을 위한 특별법」제정	12월 16일 3차 뉴타운 8개소 지정
재정비 촉진지구 전환 시기	2006년	▪ 7월 30일「도시재정비 촉진을 위한 특별법」시행 ▪ 11월 20일「서울특별시 도시재정비 촉진을 위한 조례」제정	1월 26일 3차 뉴타운 1개소 추가 지정
재정비 촉진지구 전환 시기	2007년	2월 27일 도시재정비위원회 심의기준 결정	4월 30일 3차 뉴타운 1개소 추가 지정

자료: 서울연구원, 2016, '서울시, 서울의 도시공간정책 50년: 어제와 오늘', 250쪽.

---

56) 존립기간 2002년 12월 6일~2004년 2월 4일

(2) 2003년「서울특별시 지역균형발전 지원 조례」에 의한 사업 추진

2003년 3월 15일에 제정·시행된「서울특별시 지역균형발전 지원 조례」는 2005년 12월 30일「도시재정비 촉진을 위한 특별법」이 제정되기 전까지 서울시의 뉴타운사업과 균형발전촉진사업의 법적 근거가 되었다. 이 조례를 근거로 각 자치구의 신청을 받아 돈의문, 한남, 전농·답십리, 중화, 미아, 가재울, 아현, 신정, 방화, 영등포, 노량진, 천호 등 12개소(8.2㎢)를 2차 뉴타운지구로 추가 지정하였다.

3차 뉴타운(11개 지구)부터는 후술할「도시재정비 촉진을 위한 특별법」(2005년 제정)에 의해 지구가 지정되었으며, 이 법의 제정에 따라 기존의 시범뉴타운·2차 뉴타운은 주거지형 재정비촉진지구로, 균형발전촉진지구는 중심지형 재정비촉진지구로 의제되어 추진되었다. 뉴타운사업 관련 공공재원도 시범 및 2차 뉴타운지구에서는「서울특별시 지역균형발전 지원 조례」에 따라 도시개발특별회계에서, 3차 뉴타운지구부터는「도시재정비 촉진을 위한 특별법」에 따라 재정비촉진특별회계에서 조달되었다.

이처럼 뉴타운사업의 급격한 확장에 따라 2002년 설치 당시 도시계획국 산하의 조직이었던 지역균형발전추진단이 부시장 직속 체계로 변경되었고, 2004년에는 뉴타운사업 본부로 승격되었다.

> **※ 균형발전촉진지구란?**
>
> 균형발전촉진지구란, 지역 간 균형발전이 이루어질 수 있도록 지역생활권 중심으로서의 성장 잠재력이 큰 거점지역에 상업·업무 등의 도시기능을 집중적으로 증진시키는 제반 사업을 수행하기 위해 지정하는 지구를 말한다. 균형발전촉진사업은 상업·업무기능의 강화에 중점을 두었다는 점에서 대단위의 주거환경개선사업 목적으로 하는 뉴타운사업과 차이가 있다. 2003년에는 5개 지구(청량리, 미아, 홍제, 합정, 가리봉)가, 2005년에는 3개 지구(구의자양, 망우, 천호성내)가 균형발전촉진지구로 지정되었다.

(3)「도시재정비 촉진을 위한 특별법」의 제정

「서울특별시 지역균형발전 지원 조례」에 근거하여 뉴타운사업을 추진하던 서울시는 사업의 원활한 추진을 위해 필요한 완화조치가 불가능해지고, 구역지정이 예상되는 지역에서 이미 부동산 가격이 폭등하는 등 장애요소가 나타나자 법률 제정의 필요성을 절감하여 2005년 6월 (가칭)뉴타운특별법 제정을 중앙정부에 제안하였다. 같은 해 12월 「도시재정비 촉진을 위한 특별법」이 제정되고, 2006년 7월 1일에 시행하면서 법률적 기반을 갖춘 뉴타운사업이 추진되기 시작하였다. 이 법은 특별법으로서 일반법에 우선하기 때문에, 재정비촉진지구 내에서는 다른 법률에 우선하며 특별법 규정 외의 사항은 당해 사업 관계 법률의 적용을 받게 된다.

제정 당시 「도시재정비 촉진을 위한 특별법」의 주요 내용은 다음과 같다.

첫째, 재개발사업의 구역지정요건이 완화된다. 광역적 사업구역지정을 위해 필요한 경우 「도시 및 주거환경정비법 시행령」에 따라 시·도조례가 정하고 있는 재개발사업의 구역지정요건을 20% 범위 이내에서 시·도조례로 완화 가능하도록 하였고, 부지정

[표 4-6] 뉴타운사업과 재정비촉진사업의 비교

구분	뉴타운사업	재정비촉진사업
근거법규	「서울특별시 지역균형발전 지원 조례」	「도시재정비 촉진을 위한 특별법」
지구규모 제한	없음	주거지형 50만m² 이상, 중심지형 20만m² 이상
구역지정 요건	노후도 60% 이상 도시·주거환경정비조례에서 정하는 호수밀도 / 과소필지·부정형 또는 세장형 필지 비율 / 접도율 기준	노후도 60% 이상 도시·주거환경정비조례에서 정하는 호수밀도 / 과소필지·부정형 또는 세장형 필지 비율 / 접도율 기준의 20% 완화
특례	거의 없음	구역지정요건 완화, 용도지역 조정, 층수제한 완화, 주택규모비율 및 용적률 완화 등
전문가 제도	총괄건축가(MA)	총괄계획가(MP), 총괄사업관리자, 사업협의회
위원회 제도	지역발전위원회	도시재정비위원회
개발이익의 환수	별도 규정 없이 기반시설 부담	기반시설 시행자 부담 명시 및 임대주택건설비율 강화
투기방지책	토지거래허가구역	토지거래허가구역 (20m² 이상 모든 토지)
기반시설 비용	사업자부담원칙, 일부 공공지원	사업자부담원칙, 일부 공공지원
재정확보	일반예산으로 운영	특별회계 설치
임대주택 확보	기존 법령(「도정법」)에 의한 규모 (전체 세대수의 17%)	「도정법」상 확보비율 및 증가용적률과 연계(전체 세대수의 17%+증가용적률 50%)

자료: 장남종·양재섭, 2008, '서울시 뉴타운사업의 추진실태와 개선과제', 서울시정연구원, 16쪽, 재인용.

형화 등을 위해 필요시에는 구역지정요건에도 불구하고 구역면적을 추가로 10% 확장 가능하도록 하였다.

둘째, 「국토의 계획 및 이용에 관한 법률」 등 관련 법령에서 정한 건축규제를 완화하는 특례를 제공한다. 주거·상업·공업·녹지지역의 각 용도지역 범위 내에서 용도지역의 변경이 허용되었다. 지방자치단체의 조례에도 불구하고 「국토의 계획 및 이용에 관한 법률」 상한까지 용적률을 완화할 수 있게 되었으며, 도로·학교 등 기반시설을 위한 부지를 제공할 경우 추가적 완화가 가능토록 하였다. 제2종 일반주거지역의 15층 층수 제한 규정의 적용이 배제되었으며, 전체 세대수 중 전용면적 85㎡ 이하의 건설 비율이 주택재개발사업의 경우 60%, 주거환경개선사업의 경우 80% 이상으로 완화되었다.

셋째, 세입자의 주거안정과 개발이익의 조정을 위해 임대주택건설비율을 정하였다. 특별법의 특례로 증가되는 용적률의 75%를 임대주택으로 건설하도록 하되, 수도권과 밀억제권역 이외의 지역은 상대적으로 사업성이 낮은 점을 감안, 시·도조례로 상기 비율의 1/2(37.5%)까지 완화 가능하도록 하였다.

넷째, 투기 목적의 토지거래를 실질적으로 방지하기 위해 재정비촉진지구의 지정과 동시에 토지거래허가를 받도록 하였다. 이에 따라 지구 지정이 되면 일반적으로 재개발사업의 입주권이 주어지는 최소규모인 20㎡ 이상의 토지는 토지거래허가를 받아야 한다.

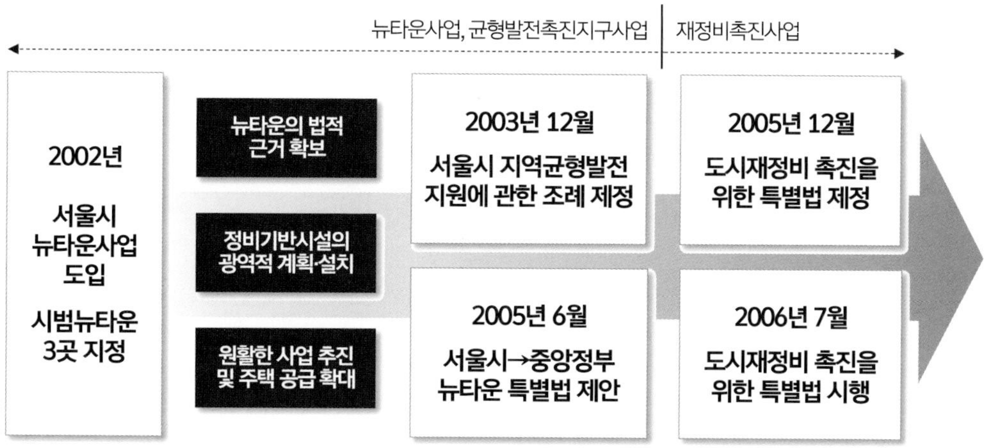

[그림 4-9] 서울시 뉴타운사업과 「도시재정비 촉진을 위한 특별법」의 관계

2005년 12월 「도시재정비 촉진을 위한 특별법」 제정 이후, 서울시는 뉴타운사업본부를 2006년 8월 균형발전본부로 개편하였고, 같은 해 11월 「서울특별시 도시재정비 촉진을 위한 조례」를 제정·공포하였다. 이와 같이 법적 기반이 마련되어 '뉴타운사업'에서 '재정비촉진사업'으로 거듭났으며, 이후 서울시에서는 2007년 4월까지 3차로 이문·휘경, 장위, 상계, 수색·증산, 북아현, 시흥, 신길, 흑석, 신림, 거여·마천, 창신·숭인 등 11개소(10.5㎢)가 재정비촉진지구로 추가 지정되었다.

(4) 성급하고 과다한 지구지정으로 인한 문제 발생

당시 서울시는 뉴타운사업을 최우선 주택정책의 목표로 내세우고 2002년부터 2005년까지 불과 3년 만에 총 26개 지구(23.8㎢)를 지정하였는데, 이처럼 성급한 사업 추진과 과다한 지구 지정의 문제는 다른 기성시가지 정비 수단과의 정합성 문제, 도시관리체계의 혼선을 초래하였다. 특히 「도시재정비 촉진을 위한 특별법」의 특례규정과 관련하여 「국토의 계획 및 이용에 관한 법률」, 「도시 및 주거환경정비법」 등 일반법과의 법 집행상의 혼선 문제가 야기되었다. 구체적으로는 재정비촉진구역의 지정요건 완화 문제, 용도지역의 조정 및 변경 문제, 건축제한 및 용적률의 완화 문제, 기반시설 제공에 따른 인센티브 제공 문제, 주택공급규모 비율의 완화 문제 등이 있다(장남종·양재섭, 2008)[57)]

또한 서울시 뉴타운의 지구별 평균 규모가 92ha에 달하였는데, 이 지구 전체가 사업단위로 변질되면서 양호한 단독주택지의 과도한 편입으로 기존 커뮤니티의 해체가 가속화되었으며, 인접지역의 전세난과 기존 주민의 과도한 경제적 부담은 세입자 및 원주민의 주거 불안정 문제로 이어졌다.

3) 2010년대 후반: 재정비촉진지구 및 정비구역의 해제

세계 금융위기가 발생했던 2008년부터 주택가격 실거래가 변동률이 2013년 최저점

---

57) 장남종·양재섭, 2008, '서울시 뉴타운사업의 추진실태와 개선과제', 서울연구원.

을 기록한 후 반등하기 시작한 2014년까지, 주택경기 침체의 긴 터널을 지나오면서 재개발사업의 추진동력이 약화되어 많은 재정비촉진사업의 추진위원회와 조합이 사실상 명맥을 유지하는 정도에 그치는 상황이 발생하였다. 이에 짧은 기간 내에 대규모로 지정된 재정비촉진지구의 해제 필요성에 대한 논의가 사회적으로도, 정책적으로도 이어졌다.

[표 4-7] 서울시 재정비촉진사업 당초 지정 현황(해제 이전)

	지구명	면적(㎡)	인구(인)	전체 세대수
시범뉴타운 3개 지구 (2002년 지정)	은평	3,492,421	28,604	10,595
	길음	1,249,793	57,280	20,311
	왕십리	337,200	11,861	4,572
2차 뉴타운 12개 지구 (2003년)	돈의문	200,297	4,231	1,945
	한남	1,111,049	37,089	18,616
	전농·답십리	905,833	34,900	13,900
	중화	510,517	39,910	18,234
	미아	606,056	42,831	18,243
	가재울	1,073,000	55,370	21,662
	아현	1,088,000	44,787	18,433
	신정	700,700	37,525	14,190
	방화	508,914	19,183	7,454
	영등포	226,006	4,986	2,141
	노량진	901,383	30,230	12,160
	천호	412,485	15,885	6,757
3차 뉴타운 11개 지구 (2005년 이후)	이문·휘경	1,013,398	39,910	18,234
	장위	1,867,851	70,000	26,890
	상계	647,578	22,691	8,938
	수색·증산	897,090	31,814	12,383
	북아현	899,302	33,330	13,982
	시흥	721,416	25,634	9,691
	신길	1,469,910	56,730	24,258
	흑석	894,933	29,220	13,241
	신림	527,790	20,082	8,478
	거여·마천	738,426	34,090	13,302
	창신·숭인	846,100	26,734	9,083
계		**23,847,448**	**854,909**	**347,693**

2012년 1월 서울시는 뉴타운·재개발 수습방안을 내놓고 전체 1,300개 정비사업 구역을 실태조사 대상(610개소)과 갈등조정 대상(866개소)으로 분류하였다. 특히 과다지정됐다고 판단되는 610개 구역은 실태조사를 통해 주민 희망에 따라 계속 추진을 지원하거나 해제하는 쪽으로 분류하였다. 해제지역에서는 주민 희망에 따라 마을 만들기, 주거환경관리사업 등 거주민 중심의 재생사업으로 전환해 공동이용시설 설치 지원이나 집수리비 융자 등을 통해 공동체가 유지되면서 주거환경 개선이 이루어지도록 할 계획을 담고 있었다.

2012년 2월에는 「도시재정비 촉진을 위한 특별법」의 개정[58]을 통해 재정비촉진지구의 해제의 절차와 실효에 관한 내용을 보완하였다. 이전에는 해제에 관한 내용이 '재정비촉진지구의 지정목적을 달성하였거나 달성할 수 없다고 인정되는 경우에는 심의를 거쳐 재정비촉진지구의 지정을 해제할 수 있다.' 정도로 단순하게 규정되어 있었다. 이 개정을 통해 재정비촉진지구의 지정이 해제되더라도 구역 내 토지 등의 소유자가 원한다면 개별 정비사업으로 전환하여 계속 추진할 수 있도록 하였다. 한편, 재정비촉진구역 지정기준을 완화하는 특례를 폐지하여 무분별한 재정비촉진지구의 지정을 방지하는 등 제도의 미비점을 개선·보완하고자 하였다.

위와 같이 뉴타운·재개발 해제를 위한 정책적·제도적 움직임이 본격화된 이후, 서울시에서는 2013년 창신·숭인 재정비촉진지구, 2014년 가리봉 균형발전촉진지구, 2017년 시흥 재정비촉진지구가 차례로 해제되었다.

---

58) 법률 제11294호, 2012. 2. 1., 일부개정

4.3 재정비촉진사업에 대한 공공지원

1) 구역지정 요건 및 절차의 완화

재정비촉진지구 내에서 「도시 및 주거환경정비법」상 재개발사업을 시행하는 재정비촉진구역의 경우, 각 시·도조례가 규정하고 있는 호수밀도, 주택 접도율, 세장형·부정형·과소토지의 비율의 요건을 20% 범위 내에서 지방자치단체가 완화할 수 있도록 하였다. 여기에 추가적으로 2009년에는 노후·불량건축물의 수 요건도 20% 범위 내에서 완화할 수 있도록 시행령이 개정되었다[59]. 예를 들어 당시 서울시의 경우 일반 재개발사업 구역에서는 전체 건축물 중 노후·불량건축물의 비율이 60%를 초과하여야 하는 반면, 재정비촉진지구 내 재개발사업 구역에서는 48%까지 완화되었다.

그러나 지방자치단체가 과도하게 재정비촉진지구와 정비구역을 지정한다는 문제가 제기되어 2011년 8월 8일 국토교통부(당시 국토해양부)는 도시재정비 및 주거환경정비 제도개선(안)을 발표하고, 2012년 2월 1일 「도시재정비 촉진을 위한 특별법」의 개정[60]을 통해 구역지정요건을 완화시킬 수 있는 특례규정을 폐지하고, 개별 정비구역에서도 지정기준을 강화하였다.

2) 건축규제의 완화

재정비촉진계획 수립권자는 필요한 경우 「국토의 계획 및 이용에 관한 법률」에서 정하는 용도지역의 변경, 건축물 건축제한 등의 예외, 건폐율 최대한도의 예외, 용적률 최대한도의 예외를 적용하여 재정비촉진계획을 수립할 수 있다. 다만, 세입자의 주거안정과 개발이익의 조정을 위해 「도시재정비 촉진을 위한 특별법」의 특례로 증가되는 용적률[61]의 75% 범위에서 대통령령으로 정하는 비율을 임대주택으로 건설·공급하여야 한다. 수도권과밀억제권역 이외의 지역은 상대적으로 사업성이 낮은 점을 감안하여,

---

59) 대통령령 제21716호, 2009. 9. 3., 일부개정

60) 법률 제11294호, 2012. 2. 1., 일부개정

61) 이 경우 해당 재정비촉진사업으로 증가되는 용적률은 재정비촉진지구 지정 당시의 용도지역을 기준으로 건축규제 완화 특례에 따라 증가되는 용적률을 말하며, 기반시설에 대한 부지 제공의 대가로 증가된 용적률은 그 산정대상에서 제외한다.

시·도조례로 상기 비율의 1/2, 37.5%까지 완화할 수 있도록 하였다.

한편, 중심지형 또는 고밀복합형 재정비촉진지구에서는 「초·중등교육법」에 의한 학교시설기준과 「주택법」 및 「주차장법」에 의한 주차장 설치기준을 완화 적용받을 수 있으며, 고밀복합형 재정비촉진지구에서는 「건축법」에 따라 조례로 정한 가로구역별 건축물의 최고 높이 또는 높이 제한에도 불구하고 이를 완화하는 내용으로 재정비촉진계획을 수립할 수 있다(「도시재정비 촉진을 위한 특별법」 제19조).

3) 소형주택 건설 비율 완화

「도시 및 주거환경정비법」에 의한 정비사업에서는 전용 85㎡ 이하의 소형주택을 일정 비율 이상 건설하여야 하는데, 주택정비형 재개발사업의 경우 전체 세대수 중 80% 이상, 주거환경개선사업의 경우 90% 이상을 소형주택으로 공급하여야 한다. 「도시재정비 촉진을 위한 특별법」에서는 낙후된 노후·저층 주거지의 광역적 재정비를 촉진하기 위하여 소형주택의 건설 비율을 완화 적용하는 내용을 담고 있다. 주택정비형 재개발사업의 경우에는 전체 세대수 중에서 소형주택을 60% 이상, 주거환경개선사업의 경우 80% 이상 건설하여 공급하여야 한다(「도시재정비 촉진을 위한 특별법 시행령」 제21조).

4) 도시개발사업 시행에 관한 특례

재정비촉진지구에서 도시개발사업을 활성화하기 위해 주택 등 건축물을 소유하고 있는 자 또는 토지소유자를 대상으로 입체환지(立體換地) 계획을 수립할 수 있는 규정을 마련하였다(「도시재정비 촉진을 위한 특별법」 제21조). 입체환지란 기존 토지소유자에게 환지의 목적인 토지에 갈음하여 건축물의 일부를 환지로 주는 방식으로, 기존의 토지만의 환지방식인 평면환지에 대응하는 개념이다. 이는 「도시 및 주거환경정비법」상의 관리처분방식과 유사한데, 관리처분방식이란 토지등소유자가 가지는 종전의 토지 및 건축물에 대한 권리를 사업시행 후 조성되는 대지 및 건축물에 대한 권리로 변환시켜 주는 것을 의미한다. 이때 입체환지 계획은 「도시개발법」 제34조에 따른 체비지(替費地) 등이 아닌 토지를 대상으로 수립할 수 있다.

5) 특별회계의 조성 및 기반시설 설치 지원

시·도지사 또는 시장·군수·구청장은 재정비촉진사업을 촉진하고 기반시설의 설치 지원 등을 하기 위하여 지방자치단체에 재정비촉진특별회계를 설치할 수 있다. 재정비촉진특별회계는 ① 기반시설의 설치, 그 설치비용의 보조 및 융자, ② 차입금의 원리금 상환, ③ 특별회계의 조성·운용 및 관리를 위한 경비, ④ 「재건축초과이익 환수에 관한 법률」에 따른 재건축부담금의 부과·징수, ⑤ 임대주택의 매입·관리 등 세입자 등의 주거안정 지원, ⑥ 재정비촉진지구 안의 존치지역의 정비를 위한 사업비의 지원, ⑦ 재정비촉진지구 안에서 매수를 청구한 토지의 매입비, ⑧ 총괄사업관리자의 업무수행 비용, ⑨ 재정비촉진지구의 지정, 재정비촉진계획의 수립 및 제도 발전을 위한 조사비·설계비·연구비 등에 사용될 수 있다(「도시재정비 촉진을 위한 특별법」 제24조 제3항 및 동법 시행령 제23조).

6) 세금 감면

재정비촉진지구에서 재정비촉진계획에 따라 건축하는 문화시설, 병원(종합병원·병원·한방병원), 학원, 대규모 점포, 회사의 본점 또는 주사무소 건물 등에 대하여는 「지방세특례제한법」 및 지방자치단체의 조례로 정하는 바에 따라 취득세, 등록면허세 등 지방세를 감면할 수 있다(「도시재정비 촉진을 위한 특별법」 제22조). 또한 재정비촉진계획에 따라 건축하는 건축물에는 「수도권정비계획법」에 따라 부과·징수하는 과밀부담금을 부과하지 않는다(동법 제23조).

7) 교육환경 개선을 위한 특례

재정비촉진계획 수립권자는 교육환경을 개선하기 위하여 교육감과의 협의를 거쳐 재정비촉진계획에 학교의 설치계획 또는 정비계획을 포함하여야 한다(「도시재정비 촉진을 위한 특별법」 제25조). 교육감은 위 계획에 따라 해당 학교 부지의 매수계획 또는 해당 학교의 정비계획을 수립하여야 하며, 학교 및 교육과정 운영의 특례가 적용되는 학교를 적극 유치할 수 있도록 조치하여야 한다. 지방자치단체의 장은 교육환경을 개선하기 위하여 필요하다고 인정하는 경우에는 재정비촉진계획에 따라 학교 용지를 직접 매입할 수 있으며, 지방자치단체가 소유하는 토지나 그 밖의 재산을 「공유재산 및 물품 관리법」 및 관계 법령에도 불구하고 재정비촉진지구에서 사립학교를 설립·운영하려는 자에게 수의계약으로 임대하거나 매각할 수 있다. 임대기간은 50년으로 하고, 50년 범위 안에서 갱신할 수 있다. 만약 지방자치단체가 소유한 토지 등을 임대하거나 매각하는 경우, 「공유재산 및 물품 관리법」에도 불구하고 조성원가를 기준으로 하여 임대 또는 매각할 수 있다. 또한 그 매각대금은 20년 내 분할납부하게 할 수 있으며, 이에 관해 필요한 사항은 조례로 정할 수 있도록 위임하였다.

8) 도시재정비위원회

「도시재정비 촉진을 위한 특별법」의 취지에 맞는 심의와 자문을 위해 필요한 경우 시·도지사가 도시계획위원회 대신에 도시재정비위원회를 설치할 수 있도록 정하고 있다. 도시재정비위원회는 도시계획·건축·주택 등 도시재정비 관련 분야의 전문가 20~25인 이하로 구성되며, 위원장은 부시장 또는 부지사가 된다. 위원회는 ① 재정비촉진지구의 지정 및 변경에 대한 심의 또는 자문, ② 재정비촉진계획의 수립에 대한 자문, ③ 재정비촉진계획의 결정 및 변경에 대한 심의 또는 자문, ④ 재정비촉진사업의 시행에 대한 자문, ⑤ 그 밖에 도시재정비 촉진을 위하여 필요한 사항에 대한 자문 등의 역할을 수행한다(「도시재정비 촉진을 위한 특별법 시행령」 제34조).

9) 총괄계획가·총괄사업관리자

총괄계획가(Master Planner)는 재정비촉진지구가 광역적인 통합성 및 일관성을 갖출 수 있도록 재정비촉진계획을 수립함에 있어, 촉진계획 전 과정의 총괄 진행·조정 업무를 담당하는 전문가를 말한다. 시·도지사 또는 대도시 시장은 도시계획·도시설계·건축 등 분야의 이론 및 실무경험 여부, 재정비와 관련된 계획수립의 경험 여부 등을 사전에 충분히 검토하여 총괄계획가로 위촉할 수 있다.

총괄계획가는 촉진계획 수립과정을 총괄·진행하며, 계획의 주요내용을 검토하여 조정하는 역할을 수행한다. 계획수립에 필요한 경우 해당 분야의 전문가나 관련 공무원 등의 자문을 수시로 요청할 수 있다. 또한, 촉진계획 수립단계에서 주민들의 의견을 청취하여 계획에 반영할 수 있으며, 필요한 경우 계획의 주요내용을 주민들에게 설명하고 의견을 수렴할 수 있다. 재정비촉진계획의 변경 시에도 재정비촉진계획 수립권자의 요청이 있는 경우 변경계획에 대한 의견을 제시할 수 있다.

총괄사업관리자는 재정비촉진지구의 기반시설 설치와 촉진사업의 효율적인 관리를 위하여 지방자치단체의 장의 업무를 대행할 수 있도록 촉진계획 수립권자가 지정한 자를 말한다. 재정비촉진계획의 수립단계에서부터 「한국토지주택공사법」에 따라 설립된 한국토지주택공사 또는 「지방공기업법」에 따라 주택사업을 수행하기 위하여 설립된 지방공사 중에서 총괄사업관리자를 지정할 수 있다. 총괄사업관리자는 지방자치단체의 장을 대행하여 ① 재정비촉진지구에서의 모든 재정비촉진사업의 총괄관리, ② 도로 등 기반시설의 설치, ③ 기반시설의 비용 분담금 및 지원금의 관리, ④ 재정비촉진계획 수립 시 기반시설 설치계획 등의 자문에 대한 조언, ⑤ 재원의 확보·운영에 관한 계획의 수립 및 집행, ⑥ 재정비촉진사업 시행 현황에 관한 자료의 작성·분석 및 관리, ⑦ 효율적인 재정비촉진사업 시행방안의 마련 및 의견수렴, ⑧ 재정비촉진사업의 시행과 관련하여 특별자치시장·특별자치도지사·시장·군수 또는 구청장이 요청하는 사항 등의 업무를 수행한다(「도시재정비 촉진을 위한 특별법 시행령」 제14조 및 제17조).

이들은 재정비촉진계획이 전문성과 광역적인 통합성·일관성을 갖출 수 있도록 계획수립의 전 과정에 걸쳐 공공의 권한을 대행 또는 보완하는 역할을 수행한다. 따라서 벌칙, 「형법」 제129조부터 제132조까지 규정하는 제3자 뇌물제공·사전수뢰·사후수뢰·알선수뢰 등을 적용함에 있어서는 공무원으로 본다.

4.4 「도시 및 주거환경정비법」상 재개발사업과 「도시재정비 촉진을 위한 특별법」상 재개발사업의 차이점

언뜻 보기에는 같은 재개발사업으로 보일지라도, 「도시 및 주거환경정비법」에 따른 정비사업인지 「도시재정비 촉진을 위한 특별법」에 의한 재정비촉진사업인지에 따라 상당한 차이가 발생한다. 구역지정 요건, 건축규제, 비용부담, 행위규제, 사업추진 절차 등 다양한 부문에서 그 차이를 살펴본다.

1) 구역지정 요건

「도시 및 주거환경정비법」에 따른 재개발사업의 경우 정비구역으로 지정되기 위해서는 법적 필수요건으로 ① 구역면적이 1만㎡(도시계획위원회 심의 시 5천㎡) 이상일 것, ② 구역 내 노후·불량건축물의 수(동수)가 전체 건축물의 2/3 이상일 것 두 가지를 모두 충족하여야 한다. 동시에 선택요건으로 ① 구역의 전체 필지 중 과소필지가 40% 이상인 지역, ② 주택접도율이 40% 이하인 지역, ③ 호수밀도가 60 이상인 지역 중

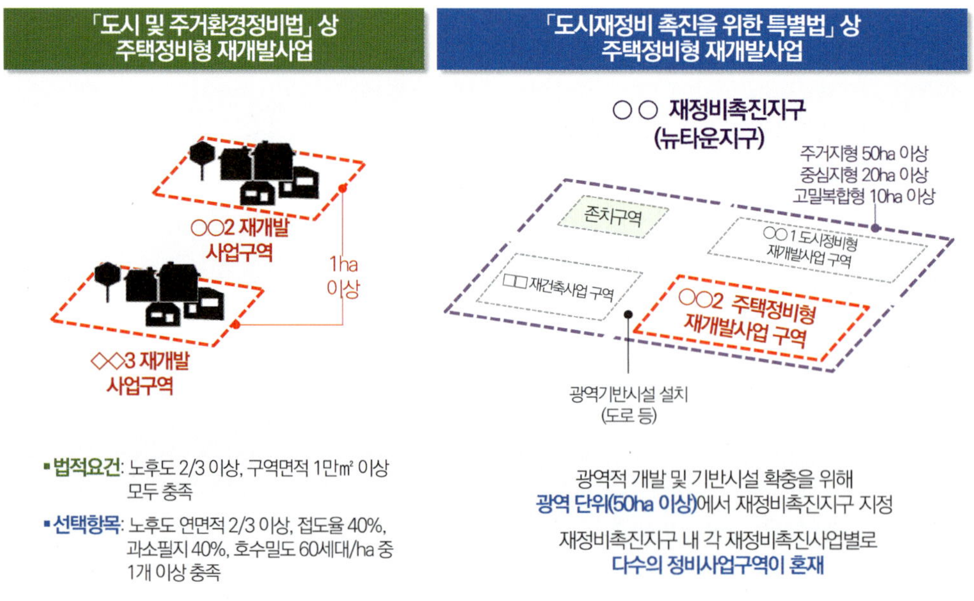

[그림 4-10] 「도시 및 주거환경정비법」상 재개발사업과 「도시재정비 촉진을 위한 특별법」상 재개발사업의 구역지정 요건

1개 이상의 요건을 충족하여야 한다(「서울특별시 도시 및 주거환경정비 조례」 제4조 제1항 제2호).

「도시재정비 촉진을 위한 특별법」에 의한 재정비촉진지구로 지정되기 위해서는 재정비촉진지구의 면적은 주거지형의 경우 50만㎡ 이상, 중심지형의 경우 20만㎡ 이상, 고밀복합형의 경우 10만㎡ 이상이어야 한다. 다만, 일정 규모 이하의 광역시 또는 시의 경우에는 면적기준이 완화 적용된다.

[표 4-8] 재정비촉진지구 유형별 면적 기준

	재정비촉진지구의 유형	면적기준
원칙	주거지형	50만㎡ 이상
	중심지형	20만㎡ 이상
	고밀복합형	10만㎡ 이상
인구 100만 이상 ~ 150만 미만 광역시 또는 시	주거지형	40만㎡ 이상
	중심지형	20만㎡ 이상
인구 100만 미만 광역시 또는 시	주거지형	30만㎡ 이상
	중심지형	15만㎡ 이상
기반시설이 열악한 지역으로서 정비구역이 4 이상 연접한 지역	주거지형	15만㎡ 이상
	중심지형	10만㎡ 이상
결합개발 방식으로 재정비촉진사업을 시행하려는 지역[62]	주거지형	15만㎡ 이상
	중심지형	10만㎡ 이상

재정비촉진계획이 결정·고시되었을 때에는 그 고시일에 ① 「도시 및 주거환경정비법」에 따른 도시·주거환경정비기본계획의 수립 또는 변경, 정비구역의 지정 또는 변경 및 정비계획의 수립 또는 변경, ② 「도시개발법」에 따른 도시개발구역의 지정 및 개발계획의 수립 또는 변경, ③ 「국토의 계획 및 이용에 관한 법률」에 따른 도시·군관리계획의 결정 또는 변경 및 도시·군계획시설사업의 시행자 지정에 대한 승인·결정 등이 있은 것으로 본다(「도시재정비 촉진을 위한 특별법」 제13조 제1항).

따라서 만일 「도시 및 주거환경정비법」 제4조 제1항에 의한 정비구역의 지정요건을 충족하지 아니하더라도, 광역적인 재정비촉진을 위하여 필요한 경우에는 정비사업이

---

62) 산지·구릉지 등과 같이 주거여건이 열악하면서 경관을 보호할 필요가 있는 지역과 역세권 등과 같이 개발여건이 상대적으로 양호한 지역을 결합하여 재정비촉진사업을 시행하려는 지역

시행되는 재정비촉진구역으로 지정될 수 있는 것이다. 이에 대하여 대법원도 재정비촉진지구의 지정이나 변경은 구체적인 재정비촉진계획의 수립 및 결정의 전 단계에서 광역적으로 행하는 행정계획의 일종으로서 행정주체에게 비교적 광범위한 형성의 자유가 허용되며, 재정비촉진지구를 지정하거나 변경함에 있어 재정비촉진계획의 결정에서 정하도록 되어 있는 재개발사업 등 개별법에 의한 재정비촉진사업의 구체적인 요건을 충족하지 않았다고 하여 그러한 사정만으로 그 재정비촉진지구의 지정이나 변경이 위법하다고 볼 수는 없다고 판시한 바 있다(대법원 2012.7.26. 선고 2010두20317 판결).

2) 건축규제

「도시 및 주거환경정비법」에 따른 재개발사업의 경우, 「국토의 계획 및 이용에 관한 법률」과 동법 시행령에서 위임된 도시계획조례에 의한 용적률과 건폐율을 적용받는다. 다만, 정비시급성이 매우 강조되거나 사업시행자를 통해 재개발사업의 공공성이 강화되는 일부의 경우에 한하여 건축밀도의 완화를 적용받을 수 있다. 천재지변, 그 밖의 불가피한 사유로 건축물이 붕괴할 우려가 있어 긴급히 정비사업을 시행할 필요가 있다고 인정하는 경우에는 용도지역의 변경을 통해 용적률을 완화할 수 있으며(「도시 및 주거환경정비법」 제11조), 대통령령으로 정하는 손실보상의 기준 이상으로 세입자에게 주거이전비를 지급하거나 영업의 폐지 또는 휴업에 따른 손실을 보상하는 경우, 손실보상에 더하여 임대주택을 추가로 건설하거나 임대상가를 건설하는 등 추가적인 세입자 손실보상 대책을 수립하여 시행하는 경우에는 해당 정비구역에 적용되는 용적률의 125/100 이하의 범위에서 조례로 용적률을 완화하여 정할 수 있다(「도시 및 주거환경정비법」 제66조).

반면, 「도시재정비 촉진을 위한 특별법」에 의한 재정비촉진사업은 도시의 낙후된 지역에 대한 주거환경 개선, 기반시설 확충, 도시기능의 회복을 위해 광역적(생활권단위)으로 계획하여 체계적이고 효율적으로 사업을 추진하기 위해 건축규제가 완화되는 특례가 적용된다. 이에 재정비촉진사업으로 시행되는 재개발사업의 경우에는 「국토의 계획 및 이용에 관한 법률」에서 정하는 용도지역의 변경, 건축물 건축제한 등의 예외, 건폐율 최대한도의 예외, 용적률 최대한도의 예외를 적용하여 재정비촉진계획을 수립할 수 있다(이에 대한 보다 자세한 설명은 4.3 재정비촉진사업에 대한 공공지원 부분을 참고).

3) 비용부담

「도시 및 주거환경정비법」에 따른 재개발사업과 「도시재정비 촉진을 위한 특별법」에 의한 재정비촉진사업인 재개발사업 모두 기반시설 설치비용의 부담의무는 사업시행자에게 발생한다. 다만, 재개발사업은 정비계획에 따라, 재정비촉진사업은 재정비촉진계획에 따라 기반시설을 설치한다는 점에서 차이가 있다. 전자는 해당 정비구역에 대해서만 기반시설 설치의무가 발생하나, 후자는 광역적 차원에서 촉진지구 내외의 기반시설 설치의무가 발생하며, 기반시설 비용분담계획에 따라 여러 촉진구역들이 그 비용을 분담한다.

기반시설 비용분담계획은 촉진사업별 사업규모, 토지이용계획, 건축계획, 기존 기반시설 현황, 국공유지 현황 등을 고려하여 수립된다. 촉진지구 내외의 기반시설에 대하여 설치주체 및 비용분담 등에 관해 촉진사업의 시행자가 부담하는 시설, 지방자치단체가 부담하는 시설, 국가 또는 지방자치단체가 비용을 지원하는 시설 등 이해당사자 및 설치자 간의 명확한 역할 분담 등이 제시되고, 필요한 경우 촉진구역을 대상으로 수립하며 필요시 존치정비구역도 포함하여 작성할 수 있다.

구 분	비 용 분 담				비 고
	시	구	교육청	민간	
도로	–	–	–	○	(소로3-8호선 및 소로3-9호선 현황도로 정비포함)
주차장	–	○	–	○	건축공사비 구비부담 (한남3촉진구역 지하주차장 설치비 민간부담)
공원·녹지	–	–	–	○	–
공공공지	–	–	–	○	–
공공청사	–	○	–	○	건축공사비 구비부담 (한남3촉진구역 건축공사비 민간부담)
사회복지시설	–	○	–	○	건축공사비 구비부담 (한남3촉진구역 건축공사비 민간부담)
학교	○	–	○	○	교육청, 서울시 부담 (한남3촉진구역 부지 및 건축공사비 민간부담)

※ 보광초등학교 이전에 대한 비용분담은 사업시행자와 교육청이 협의하여 결정

[그림 4-11] 서울시 용산구 한남재정비촉진지구의 기반시설 부담주체별 비용분담계획

촉진구역의 기반시설 분담비율은 촉진지구 전체의 기반시설률[63](기존 국공유지 제외)을 기준으로 하며 그 비율을 각 촉진구역에 적용하여 분담규모를 산정하되, 촉진구역별 개발이익의 발생정도, 촉진구역의 특성 및 여건에 따라 용도지역(조정계획 포함), 용적률의 증가분, 개략적 상대수익평가 등의 요소를 고려하여 분담비율을 보정할 수 있다.

이와 같이 「도시재정비 촉진을 위한 특별법」에 따른 재정비촉진사업의 시행자가 비용을 부담하여 기반시설을 설치하고, 국가 또는 지방자치단체에 그 소유가 무상귀속되었을 때 이에 대한 보상의 성격으로 「도시 및 주거환경정비법」에 따라 구역 내용도 폐지된 국공유지의 정비기반시설을 무상양도받을 수 있을까? 결론부터 말하면 가능하다. 재정비촉진지구 재개발사업구역 내 용도 폐지된 국공유지의 정비기반시설 무상양도에 대하여 「도시재정비 촉진을 위한 특별법」에서 따로 정하고 있지 않는데, 「도시재정비 촉진을 위한 특별법」 제3조에 재정비촉진사업을 시행함에 있어서 이 법에서 규정하지 아니한 사항에 대하여는 당해 사업에 관하여 정하고 있는 관계 법률을 따르도록 하고 있어 「도시 및 주거환경정비법」 제65조에 정하여진 규정에 따라 무상양도할 수 있다.

4) 행위규제

「도시 및 주거환경정비법」에 따른 재개발사업의 경우, 정비계획이 수립되고 정비구역으로 지정되면 구속력을 갖는 도시관리계획으로서의 효력이 발생한다. 이에 근거하여 해당 구역 내에서는 개발행위(건축물의 건축, 공작물의 설치, 토지의 형질변경, 토석의 채취, 토지분할, 물건을 쌓아놓는 행위 등)가 제한된다. 반면 「도시재정비 촉진을 위한 특별법」에 의한 재정비촉진사업인 재개발사업인 경우, 재정비촉진계획의 결정·고시부터 건축행위가 제한된다.

또한 재정비촉진지구의 지정 고시가 있은 날 또는 시·도지사나 대도시 시장이 투기억제 등을 위하여 따로 정하는 날 이후에 ① 한 필지의 토지가 여러 개의 필지로 분할되는 경우, ② 단독주택 또는 다가구주택이 다세대주택으로 전환되는 경우, ③ 주택

---

63) 기반시설 부담은 기반시설의 종류와는 상관없이 기반시설 설치를 위해 제공된 부지의 총량을 기준으로 하며, 부담위치는 근거리(인접지)를 원칙으로 함

등 건축물이 분할되거나 공유자의 수가 증가되는 경우, ④ 하나의 대지 범위에 속하는 동일인 소유의 토지와 주택 등 건축물을 토지와 주택 등 건축물로 각각 분리하여 소유하는 경우, ⑤ 나대지(裸垈地)에 건축물을 새로 건축하거나 기존 건축물을 철거하고 다세대주택이나 그 밖의 공동주택을 건축하여 토지등소유자가 증가하는 경우에는 주택 등 건축물을 분양받을 권리를 제한할 수 있다.

5) 사업추진 절차

「도시 및 주거환경정비법」에 따른 재개발사업은 크게 ① 사업준비 단계, ② 사업시행 단계, ③ 관리처분 단계, ④ 사업완료 단계 등 네 단계로 추진된다. 사업준비 단계에서는 도시 및 주거환경정비 기본계획을 수립하고, 정비구역 지정 및 정비계획의 수립, 추진위원회 구성 등이 이루어진다. 사업시행 단계에서는 조합 설립, 사업시행계획의 수립 및 인가, 시공자 선정, 감리자 지정 등이 이루어지며, 관리처분 단계에서는 조합원 분양신청, 관리처분계획의 수립 및 인가, 이주 등이 이루어진다. 사업완료 단계에서는 철거 및 착공, 준공, 이전고시 및 청산, 조합해산 등이 이루어진다.

「도시재정비 촉진을 위한 특별법」에 따른 재정비촉진사업을 추진하기 위해서는 먼저 재정비촉진지구가 지정 및 고시되고 재정비촉진계획을 수립하는 단계가 선행되어야 한다. 재정비촉진계획이 결정 및 고시되면 그 고시일에 「도시 및 주거환경정비법」에 따른 도시 및 주거환경정비기본계획의 수립 또는 변경, 정비구역의 지정 또는 변경, 정비계획의 수립 또는 변경의 승인이나 결정이 있는 것으로 의제된다. 이 외에도 「도시 및 주거환경정비법」에 따른 도시개발구역의 지정 및 개발계획의 수립 또는 변경의 승인, 「국토의 계획 및 이용에 관한 법률」에 따른 도시관리계획의 결정 또는 변경 및 도시계획시설사업 시행자 지정 등이 있는 것으로 의제된다. 재정비촉진계획에는 재정비촉진지구 전체를 대상으로 한 토지이용계획에 관한 계획, 인구 및 주택 수용계획, 공원·녹지 및 환경보전계획, 교통계획, 경관계획 등이 포함된다. 특히 교육시설, 문화시설, 복지시설 등 기반시설 설치계획과 이를 위한 비용분담계획과 민간투자사업에 관한 계획 등도 수립된다는 점에서 개별 구역만을 대상으로 한 정비계획과 차이가 있다. 한편, 「도시재정비 촉진을 위한 특별법」과 「도시 및 주거환경정비법」 개별 법률에 의해 각각 이행해야 하는 인·허가 절차가 의제를 통해 일괄처리되는 행정적 지원을 통해 재정비촉진사업의 사업 추진속도의 향상과 사업성 개선을 도모할 수 있다.

[그림 4-12] 재정비촉진사업의 추진 절차

5

재개발·재건축사업 관련 최근의 정책들

5장 재개발·재건축사업 관련 최근의 정책들

5.1 공공지원제도(舊 공공관리제도, 2010년~현재)

1) 주요 내용

공공지원제도의 목적은 재개발·재건축사업 등 정비사업이 투명하고 공정하게 추진될 수 있도록 공공이 행정적·재정적 지원을 하는 것에 있다. 재개발·재건축사업에서 설계자·시공자 등 협력업체 선정에 필요한 기준을 제시하여 공정하게 선정토록 하고, 공공의 자금융자 확대와 정확한 정보공개 관리 등 업무지원을 통하여 주민의 자율적 사업추진 역량을 강화함으로써 소송 등 주민갈등에 따른 불필요한 사회·경제적 비용낭비를 방지하고, 사업기간 단축과 사업비를 절감하여 주민들의 재정착 기회를 확대하고자 도입되었다.

2009년 7월 1일 공공지원제도의 도입이 발표되었으며, 2010년 4월 15일 「도시 및 주거환경정비법」이 개정되어 법제화되었다. 이어 2010년 7월 15일 서울시 조례가 개정되어 적용대상 및 지원내용이 구체화되어 설계자·정비업체 선정 기준, 공공관리 추진위원회 구성 선거관리기준과 시공자 선정기준 등이 고시되었다. 투명성과 정보제공의 측면이 강조되어 온 공공지원제도가 부동산 및 주택시장 침체 이후 공공의 지원이 확대되는 개념으로 전환되어야 한다는 요구에 따라, 2015년 9월 1일 「도시 및 주거환경정비법」의 개정으로 '공공지원제도'라는 명칭으로부터 변경되었다. 이하 개정 전 공공지원제도와 개정 후 공공지원제도를 모두 공공지원제도로 표기한다.

공공지원제도의 핵심은 시공자와 정비사업전문관리업자, 조합으로 이어지는 음성적 자금지원의 고리를 끊고, 초기 사업장에 대한 공공의 융자지원을 강화하는 것에 있었다. 이를 위한 주요 방안으로 ① 구청장이 비용부담하여 추진위원회 구성 업무 지원, ② 설계·시공·정비업체 등 선정시기 조정, ③ 주민대표 선출에 대한 선관위 위탁 근거 마련, ④ 공공관리의 민간위탁 제도 도입, ⑤ 정보공개 등 주민의 알 권리 충족, ⑥ 사업비 및 분담금 추정 프로그램 개발 보급(클린업시스템), ⑦ 공공이 사업자 시행에 대한 자금융자 확대 등을 제시하였다.

[표 5-1] 공공지원제도의 주요내용 및 개선효과

	공공지원제도의 내용	정비사업 문제점	개선효과
1	▪ 구청장이 비용 부담하여 추진위원회 구성 업무 지원	▪ 주민 스스로 추진위원회 구성 역량 부족 ▪ 다수의 (가칭)추진위원회가 업체로부터 불법자금 조달 ▪ 동의서 징구 과정에서 주민갈등 및 OS요원 동원 등 부조리 발생	▪ 주민 갈등 해소로 사업기간 단축 및 비용절감 ▪ 각종 부조리 방지 ▪ 주민대표 선출 시 주민의 합리적 의사결정 가능
2	▪ 업체 선정시기 조정 등 ▪ 설계자: 조합 → 추진위 ▪ 시공자: 철거공사 포함, 사업시행인가 후 내역 입찰에 따라 선정 ▪ 정비업체: 추진위원회 구성업무 지원 가능	▪ 조합의 재선정에 따른 기간연장 및 비용 증가 ▪ 내역 없이 입찰하여 향후 공사비 증가 시 검증 어려움 ▪ 주민이주 과정에서 인권침해 등 발생	▪ 합리적 공사계약 및 공사비 증가에 대한 검증 가능 → 기간 단축 및 비용 절감 ▪ 구체적인 선정기준은 조례로 정함
3	▪ 주민대표 선출에 대한 선관위 위탁 근거 마련	▪ 주민대표 선출을 둘러싼 주민 간 갈등 유발	▪ 주민 간 갈등 해소 및 합리적 의사 결정
4	▪ 공공관리의 민간위탁 제도 도입	▪ 자치구의 공공관리 행정력 부족 문제 발생 우려	▪ 공공관리업무의 효율성 증대
5	▪ 주민의 알 권리 충족 ▪ 정보공개 대상 확대 ▪ 정보공개 방법·절차 명확화 ▪ 효율적 정보공개 관리	▪ 공개자료 미흡 ▪ 정보공개 관리 시스템 부재 ▪ 공개의 방법·절차 등 구체적 기준 불명확 ▪ 형식적 정보공개로 주민갈등 유발 및 비대위 결성 빌미로 작용	▪ 정비사업 투명성 확보 ▪ 주민 간 갈등 해소 ▪ 주민대표 책임성 강화
6	▪ 사업비 및 분담금 추정 프로그램 개발 보급	▪ 주민의 사업시행 동의 여부에 대한 판단기준 미비 ▪ 단계별 사업비 증가 내역 검증 곤란 ▪ 사업비 및 분담금 추정액 미제시로 주민갈등 유발	▪ 사업비 및 분담금 추정액을 기초로 합리적 의사결정 ▪ 사업비 증가 내역의 검증이 가능 → 주민대표의 책임 강화 및 불필요한 주민갈등 해소
7	▪ 공공의 사업시행자에 대한 자금융자 확대	▪ 주민의 자금조달 능력 부족에 따른 불법자금 차입 ▪ 사업시행자인 주민보다 참여업체가 영향력 행사	▪ 주민 스스로 사업추진할 수 있는 기반조성

자료: 서울특별시, 2009, '공공관리자제도의 올바른 이해를 위한 설명자료', 2-3쪽.

특히 공공은 조합 및 추진위원회에 대해 추진위원회 운영자금, 조합 운영경비 및 조합원 이주비, 세입자 대책비, 설계비 등 용역비, 건축공사비 등 정비사업 비용의 일부를 도시·주거환경정비기금 및 재정비촉진특별회계에서 융자함으로써 정비사업의 투명성 확보와 활성화를 도모하였다. 이는 「도시 및 주거환경정비법」 제95조 제3항, 「도시 및 주거환경정비법 시행령」 제79조 제5항 제5호, 「서울특별시 도시 및 주거환경정비 조례」 제53조 제2항부터 제6항, 「서울시 도시정비조례 시행규칙」 제22조부터 제31조 규정에 그 근거를 두고 있다.

서울시는 정비사업 사업비 융자 지원을 위해 2023년 기준 총 300억 원의 예산을 편성하였다. 융자금은 설계비 등 용역비, 운영자금 등으로 사용할 수 있으며, 담보대출의 경우 연 2.5%, 신용대출의 경우 연 4.0%의 대출이자가 적용된다. 융자기간은 최초 대출일로부터 5년이며, 서울시의 승인을 얻은 경우에는 1년 단위로 연장이 가능하다. 담보대출은 담보물의 평가액 범위 내에서 가능하고, 신용대출은 담보대출에 비해 엄격한 조건이 적용된다. 신용대출은 조합장 또는 추진위원장 1인의 보증을 요하며, 건축연면적에 따라서 융자금 한도액이 달라진다. 사업비 융자지원 공고의 공고일 직전 수립되어 고시된 정비계획의 지상 건축연면적을 기준으로 추진위원회는 최소 10억 원~최대 15억 원, 조합은 최소 20억 원~최대 60억 원의 융자가 가능하다([표 5-3]). 단, [표 5-2]와 같이 정비사업 융자금 신청 요건을 충족하는 구역에 한하여 신청 가능하다.

2) 한계점

그러나 문제는 공공이 '관리자'로서 민간 중심의 정비사업으로 인해 발생해 온 부조리를 청산하는 역할을 자처하고 나섰지만, 2000년대 후반 대규모 금융위기 이후 주택시장이 급변하자 그 역할을 포기한 채 정비사업의 몰락을 지켜보고 있었다는 점이다. 2013년의 공공관리제 적용 사업장에 대한 공공융자 중단이 그 대표적인 사례이다. 총 8,200억 원의 기금조성[64]은 계획에 불과하였고, 당초 2,100억 원이었던 2013년도의 예

64) 공공관리제가 적용되는 정비사업에 대한 공공융자를 위하여 도시.주거환경정비기금을 통해 2010년 1,000억 원, 2011년 1,500억 원, 2012년 1,700억 원, 2013년 2,100억원, 2014년 1,900억 원 등 총 8,200억 원의 예산 조성을 계획하였다(서울특별시 공공관리과 내부자료, 2010).

[표 5-2] 서울시 정비사업 융자금 신청 요건

	요건 내용
1	정비구역이 지정된 구역일 것
2	「도시정비법」 제20조 및 제21조에 따른 해제 대상구역이 아닐 것
3	추진위원회 및 조합의 존립에 관한 소송이 진행 중인 구역이 아닐 것
4	추진위원회 운영규정 또는 조합 정관에 아래 사항이 기재되어 있을 것 - 정비사업이 추진되지 않을 경우 융자금 상환에 관한 사항 - 융자 신청 당시 담보 등을 제공한 추진위원장 또는 조합장 등이 변경될 경우 채무 승계에 관한 사항
5	표준 예산·회계규정, 선거관리규정, 행정업무규정을 적용하는 구역일 것
6	서울시 정비사업 정보몽땅(조합업무지원) 시스템을 사용하는 구역일 것
7	'21.1.1. 이후 총회에서 서울시 융자금 차입을 의결한 구역일 것
8	신탁업자가 정비사업에 공동시행·지정개발자·사업대행자로 참여한 구역이 아닐 것

자료: 2023년 서울시 정비사업 융자금 지원계획 공고(서울특별시 공고 제2023-1356호)

[표 5-3] 서울시 정비사업 사업비 신용대출 한도액

융자금 한도액					
건축연면적	20만㎡ 미만	20~30만㎡	30~40만㎡	40~50만㎡	50만㎡ 이상
추진위원회	10억 원	12억 원	15억 원	15억 원	15억 원
조합	20억 원	30억 원	40억 원	50억 원	60억 원

자료: 2023년 서울시 정비사업 융자금 지원계획 공고(서울특별시 공고 제2023-1356호)

산은 95억 원으로 대폭 축소되었다. 그리고 이마저도 5월에 모두 소진되어 예산 부족을 이유로 융자업무가 중단되었다. 당시 주택시장의 침체로 많은 조합 및 추진위원회들이 어려움을 겪고 있는 가운데, 시공자 선정이 늦어지고 공공융자까지 끊기자 사업 추진을 위한 자금조달 대책을 마련하기가 더욱 어렵게 된 것이다. 공공지원제도의 골자인 공공융자제도가 예산 소진을 이유로 언제든지 중단될 수 있다는 제도적 허점이 고스란히 드러났다.

또한 현실적으로 담보대출액의 상한이 없다고 하더라도 조합에는 담보로 제공할 만한 물건이 없을 뿐만 아니라, 조합장 또는 조합임원의 개인재산을 담보로 제공하기가 어렵다는 점도 지적되고 있다. 따라서 이율 연 2%의 담보대출 대신 이율이 높더라도 조합장의 보증으로 이율 연 3.5%의 신용대출을 받아야 하는 경우가 많아 사업비가 수 천억 원에 달하는 정비사업을 조합이 단독으로 시행하는 구조 속에서는 이러한 융자금액과 융자방식의 실효성이 크지 않았다. 서울시(2014)에서 정비업체, 추진위원회 임원, 조합 임원 및 조합원 등을 대상으로 설문조사를 실시한 결과 65%(13개 구역)가 융자금이 부족하다고 응답했으며, 이 중 92%(12개 구역)가 특히 조합설립인가~시공자 선정까지 단계에 사업비가 부족하다고 응답하였다.

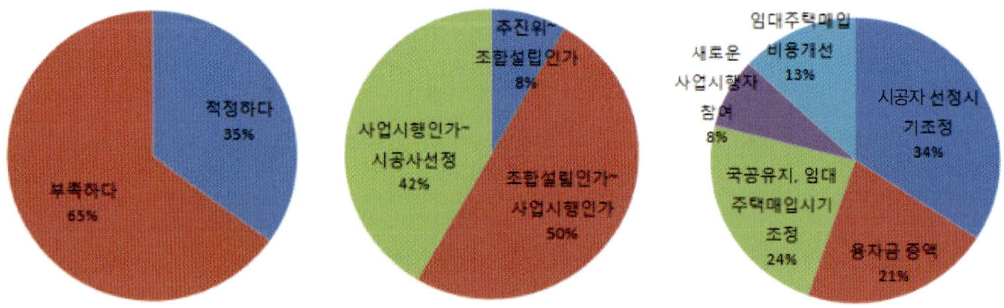

〈융자금액의 적정성〉 〈사업비가 부족한 단계〉 〈사업비 문제 해결방안〉

자료: 서울특별시, 2014, '미래 주거재생정책 실행방안 연구', 288쪽.

[그림 5-1] 초기사업비 지원을 위한 공공융자의 적정성 및 문제해결 방안

5.2 공공재개발사업(2020년~현재)

1) 사업 개요

2014년 이후 오름세를 보이던 주택가격이 2017년 이후 급등하자 정부는 시장의 안정화를 위하여 2017년 8.2대책을 시작으로 조세/수요/공급 측면에서 다양한 주택정책을 펼쳐오고 있다. 약 3년간 강도 높은 부동산 수요억제 정책들이 연달아 발표됨에도 불구하고, 주택 매매가격의 안정화를 꿰하는 데 성공하지 못했다. 이에 더하여 계약갱신청구권·전월세 5% 상한제 등을 골자로 한 「주택임대차보호법」 및 「부동산 거래신고 등에 관한 법률」 개정안(통칭 임대차 3법)이 시행되자 전세매물의 급감 및 전세가격의 가파른 상승세가 이어졌다. 특히 서울을 중심으로 한 수도권에서의 부동산 시장 불안이 지속되자 수요억제가 중심이었던 주택정책을 공급확대로 선회하여 2020년 5월에는 「수도권 주택공급 기반 강화 방안」에서 공공재개발사업을, 2021년 2월에는 「공공주도 3080+ 대도시권 주택공급 획기적 확대방안」을 내놓았다.

공공재개발사업이란 사업성 부족 등의 이유로 정체된 정비구역·신규 예정구역(해제지역 포함)에서 LH·SH공사 등 공공시행자가 공공성 요건(임대공급 확대 등)을 준수하며 추진하는 정비사업을 말한다. 공공은 관리처분 시 산출된 분담금을 확정하여 소유자의 사업리스크를 부담하고, 전체 공급대상 물량 중 조합원 몫을 제외한 나머지 주택의 50% 이상이 공공임대·수익형 전세·지분형 등 공적 임대로 공급된다.

2) 공공지원 방법

공공재개발사업에 대한 인센티브는 크게 네 가지로 도시규제 완화, 사업성 보장, 사업비 지원, 신속한 인허가 등으로 구분된다. 도시규제 완화에는 용도지역 상향(1단계 종상향), 용적률 상향(법적 상한의 최대 120%), 기부채납 완화 등이 포함된다. 사업성 보장을 위해 관리처분 시 산정되는 분담금을 사업 종료 시까지 보장하는 확정수익제도, 분양가 상한제 적용 제외, 비주거 시설의 공공 매입 등을 제공한다. 총 사업비의 50%까지 사업비, 보증금의 70%(3억 원 한도)까지 이주비를 융자 지원하고, 공공상가 등 기반시설 조성 시 최대 50억 원의 기반시설조성비를 국비로 지원한다. 마지막으로 도시계획 수권소위와 사업계획 통합심의를 통해 신속한 인허가를 지원한다.

국토교통부와 서울시는 2020년도에 공공재개발 후보지 공모에 참여한 70곳 중 도시재생지역 등 공모대상이 아닌 10곳을 제외한 60곳 가운데, 이미 정비계획안이 마련되어 있어 검토·심사가 용이한 기존 정비구역 12곳을 추려 2021년 1월 15일에 8곳을 첫 시범사업 후보지로 선정하였다. 이어 2021년 3월 29일에는 정비 시급성(노후도 등), 사업의 공공성(기반시설 연계, 공급효과 등), 사업 실현가능성 등을 종합적으로 심사하여 2차 후보지 16곳을 선정하였다. 이들 후보지는 모두 역세권에 위치한 기존 정비구역으로, 사업성 부족·주민갈등 등을 이유로 정비구역 지정 이후 평균 10년 이상 사업이

[표 5-4] 공공재개발사업에 대한 인센티브

인센티브	내용
도시규제 완화	▪ 용도지역 상향: 도시계획위원회 심의를 거쳐 1단계 종 상향 허용 ▪ 용적률 상향: 도시계획위원회 심의를 거쳐 법적 상한용적률의 최대 120%까지 허용 ▪ 기부채납 완화: 도로, 공원 등 필수기반시설을 제외하고는 토지 대신 임대주택, 현금 등으로 기부채납. 임대주택 기부채납비율도 50% → 20~50%
사업성 보장	▪ 확정수익: LH·SH는 관리처분 시 산정되는 분담금을 사업 종료 시까지 보장 ▪ 분양가 상한제 적용 제외: 주택공급활성화지구는 분양가상한제 제외 (*사업시행자는 적정한 사업성을 확보하기 위하여 일반분양주택 및 수익형 전세주택을 분양가 상한가격 이상으로 매각) ▪ 미분양 해소: 미분양된 상가·공장 등 비주거시설은 공간지원리츠를 통해 공공이 매입
사업비 지원	▪ 사업비: 주택도시기금에서 총사업비 50%까지 연 1.8%로 사업비 융자 지원 ▪ 이주비: 주택도시기금에서 보증금의 70%(3억 원 한도)까지 연 1.8%로 이주비 융자 지원 (*LH·SH가 이주비를 융자하여 이주용 주택의 전세보증금으로 납부하고, 조합원은 보증금 및 이주비 융자로 발생하는 이자를 부담(전세임대)) ▪ 기반시설조성비: 공공상가 등 정비기반시설 조성 시 국비(최대 50억 원) 지원 (*공공재개발을 추진하려는 자치구에서 정비구역 내 또는 정비구역 인근에 기반시설 조성을 위한 도시재생 인정사업을 추진하는 경우 국비지원을 적극 검토)
신속한 인허가	▪ 도시계획 수권소위: 서울시 도시계획위원회 전담 수권소위를 신설하여 공공재개발을 위한 도시계획을 신속 심의 ▪ 사업계획 통합심의: 국토부(LH사업) 및 서울시(SH사업)에 사업시행계획을 통합심의하는 통합심의위원회 설치 종전 → 조합설립(12개월) → 사업인가(41개월) → 관리처분(37개월) → 착공(30개월) → 120개월 개선 → 조합설립(12개월) → 사업인가(18개월) → 관리처분(12개월) → 착공(18개월) → 60개월

자료: 국토교통부·서울특별시·LH·SH,2020, 서울시 주택공급 확대를 위한 공공재개발사업 활성화 방안, 9-10쪽, 재정리.

정체된 곳이며, 사업추진의 장애요인을 해소하면 역세권에 실수요자가 원하는 양질의 주택을 공급할 잠재력이 큰 곳이다. 이어 2022년 8월, 국토교통부와 서울시가 공공재개발 신규 3차 후보지 8곳을 발표했다.

3) 한계점

이전보다 훨씬 강화된 지원방법을 내놓았다는 점에서 의의가 있으나, 여전히 공공의 역할에 대해 선을 긋고 '가능한' 범위까지만 지원하고 있다는 점에서 한계를 가진다. 인·허가 절차의 단축, 건축규제 완화 등이 공공지원의 중심을 이루고, 재정적인 지원은 융자 정도에 머무르고 있다. 또한 주거환경이 노후·불량하여 공공재개발사업의 시급성이 강조되는 곳들이 아니라, 후보지 공모 신청을 받아 그중에서 선정하는 피동적인 방식을 취하고 있어 아쉬움이 남는다.

이렇게 선정된 공공재개발사업에 대해서만 법정 한도를 초과하는 높은 용적률 인센티브를 부여하면서도 기부채납 비율은 일반 재개발사업보다 낮춰 사업성을 극대화하는 지원책이 집중되면서, 일반 재개발사업이 오히려 위축될 수밖에 없는 구조가 형성되고 있다는 점도 한계로 지적되고 있다. 또한 공공지원을 통해 재개발사업의 공공성을 확보하는 것과 공공이 시행자로 전면에 나서는 것은 서로 전혀 다른 문제임에도 불구하고 현재 반드시 LH나 SH 등이 반드시 참여해야 하는 공공시행자 방식만 제시되고 있다는 점도 또 하나의 문제로 거론되고 있다.

5.3 공공 직접시행 정비사업(2021년~현재)

1) 사업 개요

2021년 2월 4일, 정부는 「공공주도 3080+ 대도시권 주택공급 획기적 확대방안」을 발표하고, 2025년까지 전국 대도시에 약 83만 호의 주택 공급부지를 확보할 예정이라

[그림 5-2] 공공 직접시행 정비사업 홍보 리플렛

자료: 국토교통부, 2021, 정책브리핑(www.korea.kr)

고 밝혔다. 수도권에 61만 호(서울 32만 호), 5대 광역시에 22만 호를 공급할 예정이며, 이 중 공공분양이 70~80%, 공공자가·공공임대가 20~30%를 차지한다. 특히 주택수요가 많은 서울에서는 정비사업(9.3만 호), 도심공공주택 복합사업(11.7만 호), 소규모정비(6.2만 호), 도시재생(0.8만 호), 비주택 리모델링(1.8만 호), 신축매입(2.5만 호) 등을 통해 주택을 공급하고자 하였다. 이 중 핵심 공급방안인 공공 직접시행 정비사업과 관련하여, 신속한 인허가와 과감한 인센티브를 통해 사업속도와 사업성을 높이는 것을 골자로 하는 다양한 지원책을 내놓았다.

2) 공공지원 방법

공공 직접시행 정비사업에 대한 공공지원 방법으로 도시·건축규제 완화, 경제적 인센티브 등이 제시되었다. 용도지역 1단계 종 상향 또는 법적상한용적률의 120% 상향 적용하고, 입지여건상 종 상향 또는 법적상한용적률의 적용이 곤란할 경우에도 종전 세대수의 1.5배 이상(재개발은 1.3배)을 보장하는 방법을 제시하였다. 예를 들어 2종 일반주거지역(200%)은 3종 일반주거지역(300%)으로 1종 상향, 3종 일반주거지역(250%)은 법적상한 120%를 추가하여 360%를 적용하고, 역세권 도로변에 대해서는 준주거로 상향하여 500%를 적용하게 되는 것이다. 준주거지역(400%)은 법적상한인 500%까지

[표 5-5] 공공재개발사업과 공공 직접시행 정비사업의 차이점

구분	공공재개발사업	공공 직접시행 정비사업
추진근거	2020년 수도권 주택공급 기반 강화방안	2021년 공공주도 3080+ 대도시권 주택공급 획기적 확대방안 (2. 4. 공급 대책)
사업주체	조합 + 공기업 공동시행	공기업 단독시행(조합 해산)
사업방식	관리처분 방식	현물선납 방식
용적률	1단계 종 상향, 법적상한용적률 120%(최대 500%)	
기부채납	공공임대주택 전체 가구수의 20%	공공임대주택 전체 가구수의 10~15%, 기부채납 15% 내외
규제 면제	분양가 상한제 적용 제외	(재건축 한정) 재건축 부담금 미부과, 실거주 2년 면제
수익 보장방안	조합 확정수익 (관리처분 시 산정되는 분담금 보장)	공기업 리스크 전담 토지등소유자 기본 수익 + 10~30%p

용적률이 완화된다.

토지등소유자에 대한 경제적 인센티브는 기존 정비계획상 수익률보다 10~30%p (예시) 추가 수익 보장, 토지등소유자가 소유한 기존 주택을 공기업에게 현물선납 시 환지로 간주하여 양도세 비과세 적용, 「재건축초과이익 환수에 관한 법률」에 따른 재건축부담금의 미부과 등이 제시되었다.

3) 한계점

사업속도를 높이는 특단의 대책으로 '공공 단독시행'과, '공용수용'을 들고 나와 많은 우려를 낳고 있다. 공공이 단독으로 정비사업과 도심공공주택 복합사업을 시행할 경우 현물선납 및 수용방식으로 부지확보를 실시하게 되는 것이다. 이 방식은 사업의 추진속도를 높이는 데에 과도하게 초점을 둔 나머지, 토지등소유자의 재산을 기반으로 추진된다는 정비사업의 기본적인 속성을 망각하고, 소유권에 대한 인식이 강화되고 있는 시대적 변화를 전혀 반영하지 못하는 등 절차적 공공성을 침해하는 요소들이 발견되고 있다. 공공 직접시행 정비사업의 한계점을 크게 세 가지로 나누어 짚으면 다음과 같다.

(1) 시대를 역행하는 공용수용 방식의 확대

정부는 공공이 직접 시행하는 정비사업을 통해 평균 13년이 소요되었던 사업기간(정비구역 지정~이주)을 5년으로 대폭 축소함으로써 신속히 주택을 공급하는 방법을 제시하였다. 그동안 정비사업에 평균 13년이 소요된 데에는 토지주들이 조합을 구성하고, 조합원들의 이해관계를 조정하면서 사업을 추진한 것이 원인이라고 지적하면서, 新수단으로서 공용수용 방식을 적극 활용하는 것이 필요함을 역설하였다. 공공 직접시행 정비사업을 시행하여 수용권을 발동하는 것은 토지소유자의 1/2 동의로 사업을 제안하고, 이에 대한 주민동의(주민 2/3, 면적 1/2)를 얻은 경우에 한한다고 발표하였으나, 바꿔 말하면 이는 30%의 주민의 주택이나 토지에 대해 공공이 수용권을 발동할 수 있다는 것을 의미한다. 또한 정부는 Q&A 자료를 통해 기존 택지사업에서는 따로 규정하지 않았던 수용 시 동의요건을 도심 내 사업임을 감안하여 도입하였다고 하면서, 정비사업에서 주민의 동의를 구하는 것이 마치 시혜적인 절차인 것처럼 답변하였다.

그러나 앞서 서술한 바와 같이 아무리 정비사업이 공공성·공익성을 가진다고 하더라도 기본적으로는 영리성을 추구하는 법인에 의해 추진되는 민간사업의 성격을 다분히 가진다. 그리고 이러한 「도시 및 주거환경정비법」을 비롯해 민간사업자에게 토지수용권을 부여하고 있는 다수의 법 규정이 존재한다. 수용권을 발동함으로써 공공침해를 허용하는 문제는 일정한 공공필요의 존재 및 그 실현 여부에 달려 있다(헌법재판소 2009. 9. 24. 선고 2007헌바114). 따라서 사인에 의한 공적 과제의 실현을 위하여 국민의 일정한 재산권에 대한 침해가 불가피하다면 이러한 공익사업의 수행자로서 사인에 의한 공용침해는 「헌법」상 허용된다.

그런데 과연 「도시 및 주거환경정비법」에서 정하는 바에 따라 이미 사업시행자에게 부여된 수용권 및 매도청구권을 넘어서는 더 강력한 권능을 가지는 수용권을 발동하는 것이 진정 불가피한 것인가에 대한 질문을 하지 않을 수 없다. 더구나 대규모 인구 유입과 사회기반시설의 절대적 부족으로 인해 환경오염, 주택 부족 등 심각한 도시문제를 해결하기 위해 저렴한 택지공급과 주택의 대량공급이 필요한 고도·압축성장의 시기도 아니며, 국민의 재산권 보장과 효율적인 공익사업의 달성이라는 상호 모순되는 가치의 조화로운 실현이 요구되는 현재의 흐름 속에서 말이다.

세계경제포럼(World Economic Forum, WEF)[65]이 2019년에 141개국을 대상으로 4대 분야, 12개 부문, 103개 지표(통계 56개, 설문 47개)를 조사해 내놓은 글로벌 경쟁력 보고서(The Global Competitiveness Report 2019)에 따르면, 한국의 국가경쟁력은 13위로 상위 국가에 랭크되었으나 한국의 '재산권 보호' 수준은 39위에 불과했다. 이는 2018년에 35위에 랭크됐던 것에 비해 66.9점 떨어져 세 계단 밀려난 수준이며, 싱가포르(3위), 홍콩(4위), 일본(5위), 대만(21위) 등 경쟁국들에 비해서도 한참 뒤쳐진 것으로 나타났다.

---

65) 스위스 제네바에 위치한 민간 국제기관으로 매년 다보스 포럼을 개최하며, 다보스 포럼에는 세계 각국의 기업인, 정치인 등이 참여하여 전 세계적으로 대두되는 주요 이슈에 대해 논의

[표 5-6] 세계경제포럼(WEF) 국가경쟁력 상위 20개국 순위(2019)

국가	2017	2018	2019	국가	2017	2018	2019
싱가포르	2	2	1	핀란드	12	11	11
미국	1	1	2	대만	13	13	12
홍콩	7	7	3	한국	17	15	13
네덜란드	5	6	4	캐나다	10	12	14
스위스	4	4	5	프랑스	18	17	15
일본	8	5	6	호주	15	14	16
독일	3	3	7	노르웨이	14	16	17
스웨덴	9	9	8	룩셈부르크	22	19	18
영국	6	8	9	뉴질랜드	16	18	19
덴마크	11	10	10	이스라엘	20	20	20

반면 독일, 미국 등에서는 개발 효율보다 수용권 남용으로부터 재산권을 보호하는 방향으로 법제가 발전해왔다. 독일에서는 엄격한 공익성 기준을 충족하지 못하거나, 수용을 수반한 특정사업의 구체적인 내용이 법률로서 규정되지 못한 경우는 연방헌법재판소에서 위헌판결을 내려 처분내용이 무효화된다. 미국에서는 2005년 Kelo 사건[66] 이후 공용수용 패러다임이 급격히 변화해 연방의회에서도 경제개발을 위한 공용수용권의 사용을 제안하는 법률이 제안되기 시작했다. 상원의원인 John Cornyn은 2005년 「주택, 소상공, 사유재산 보호법」(Protection on Holmes. Small Businesses and Private Property Act of 2005, S.B. 1313)을 제안하였다.

우리나라에서도 헌법재판소에서 수차례에 걸쳐 민간수용 자체에 대해 합헌 결정을 내렸으나(헌법재판소 2011. 11. 24. 선고 2010헌가95,96(병합) 전원재판부, 헌법재판소 2009. 9. 24. 선고 2007헌바114 전원재판부), 2014년 말 특정 민간수용 조항에 대해 헌법불합치라는 이례적인 결정을 내림으로써(헌법재판소 2014. 10. 30. 선고 2011헌바129,172(병합) 전원재판부)[67] 향후 헌법재판소의 총체적 판단이 주목되고 있다. 이러한 흐름은 수용재결 및 이의재결 추이에서도 확인할 수 있다. 최근 들어 피수용자들의 권

66) KELO V. NEW LONDON (04-108) 545 U.S. 469 (2005)

67) 판단사건은 민간에 의한 골프장 건설에 관련된 것으로서, 판단법률은 구 「지역균형개발 및 지방중소기업 육성에 관한 법률」 제19조 제1항의 '시행자' 부분 중 제16조 제1항 제4호에 관한 것이었으며, '낮은 공공필수성' 및 '모호한 공익성'이 「헌법」 제23조 제3항과 위배된다는 점이 결정의 주요 근거였다.

리의식이 높아지고 과다보상에 대한 기대가 높아짐에 따라 사업시행자와 피수용자 간 협의가 없었거나 결렬된 건수가 지속적으로 증가하는 추세를 보이고 있다.

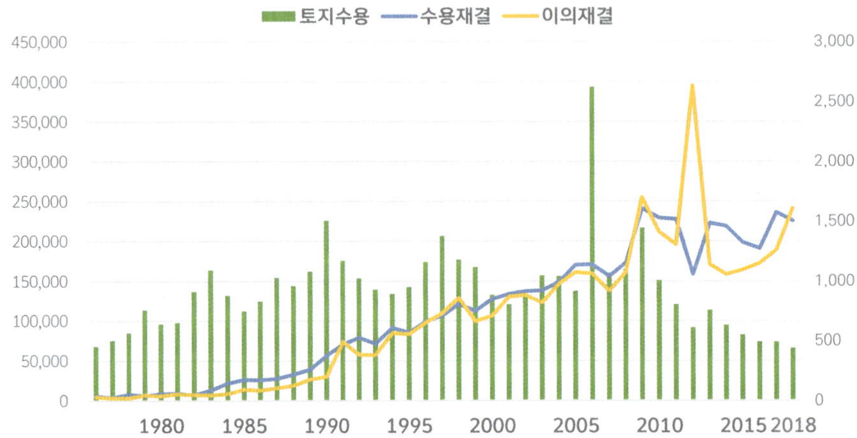

주: 중앙토지수용위원회를 통한 경우만 해당
자료: 건설부, 「건설통계편람」(1966~1994); 건설교통부, 「건설교통통계연보」(1994~2008); 국토해양부, 「국토해양통계연보」(2008~2018); 온나라 부동산(http://www.onnara.go.kr)

[그림 5-3] 연도별 수용 면적 및 재결 건수

(2) 주민갈등을 부추기는 낮은 동의율

토지소유자의 3/4 이상이 찬성해야 하는 기존 정비사업에서도 사업의 찬반을 놓고 주민들이 격렬한 대립을 보이는 경우가 발생하는데, 공공 직접시행 정비사업과 같이 주민의 절반만 동의하면 공공 직접시행 정비사업을 시작할 수 있도록 한 낮은 허들은 개발을 둘러싼 주민갈등을 부추길 수 있는 도화선이 될 수 있다. 또한 기존에 민간 주도로 진행되던 정비사업의 경우 총회를 거쳐 조합원들의 의견을 수렴하는 절차들이 있었으나, 공공 직접시행 정비사업으로 전환될 경우 조합이 해산되고 총회를 개최하지 않으며 주민대표회의의 시공브랜드 선정 권한을 제외한 모든 의사결정 기능이 공공에 양도된다.

이와 같이 토지소유자들이 정관의 테두리 내에서 총회를 통해 정비사업의 각종 사안을 논의하고 의결하는 것이 아니라, 본인 소유의 토지를 현물로 선납했음에도 불구하고 발언권·의결권을 모두 잃은 채 장외(場外)에서 규칙 또는 가이드라인 없이 의견을 나눌 수밖에 없는 상황이 된다면 설사 사업의 진행 속도는 빠르다고 하더라도 반대급부로 주민 간 갈등이 증폭될 것으로 예상된다.

(3) 필연적으로 토지소유자의 반발이 발생하는 셈법의 도입

종전에 정비사업이 관리처분방식으로 진행되었다면, 공공이 직접 시행하는 정비사업은 토지소유자가 장래 부담할 신축 아파트·상가 값을 기존 소유자산으로 현물선납한 후 정산하는 방식이다. 민간 정비사업 대비 10~30% 높은 수익률을 보장하며, 아파트·상가를 우선 공급하는 방법을 제시하였다. 즉, 현물선납방식으로 인해 분양수익을 모두 공공이 가져가며, 토지소유자는 대지지분 감정평가액의 약 10~30%만을 수익으로 가져가는 구조가 형성되는 것이다.

여기에서 다양한 문제가 촉발될 수 있는데 첫째, 해마다 부동산 감정가격은 달라지는데 토지를 미리 현물선납할 경우 토지소유자는 장래의 부동산 가격 상승분에 대해서는 아무런 권리를 주장할 수 없다. 둘째, 역세권이나 준공업지역의 토지소유자는 사업이 완료될 때까지 수년간의 임대수익을 포기하면서 얻는 이익이 10~30%에 불과하여 사업에 참여할 동인이 뚜렷하게 발생하지 않는다. 셋째, 사업과정에서 토지소유자가 불가피한 사유로 매도할 상황에 처해도 대책 발표일 이후 사업구역 내의 신규주택을 매수한 자에게는 우선공급권이 부여되지 아니하고 현금청산의 대상이 된다. 때문에 토지소유자는 시세에 준하는 금액으로 처분할 수 없을 뿐 아니라 사업 종료 시까지 사실상 전매가 제한된다고 볼 수 있다.

(4) 지방자치의 흐름에 역행하는 추진방식

재개발·재건축사업 등 기성시가지를 정비하는 사업들은 기본적으로 도시관리를 위한 공공-민간 파트너십(Public-Private Partnership; PPP)의 실현 방안 중 하나라고 할 수 있다. 조합원이 종전부동산(토지 및 건축물)을 조합에 현물출자하고 금융기관·시공사 등이 자본과 기술력을 댄다면, 지방자치단체는 정비사업을 통해 지방자치단체 본연의 역할이라고 할 수 있는 '안전하고 쾌적한 도시 및 주거환경'을 실현할 수 있도록 행정적·절차적 측면에서 지원한다. 정비구역 지정대상, 정비방향, 정비기반시설 기준, 개발밀도 기준, 정비방법 등을 모두 지방자치단체가 도시·주거환경정비기본계획을 통해 제시하고, 이를 바탕으로 정비계획을 수립하고 구역을 지정하며 특별한 사정이 인정되면 사업시행자를 지정하거나 직접 사업을 시행할 수도 있다. 또한 사적 결사에 불과한 조합을 특정 공공사무를 행하는 행정주체로 인정하고, 도시계획 변경에 의한 개발밀도의 향상 등 인센티브를 제공함으로써 사업의 추진을 가능케 한다. 즉, 정비사업은 조합과 지방자치단체가 공동의 이익을 실현하기 위해 상호 밀접한 연관 관계를 형성하고, 그 속에서 조정과 타협, 관리와 감독, 부담과 보상을 끊임없이 이어가는 일련의 절차라고 봐도 무방하다.

반면, 「공공주도 3080+ 대도시권 주택공급 획기적 확대방안」은 당시 과열된 주택시장에 대응하기 위해 국토교통부가 전면에 나선 정책으로, 특히 공공 직접시행 정비사업은 지방자치단체의 역할이 사실상 배제되어 있다는 점에서 지방분권과 지방자치의 흐름에 전면적으로 배치되는 사업방식이라고 할 수 있다. 대상지의 선정, 추진 방식의 결정, 공공지원 방법 제안 등 정책의 운용 및 실현 과정 전반에서 지방자치단체가 결정할 수 있는 내용이 지극히 제한적이다.

문제는 공공 직접시행 정비사업이 주로 기존의 재개발사업 추진 방식으로는 한계에 봉착한 물리적·사회적 문제가 심각한 지역에서 추진된다는 것에 있다. 또한 각 구역이 도시계획적 규제, 입지적 특성, 기반시설 및 건축물 특성, 거주민 특성, 경제적 특성 등 매우 다양한 경우의 수를 가진다는 것도 중앙정부 주도의 사업이 마주한 한계로 지적된다. 이처럼 지방자치단체가 그동안 축적해 온 정비사업에 관한 정책적 역량을 발휘하거나, 지역의 특수한 여건을 고려한 독자적 사업을 수행할 수 있는 권한이 없다면 사업의 실효성을 담보하기가 어려운 천편일률적인 형태로 사업들이 추진될 수밖에 없다.

5.4 〉 서울시 신속통합기획(2021년~현재)

1) 사업개요

앞서 설명한 공공재개발사업, 공공 직접시행 정비사업 등은 공공이 주도하는 방식이라면, 신속통합기획은 민간이 주도하고 공공이 지원하는 방식이다. 즉, 신속통합기획은 기존 재개발 및 재건축사업의 방식과 동일하게 조합이 사업시행자로 전면에 나서 사업을 추진하되, 공공은 보다 적극적인 형태의 행정적 지원을 통해 정비사업의 공공성과 사업성의 균형을 도모하는 방식인 것이다. 공공의 지원은 도시계획결정과 사업시행인가가 원활하기 진행될 수 있도록 정비계획 및 건축계획 가이드를 만들어 제공하고 사업절차 및 심의의 간소화하는 것을 골자로 한다.

법적 명칭은 공공지원계획이며, 통합계획을 신속하게 진행한다는 의미를 담아 신속통합기획이라는 정책브랜드를 사용하고 있다. 예를 들어 법적 명칭이 '도시기본계획'이지만, '서울플랜'이라는 브랜드를 사용하는 것과 유사한 것이다. 「2025 서울특별시 도시 및 주거환경정비기본계획」(2021. 9. 개정)」에 근거를 두고 있다.

[표 5-7] 신속통합기획과 다른 공공참여 정비사업과의 비교

구분	신속통합기획	공공참여 정비사업
사업종류	민간재개발, 재건축	공공재개발, 공공재건축 도심공공주택복합화사업
사업시행	주민	SH, LH(+주민)
정비계획 수립	주민+자치구	SH, LH(+주민)
건축계획 수립	주민	SH, LH(+주민)
시공자 선정	주민	SH, LH(+주민)
서울시 역할	계획 가이드 제공/사업절차관리	사업절차 관리
도시규제	유연한 적용(용도지역, 층수, 공공기여 등)	
인허가	도시계획 특별 분과(수권) 심의, 건축+교통+환경 통합 심의	

자료: 서울시 신속통합기획 리플렛(2021)

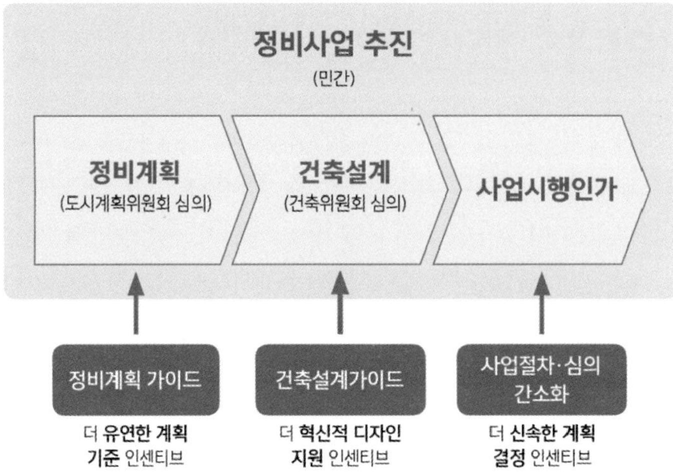

[그림 5-4] 신속통합기획의 개념

자료: 서울시 정비사업 정보몽땅(https://cleanup.seoul.go.kr/)

2) 공공지원 방법

(1) 6대 재개발 규제 완화

2021년 9월, 서울시는 신속통합기획의 기반이 되는 '재개발 활성화 6대 규제 완화'를 발표하고, 신규주택을 공급할 수 있는 택지가 부족한 서울 내 기성시가지의 재개발·재건축사업을 활성화하고자 하였다. 6대 방안은 ① '주거정비지수제' 폐지, ② '공공기획' 전면 도입을 통한 정비구역 지정기간 단축(5년 → 2년), ③ 주민동의율 민주적 절차 강화 및 확인단계 간소화, ④ 재개발해제구역 중 노후지역 신규구역 지정, ⑤ '2종 7층 일반주거지역' 규제 완화 통한 사업성 개선, ⑥ 매년 '재개발구역 지정 공모' 통한 구역 발굴이다.

첫째, 그동안 정비구역 지정의 진입장벽으로 작용했던 '주거정비지수제'를 폐지한다. 기존에는 법적요건과 주거정비지수제를 모두 충족해야 했기 때문에, 2021년 당시 재개발이 필요한 노후·저층주거지 가운데 법적요건이 충족되는 지역은 약 50%에 달하지만 주거정비지수제를 적용하면 재개발 가능 지역은 14%에 불과한 것으로 나타났다. 이처럼 상당수의 노후·저층주거지의 주거환경이 열악해지고 있지만 재개발이 되지 않고 점점 슬럼화되고 있는 상황에서, 이들 지역의 주거환경 개선을 위한 해결책으로 주거정비지수제의 폐지가 결정되었다.

둘째, 사전 타당성 조사부터 정비계획 수립 단계까지 서울시가 주도해 공공성이 담보된 합리적인 정비계획을 수립하는 '공공기획'을 전면 도입한다. 이를 통해 기존에 자치구가 맡아 통상 42개월 정도가 소요됐던 절차를 14개월로 약 1/3 단축할 수 있을 것으로 예상하고 있다. 주민제안·사전검토(6개월 → 4개월), 정비구역 지정을 위한 법정절차(12개월 → 6개월) 같은 나머지 구역지정 절차도 각각 단축된다. 이 공공기획이 기반이 되어 서울시의 '신속통합기획'이라는 정책브랜드가 탄생하게 된다.

셋째, 주거정비지수제가 폐지되더라도 주민동의 등 민주적 절차는 보호·강화하되, 확인 단계는 간소화한다. 기존 주민동의율 확인절차는 총 3단계로, 주민제안 단계(10%) → 사전타당성 조사 단계(50%) → 정비구역 지정 단계(2/3 이상)이다. 사전타당성 조사 단계는 '공공기획' 도입으로 통합·폐지되는 만큼, 주민동의율 확인절차를 기존 3단계에서 2단계로 간소화한다. 대신, 사업 초기 단계인 주민제안 단계에서는 동의율을 기존 10%에서 30%로 높여 주민 간 갈등을 최소화한다. 정비구역 지정 단계는 2/3 이상 동의율을 그대로 유지한다.

넷째, 재개발해제구역 중 노후화·슬럼화되어 주거환경의 개선이 반드시 필요한 지역은 주민합의에 따라 신규구역으로 지정한다. 서울시가 재개발해제구역을 대상으로 추진 중인 실태조사에 따르면 해제지역 총 316곳 중 절반이 넘는 170여 곳(약 54%)은 여전히 건물 노후화가 심각하고, 해당 구역들이 모두 「도시 및 주거환경정비법」에서 정하는 정비구역 지정요건을 충족하고 있는 것으로 분석되었다.

다섯째, 2종 일반주거지역 중 7층 높이제한을 적용받고 있는 지역은 2종 일반주거지역으로 완화한다. 2종 일반주거지역 가운데 난개발 등을 막기 위해 7층 이하로 층고를 제한하고 있는 지역들에 대해 '재개발' 추진 시 주거환경 개선을 위해 규제를 완화하는 것이다. 이렇게 되면 정비계획 수립 시 2종 일반주거지역 수준으로 용적률(기준용적률 190%, 허용용적률 200%)을 적용받고, 7층 이상으로 건축이 가능해져 사업성이 크게 개선될 것으로 예상된다.

여섯째, 구역 지정 활성화를 위해 매년 '재개발구역 지정 공모'를 실시, 연 25개 이상 구역을 발굴할 계획이다. 서울시는 각 자치구별 주택수급계획과 재개발 현황 등을 토대로 연도별 공급목표를 설정하고 재개발 시급성, 자치구별 안배, 추진의사 등을 종합적으로 고려하여 사업구역을 선정하겠다고 밝혔다.

(2) 정비계획 및 건축계획 가이드라인 제공

정비사업을 원하는 지역이 신속통합기획 대상지가 되면 서울시는 직접 정비계획 및 건축계획 가이드라인을 만들어 제공하게 된다. 정비계획 가이드는 토지이용, 밀도, 높이, 공공시설, 배치축, 보행동선 등 정비계획 수립 시 쟁점이 되는 내용에 대해 계획 원칙과 방향 지침으로 활용되며, 건축계획 가이드는 건축설계의 원칙과 기본구상, 향후 건축설계자가 지켜야 할 설계지침 등을 제시한다. 더불어 사업주관부서가 가이드에 맞춰 신속하고 일관되게 사업이 진행되도록 각 절차를 관리한다.

(3) 도시계획 기준 인센티브

첫째, 아파트 최고 높이 35층 규제를 지역특성에 따라 운영하고, 정비사업 추진 시 2종 7층 주거지역에서의 층수 규제를 유연하게 적용한다. 지금까지 3종 일반주거지역에서는 지역적 특성과 상관없이 7부능선, 최고 35층, 한강변 첫주동 15층 등 높이기준이 정량적·일률적으로 적용되어 왔다. 또한, 서울시 내 2종 주거지역 중 61%에 7층 규제, 기준용적률 170%가 적용되어 정비사업의 추진을 어렵게 하는 요인 중 하나로 작용하여 왔다. 이에 3종 일반주거지역에서는 지역적 특성에 따른 감성적 높이기준을 적용함으로써 주변 여건에 순응한 스카이라인, 35층±α, 한강변 첫주동 15층±α로 완화하였다. 또한 2종 7층 주거지역의 경우에는 7층~최대 25층, 기준용적률 190%를 적용하고 층수가 완화되더라도 추가적인 공공시설 기부채납의 부담이 없도록 조정하였다.

둘째, 역세권 고밀도 주택개발을 허용하고 개발 소외지역의 정비대안을 마련하였다. 지금까지 서울시 내 역세권은 개발 가능한 용적률이 최대 300%로 상한이 정해져 있었는데, 신속통합기획을 통해 역세권에서 용적률 300%에서 최대 700%까지 상업, 업무, 주거의 고밀복합개발이 가능하게 되었다. 또한 전용주거지역, 경관지구 등 정비대안이 부재한 규제지역에서 노후·열악한 주거환경이 방치되어 슬럼화가 가속되자, 모아주택 등 소규모정비활성화 지원으로 정비대안을 제시하였다. 예를 들어 종전에 자연경관지구에서 건폐율 30%, 4층을 적용받았다면 신속통합기획을 통해서는 건폐율 50%, 5층을 적용받을 수 있다.

셋째, 공공시설 부지를 공공과 민간이 입체적으로 활용하고 지역주민의 수요를 반영하여 예측 가능한 공공시설을 계획하고자 하였다. 지금까지 공공시설 부지는 공공시설 외에 다른 용도와의 입체적 활용이 불가하였는데, 신속통합기획을 통해서 공공시설의 상하부를 입체적·효율적으로 활용할 수 있게 되었다. 또한 그동안 개별 사업단위로, 도로·공원 중심으로 기반시설이 설치되어 온 문제점을 극복하기 위해 주민 니즈를 고려한 다양한 생활SOC를 설치하고, '기부채납 수요·공급 통합관리시스템'을 운영하여 예측 가능한 공공기여 구도를 만들고자 하였다.

(4) 신속한 계획 결정

기존에는 지구단위계획과 정비계획이 별도로 수립되는 구조 속에서 지구단위계획 수립에 약 2년(도시·건축공동위원회 심의), 정비계획 수립에 약 1년(도시계획위원회 심의) 최소 3년 이상 소요되었다. 이에 신속통합기획을 통해 재난지역, 정책적 필요성이 인정되는 지역에서는 정비계획 내용에 지구단위계획을 포함하여 동시에 수립하도록 하고, 도시·건축공동위원회의 자문과 도시계획위원회의 심의를 거치게 함으로써 정비계획 수립에 소요되는 기간을 단축하고자 하였다. 또한 도시계획위원회에 정비사업 특별(수권) 분과위원회를 설치 및 운영하여 위원들이 쟁점별로 집중검토할 수 있도록 하고, 조례개정을 통해 건축, 교통, 환경 통합심의를 통해 단계별 위원회 간 의견 차이로 인해 소요되는 시간을 대폭 단축하고자 하였다.

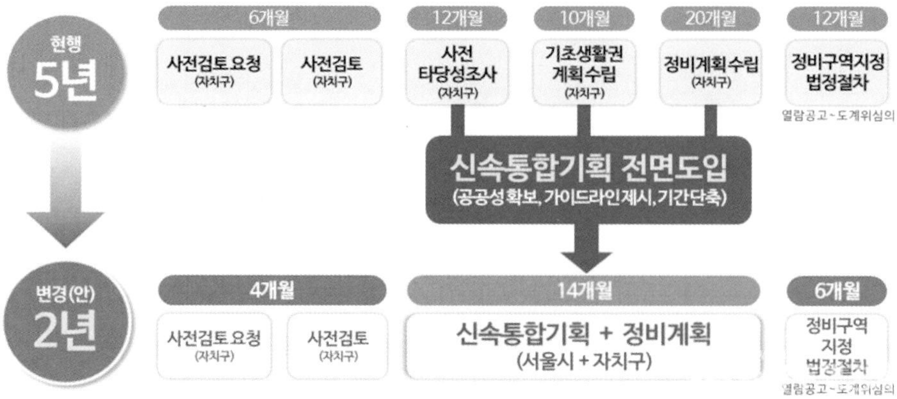

[그림 5-5] 신속통합기획 절차 및 사업기간 단축 효과

자료: 서울시

6

재개발·재건축사업의 성과

6장 재개발·재건축사업의 성과

6.1 양호한 입지에 양질의 신규주택 공급

1988년 이래 처음으로 서울의 인구가 천만 명 미만으로 감소하였다(2020년 말 기준). 그러나 빠른 가구 분화, 주택 노후화, 주택 수급 불안정, 주택가격의 급격한 상승 등으로 인해 여전히 신규주택의 공급은 사회·경제적으로도, 정책적으로도 매우 중요한 사안이다.

그러나 서울시 내에서 가용택지가 점차 고갈되고 있어 대규모 택지개발사업을 통한 신규주택의 공급이 어려워지고 있다. 현재 서울시에서 계획된 택지개발사업은 고덕강일지구(1,660,535㎡)를 마지막으로 2024년에 모두 종료된다. 따라서 실질적으로 서울시에서 주택공급 효과를 기대할 수 있는 것은 재개발, 재건축 등 정비사업이다. 정비사업은 기성시가지 내에 양질의 주택을 공급함으로써 기반시설의 효용을 더 높일 수 있을 뿐만 아니라 통근·통행에 따르는 에너지 소비 및 교통비용과 대기오염 및 소음 등으로 인해 발생하는 환경비용을 줄이고, 임야 등 보전 가능한 토지의 형질변경이 거의 없어 녹지 총량의 보전 및 생태계 유지에도 긍정적이다. 특히 재개발사업은 재건축사업보다 주택의 순증효과가 크고 기반시설이 노후·열악한 지역에서 시행되기 때문에 주거환경 개선의 효과도 크다.

한편, 가구·소득·멸실 요인을 감안한 연평균 신규주택 수요는 수도권은 약 22.1만 호, 서울은 약 5.5만 호로 추정된다(국토교통부, 2018)[68]. 이 중 아파트 수요가 전체 주택 수요의 약 74%인 점, 그리고 아파트 공급에서 정비사업 의존도가 약 78%(김태섭, 2018)[69]인 점 등을 고려하면, 평균적으로 서울에서 매년 정비사업을 통해 약 3.17만 호

---

68) 국토교통부, 2018, '서울 주택수급 불균형 보도 관련' 보도자료.

69) 김태섭, 2018, '주택시장 현황 분석 및 발전방안 모색', 주택산업연구원·한국주택협회·대한주택건설협회 세미나.

의 공급이 필요하다. 특히, 주택공급의 비탄력성을 감안하면 반드시 장기적·지속적인 정비사업 추진계획의 수립이 강조된다.

6.2 공공임대주택의 건설·공급

사회·경제적 차원에서 인간다운 생활을 할 권리를 보장한다는 측면에서(「헌법」 제34조 제1항), 주거취약계층의 주거안정을 지원한다는 측면에서, 주택시장의 변화 특히 전월세 시장의 변화에 완충작용을 할 수 있다는 측면에서 공공임대주택은 사회복지 분야의 중요한 한 축을 담당한다. 유럽의 Social housing, 미국의 Public housing, 영국의 Council housing 등도 모두 공공임대주택으로, 협의의 의미로는 '공공의 재원으로 건설·관리되는 공공소유의 주택'을 의미한다. UN(2006)[70)]의 정의에 따르면 공공임대주택이란 자력으로 최소한의 주거수준을 향유할 수 없는 사회적·경제적 취약계층을 위해 공공부문(비영리 민간부문 포함)이 영구적으로 임대할 목적으로 건설 및 공급하는 주택을 말한다. 공공임대주택은 시장 임대료보다 저렴한 임대료로 공급되므로 소득재분배의 수단으로도 활용된다(하성규 외, 2000)[71)]. 한국에서는 1972년 제정된 「주택건설촉진법」과 1984년에 제정된 「임대주택건설 촉진법」에 의해 주거취약계층을 위한 공공임대주택의 건설이 시작되었으며, 1993년 「임대주택법」의 전면 개정 이후에 본격적으로 확대되기 시작했다.

[그림 6-1] 영등포구 신길재정비촉진지구 조감도

[그림 6-2] 서대문구 가재울재정비촉진지구 조감도

---

70) United Nations, 2006, 'Guidelines On Social Housing -Principles And Examples-'.

71) 하성규 외 공저, 2000, '주택·도시·공공성', 박영사.

공공임대주택은 주거복지 정책의 일환으로, 주변 시세에 비해 낮은 임대료로 임대하고 있어 임대기간 동안 운영주체의 재무부담을 감수해야 하는 사업이므로 수익성 중심의 민간부문이 참여하기에는 한계가 있다(최은희 외, 2017)[72]. 더욱이 최근 공공임대주택을 둘러싼 대내외적 환경이 빠르게 변화하고 있는 상황 속에서, 공공임대주택의 공급체계의 한계가 보다 뚜렷해지고 있어 우려를 낳고 있다. 그 원인으로 중앙정부의 기존 공급체계가 지목되고 있는데, 구체적으로는 재정투자의 취약성 확대, 공공시행자의 재무구조 악화, 고비용화, 공간적·사회적 수급불균형 심화, 지역시장의 저항 등이 꼽힌다(봉인식·최혜진, 2019)[73]. 이에 재개발사업을 통해 공급되는 공공임대주택은 재개발사업의 공공성을 나타내는 대표적인 결과물이다.

시기에 따라 그 비율은 다르나, 재개발사업의 시행자는 전체 세대수의 일정 비율을 임대주택으로 공급하고, 지자체는 이를 매입하여 임대주택(50년 공공임대)으로 활용한다. 1997년 1월 「서울특별시 도시재개발사업조례」 전부 개정을 통해서 서울시의 재개발사업 시행에 따른 임대주택 건설·공급을 위한 법적 근거가 마련되었고, 이후 2002년 12월에 제정된 「도시 및 주거환경정비법」이 2005년 3월에 개정[74]되어 재개발사업 시행에 따른 임대주택 건설기준이 법률에 명시적으로 마련되었다. 동법 시행령과 「정비

[그림 6-3] 영등포구 신길5재정비촉진구역 재개발 임대주택

[그림 6-4] 마포구 아현제4구역 재개발 임대주택

자료: 네이버지도 로드뷰

72) 최은희 외, 2017, '공공임대주택 미래 모델과 향후 정책 로드맵 구상 연구', 한국토지주택공사 토지주택연구원.
73) 봉인식·최혜진, 2019, '새로운 길을 찾는 공공임대주택', 경기연구원.
74) 법률 제7392호, 2005. 3. 18., 일부개정

사업의 임대주택 및 주택규모별 건설비율」에서 재개발사업으로 건설하는 주택 전체 세대수의 17% 이하를 임대주택으로 건설하도록 하였으며, 이후 재개발 임대주택의 주택시장의 여건과 임대주택 공급 현황에 따라 그 비율이 15%~20% 사이에서 완화 또는 강화되었다. 2022년 현재 서울시에서 재개발사업을 시행하는 자는 전체 공급세대수의 20%[75]에 해당하는 물량을 임대주택으로 건설하여야 하며, 세입자 수 등 사업구역의 특성에 따라 주택수급 안정이 필요한 경우에는 최대 10%p(종전 5%p) 범위에서 추가 공급할 수 있다.

재개발임대주택은 당해 구역 철거세입자, 당해 구역 토지등소유자로서 분양포기자, 타 구역 철거세입자, 인접 도시계획사업 철거민 등에게 우선 공급된다. 서울시의 경우에는 「국민기초생활보장법」에 따른 수급자 및 저소득가구 학생 등에게도 입주자격을 부여하고 있다. 철거민과 철거세입자들은 대부분 주거빈곤계층으로서(임영수, 2010)[76], 사회·경제적으로 취약하여 주거문제를 스스로 해결할 수 없는 계층으로 설명된다. 이들은 재개발사업의 시행으로 인해 강제퇴거가 불가피하나, 재개발임대주택이라는 주거복지 제도를 통해 소득이나 점유형태 등 별도의 조건 없이 점유 불안을 해소할 수 있다. 철거민에게 우선 공급되고 남은 공가는 최장 10년까지 거주할 수 있는 공공임대주택으로서 소득 및 자산요건을 충족한 자에게 일반공급된다.

서울시에서는 1992년 동소문재개발구역에서 580가구의 재개발임대주택이 최초로 공급된 이후, 2022년 말까지 67,420호의 재개발임대주택이 공급되었다. 이는 서울시의 공공임대주택 재고량(약 23만 5천 가구)의 약 28.7%를 차지하는 물량이다. 특히 이 재개발임대주택은 다른 공공임대주택에 비해 일자리와의 거리, 교통 여건, 주택의 질 모두 양호하다는 장점을 가진다. 이에 따라 매입형 다가구·원룸임대, 국민임대주택 등 다른 공공임대주택에 비해 입주자의 만족도나 입주수요가 높게 나타난다. 서울시 공공임대주택 입주자 패널조사(2019)에 따르면, 재개발임대주택의 경우 기성시가지의 노후·불량주택 정비를 통해 도심지역에 공급되어 직주근접에 일정 부분 기여하고 높은 주거 만족도를 보이는 것으로 나타났으며, 다가구 등 다른 유형의 주택보다 주택

---

75) 정비사업의 임대주택 및 주택규모별 건설비율 행정규칙[시행 2020. 9. 24.] 제4조의3

76) 임영수, 2010, 재개발임대주택제도 실태분석과 개선방안에 관한 연구, 한양대학교 박사학위 논문, 16쪽.

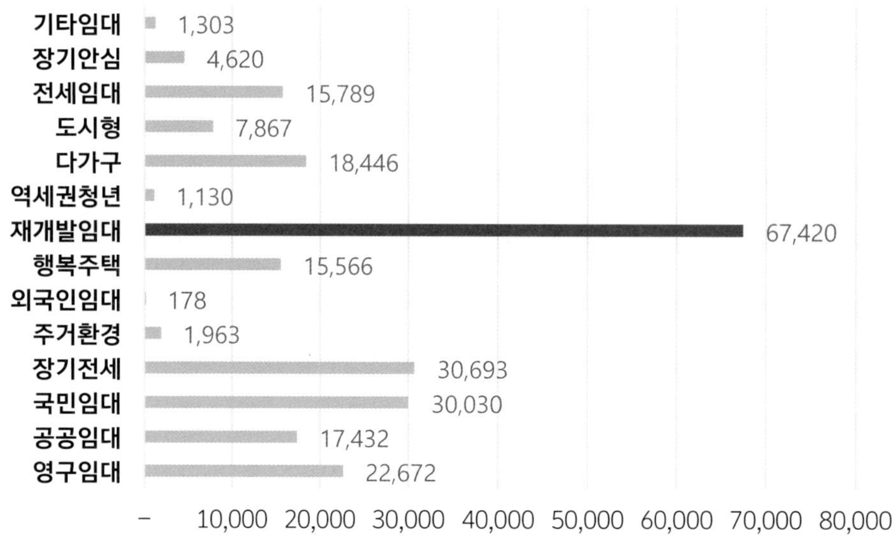

[그림 6-5] 서울주택도시공사(SH) 임대주택 현황(2022년 말 기준)

성능에 대한 평균 만족도가 높은 것으로 조사되었다.

조합이 건설한 임대주택은 공공이 표준건축비와 택지비, 대지조성비 등을 더한 금액으로 매입하게 된다. 이 표준건축비는 실제 공사비보다 크게 낮은 수준으로, 2021년 말 현재 전용면적 40㎡ 이하의 주택을 건설할 때 공급면적 1㎡당 기본형건축비[77]는 11~15층 기준으로 1,714,000원/㎡인데 반해 표준건축비[78]는 11~20층 기준 1,041,000원/㎡로 약 60.7%에 해당한다. 즉, 조합이 임대주택을 건설하여 공공에 매각하면 반드시 손해를 볼 수밖에 없는 구조로, 공공은 직접 부지를 매입하여 임대주택을 건설하는 것보다 훨씬 낮은 비용을 지불하면서 공공임대주택을 확보하고 있다. 이를 통해 재개발사업을 통해 공급되는 주택을 일반분양하였을 때 발생하는 개발이익을 임대주택 등의 건설비용으로 사용함으로써 재개발사업의 공공성을 확보하고 사업주체의 공공에 대한 의무를 강화하는 것이다.

---

77) 분양가상한제 적용주택의 기본형건축비 및 가산비용[국토교통부고시 제2021-215호]

78) 공공건설임대주택 표준건축비[국토교통부고시 제2016-339호]

[표 6-1] 공동주택 기본형건축비와 표준건축비 비교(기준층 비교)

(단위 : 천 원/㎡)

구 분 (주거전용면적기준)	기본형건축비	표준건축비
40㎡ 이하	1,714	1,041
40㎡ 초과~50㎡ 이하	1,772	1,051
50㎡ 초과~60㎡ 이하	1,721	1,019
60㎡ 초과~85㎡ 이하	1,674	1,019

자료: 분양가상한제 적용주택의 기본형건축비 및 가산비용[국토교통부고시 제2021-215호],
공공건설임대주택 표준건축비[국토교통부고시 제2016-339호]

6.3 정비기반시설의 확충

1) 기반시설은 우리 사회에 왜 필요한가?

우리 「헌법」은 모든 국민이 인간다운 삶을 누릴 권리가 있음을 천명하고 있다(「헌법」 제34조). 인간다운 삶을 영위하기 위해서는 좁게는 인간의 생존에 필수적인 주거, 식량, 보건·의료부터, 넓게는 교육, 교통·생활편의, 문화·여가 등의 재화 및 서비스들이 필요하다. 예컨대 도로, 철도, 항만, 상하수도, 관로, 하수·분뇨·폐기물처리시설, 재이용시설 등 경제활동의 기반이 되는 시설과 학교, 도서관, 과학관, 공공보건의료시설 등 사회서비스의 제공을 위하여 필요한 시설 등이 이에 해당한다. 대법원 판례에서는 「국토의 계획 및 이용에 관한 법률」상 기반시설을 정의하면서, 이 기반시설이 가지는 도시계획적 공공성을 '다수 일반 시민들이 행복한 삶을 추구하는 데 보탬이 되고, 그 시설에 대한 일반 시민의 자유로운 접근 및 이용이 보장되는 것'이라고 정의하였다(대법원 2018. 7. 24. 선고 2016두48416). 이들 시설이 제대로 공급되지 않으면 국민의 생활 불편과 함께 사회·경제적 비용의 증가로 이어져 국가 및 기업의 경쟁력을 저하하는 원인이 된다.

기반시설은 법령마다 목적에 따라 '기반시설'(「국토의 계획 및 이용에 관한 법률」, 「지속가능한 기반시설 관리 기본법」), '사회기반시설'(「사회기반시설에 대한 민간투자법」), '시설물'(「시설물의 안전 및 유지관리에 관한 특별법」) 등 다양한 용어가 사용되고 있다. 「국토의 계획 및 이용에 관한 법률」과 「지속가능한 기반시설 관리 기본법」에서 정의하고 있는 총 7개 유형 52종의 기반시설은 [표 6-2]와 같으며, 이 중 도시·군관리계획으로 결정된 시설을 도시·군계획시설이라고 한다.

[표 6-2] 「국토의 계획 및 이용에 관한 법률」에서 정하는 기반시설

구분	시설명
교통시설	도로, 철도, 항만, 공항, 주차장, 자동차정류장, 궤도, 운하, 자동차 및 건설기계검사시설, 자동차 및 건설기계운전학원
공간시설	광장, 공원, 녹지, 유원지, 공공공지
유통·공급시설	유통업무설비, 수도·전기·가스·열공급설비, 방송·통신시설, 공동구, 시장, 유류저장 및 송유설비
공공·문화·체육시설	학교, 운동장, 공공청사, 문화시설, 공공필요성이 인정되는 체육시설, 도서관, 연구시설, 사회복지시설, 공공직업훈련시설, 청소년수련시설
방재시설	하천, 유수지, 저수지, 방화설비, 방풍설비, 방수설비, 사방설비, 방조설비
환경기초시설	하수도, 폐기물처리시설, 수질오염방지시설, 폐차장

2) 정비기반시설이란 무엇인가?

그렇다면 정비기반시설에는 어떤 것들이 있을까? 간단히 「도시 및 주거환경정비법」과 그 시행령에서 나열하고 있는 정비기반시설이라고도 할 수 있다. 이에 따르면 도로·상하수도·구거(도랑)·공원·공용주차장·공동구·녹지·하천·공공공지·광장·소방용수시설·비상대피시설·가스공급시설·지역난방시설 등이 정비기반시설에 해당된다(「도시 및 주거환경정비법」 제2조 제4항 및 동법 시행령 제3조). 그러나 이는 법률적인 용어로서 협의의 개념에 불과할 뿐, 실제 이 제도의 운용 구조를 정확하게 파악하기 위해서는 포괄적인 차원에서 기반시설과 정비기반시설의 개념과 그 관계를 함께 살펴야 한다.

앞서 1장(1.3 도시계획의 체계와 정비사업)에서 설명한 바와 같이 기반시설에 대해 정하는 「국토의 계획 및 이용에 관한 법률」과 정비기반시설에 대해 정하는 「도시 및 주거환경정비법」은 일반법과 절차법의 관계로, 뿌리와 가지에 빗대어 설명할 수 있다. 「국토의 계획 및 이용에 관한 법률」에 의한 도시관리계획에 의거하여 도시기능의 회복

이 필요하거나 주거환경이 불량한 지역을 계획적으로 정비하고 노후·불량건축물을 효율적으로 개량하기 위하여 필요한 사항을 규정하기 위한 목적으로 제정된 법률이 바로 「도시 및 주거환경정비법」이다. 이에 따라 「국토의 계획 및 이용에 관한 법률」상의 기반시설의 설치·정비 또는 개량에 관한 계획과 도시개발사업 또는 정비사업에 관한 계획은 같은 법상의 도시관리계획에 해당하고, 도시관리계획을 시행하기 위한 도시계획사업에 도시계획시설사업과 「도시 및 주거환경정비법」에 의한 정비사업이 포함되는 것이다(대법원 2011. 2. 24. 선고 2010두22498 판결). 특히 정비구역의 지정·고시가 있는 경우 해당 정비구역 및 정비계획은 지구단위계획구역 및 지구단위계획으로 결정·고시된 것으로 본다는 점에서(「도시 및 주거환경정비법」 제17조 제1항), 정비기반시설에 대해 살펴볼 때는 지구단위계획에 따른 기부채납에 대한 사항도 함께 살펴야 한다.

일례로 기부채납이 가능한 시설의 범위에 대한 사항을 들 수 있다. 지금까지 도로·공원과 같은 기본적인 물리적 기반시설이 절대적으로 부족하여 양적 공급이 중시되었던 흐름과는 달리, 기반시설이 충분히 공급되고 사회가 고도화되며 삶의 질에 대한 관심이 높아지자 요구되는 시설도 다양해지고 있다. 이에 2019년 3월 「국토의 계획 및 이용에 관한 법률 시행령」의 개정[79]에 따라 지구단위계획에서 용도지역이 상향되거나 행위제한이 완화되는 경우에 공공시설·기반시설 외에 공공임대주택·기숙사 등 공공필요성이 인정되어 조례로 정하는 시설도 부지 제공 또는 설치·제공이 가능하게 되었다. 더불어 2019년 7월 「서울특별시 도시계획 조례」 개정[80]을 통해 「공공주택 특별법」에 따른 공공임대주택, 「건축법 시행령」에 따른 기숙사, 「산업발전법 시행령」에 따른 공공임대산업시설까지 기부채납 가능 시설의 범위가 확대되었다. 이는 지구단위계획구역 및 지구단위계획으로 결정·고시된 정비구역 및 정비계획에서도 동일하게 적용되기 때문에 정비사업에서도 지역 여건에 맞춰 다양하게 기부채납하는 것이 가능하게 되었다.

---

79) 대통령령 제29629호, 2019. 3. 19., 일부개정

80) 서울특별시조례 제7261호, 2019. 7. 18., 일부개정

3) 정비기반시설은 얼마나 공급되었나?

「2025 서울특별시 도시 및 주거환경정비기본계획」에 따르면 서울시에서 재개발·재건축사업으로 공급된 정비기반시설은 총 123만 9천㎡에 달하는 것으로 집계되었다. 대부분은 도로(약 57만㎡, 45.7%), 공원(약 42만㎡, 33.7%) 등으로 공급되었고, 이 외에도 녹지, 학교, 공공공지, 광장, 주차장, 사회복지시설 등의 정비기반시설이 설치되었다.

서울시가 보유한 공유재산 중 토지의 면적이 106,000,000㎡(서울시 공유재산 통계, 2023년 7월 기준)인 점을 고려하면, 재개발·재건축 등 주거지 정비사업을 통해 공급된 정비기반시설은 전체 공유지 면적의 약 1.2%에 해당하는 것으로 추정된다.

[표 6-3] 재개발·재건축사업의 정비기반시설 설치 현황

구분	계		도로		공원	
	면적(㎡)	구성비(%)	면적(㎡)	구성비(%)	면적(㎡)	구성비(%)
재개발	806,954	100.00	400,667	49.65	274,057	33.96
재건축	432,289	100.00	166,243	38.46	143,532	33.20

구분	녹지		학교		공공공지	
	면적(㎡)	구성비(%)	면적(㎡)	구성비(%)	면적(㎡)	구성비(%)
재개발	49,892	6.18	55,312	6.85	12,898	1.60
재건축	14,006	3.24	86,838	20.09	13,143	3.04

구분	광장		주차장		사회복지		기타	
	면적(㎡)	구성비(%)	면적(㎡)	구성비(%)	면적(㎡)	구성비(%)	면적(㎡)	구성비(%)
재개발	108	0.01	3,874	0.48	1,281	0.16	8,865	1.10
재건축	362	0.08	3,368	0.78	593	0.14	4,204	0.97

자료: 서울특별시, 2015, '2025 서울특별시 도시·주거환경정비 기본계획(주거환경정비사업 부문) 본보고서', 35쪽.

4) 정비기반시설은 누가 설치하고, 누구에게 귀속되는가?

정비기반시설은 정비사업의 시행으로 인해 설치할 필요성이 발생한다는 점에서, 그리고 정상 지가상승분을 훨씬 초과하는 개발이익을 얻는 것이 일반적이라는 전제하에 사업시행자가 설치의무를 가지고(「도시 및 주거환경정비법」 제96조), 그 비용 또한 부

담한다(「도시 및 주거환경정비법」 제92조 제2항). 정비기반시설의 설치와 관련하여 사업시행자에 대한 재정지원의 일환으로 지방자치단체가 '재개발구역 안에 설치하는 너비 8미터 이상의 도시계획시설도로, 소공원, 어린이공원 및 녹지 등' 설치비용의 일부를 보조할 수 있도록 정하고 있으나(「서울특별시 도시 및 주거환경정비조례」 제58조 제2항), 아직까지는 대부분의 비용을 사업시행자인 조합이 부담하고 있다.

이처럼 사업시행자의 비용으로 정비기반시설을 설치한다면 이후에 유지 및 관리의 책임을 누구에게 어떤 방식으로 부담하게 하고, 그 소유권을 누구에게 귀속시킬 것인가의 문제가 제기된다. 국민의 삶의 질을 높이는 것이 국가의 중대한 기능으로 등장한 현대 복지국가에서는 원칙적으로 국가 또는 지방자치단체가 그 주체로 거론되고 있다.

이에 정비기반시설의 부지 및 그 시설물 자체는 비록 수익자 부담의 원칙에 입각하여 사업시행자의 비용으로 설치했다고 하더라도, 공공시설로서 유지·관리의 책임과 소유가 국가 또는 지방자치단체에 무상으로 이전된다[81]. 이때 조합에게 발생하는 재정적 손해를 보전해주기 위해 그 반대급부로서 국가 및 지방자치단체의 소유였던 기존의 정비기반시설이 사업시행자에게 무상으로 양도된다. 물론 우리나라 「헌법」에서는 사유재산권의 보호를 천명하고 있으나, 토지 그중에서도 특히 과밀화된 도시 내에서의 토지는 매우 유한하여 다른 재산권과는 달리 공공성과 사회성이 강조되기 때문이다. 이러한 정비기반시설 기부채납은 민간과 공공의 공간에 대한 거래를 통한 공공성 확보의 방법이 되며 개발이익 환수를 위한 하나의 수단이 된다(김성희 외 2인, 2010)[82].

---

81) 「도시 및 주거환경정비법」 제97조 ② 시장·군수등 또는 토지주택공사등이 아닌 사업시행자가 정비사업의 시행으로 새로 설치한 정비기반시설은 그 시설을 관리할 국가 또는 지방자치단체에 무상으로 귀속되고, 정비사업의 시행으로 용도가 폐지되는 국가 또는 지방자치단체 소유의 정비기반시설은 사업시행자가 새로 설치한 정비기반시설의 설치비용에 상당하는 범위에서 그에게 무상으로 양도된다.

82) 김성희 외 2인, 2010, '기부채납에 따른 인센티브제도의 실효성 분석: 재개발사업의 사업성을 중심으로', 도시설계 제11권 2호, 한국도시설계학회지, 서울, 45-62쪽,

6.4 정비사업의 공공기여

개발사업에 따른 공공성은 개발부영향 완화, 지역공공성 증진, 계획이득환수를 종합화한 개념인 공공기여를 통해 구현될 수 있는데 공공기여의 구체적인 수단에는 기반시설의 '기부채납', '무상귀속', '부담금' 등이 있다. 이에 다음에서는 공공기여와 기부채납, 무상귀속, 부담금 각각의 개념에 대해 살펴보고, 무상귀속 부분에서는 무상양도의 개념도 함께 소개하겠다.

1) 공공기여란?

현대국가에서 다수 일반 시민의 삶의 질과 지역성·장소성을 위해 토지의 공익적 이용을 도모하고 공공서비스 및 재화를 제공하는 것은 시대와 지역을 막론하고 필요하다. 다만, 시대적 패러다임의 변화와 거대한 사회·경제적 변화 속에서 도시계획적 공공성을 누가, 그리고 어떻게 실현하느냐에 대한 접근은 달라질 수밖에 없다.

과거 국가, 지방자치단체, 공공기관 등 공공부문이 사회간접자본시설, 기반시설 등을 확보해왔으나 그 투자 규모가 공공 재정으로는 감당하기 어려울 만큼 커지자, 그 기능을 민간부문이 나누어 수행하게 되는 모습은 현대에 들어와 행정이 복잡해지고 증대됨에 따라 흔하게 발견된다. 이와 같은 공공–민간 파트너십(Public-Private Partnership; PPP)의 개념이 등장하기 이전에는 시장실패와 정부실패에 관한 기존의 논의가 정부와 기업 간의 불신과 대립에 기반하였다. 그러나 이러한 움직임과 궤를 달리하여 정부와 기업 간의 불신과 대립이 아니라 신뢰와 협조에 초점을 맞추고 이를 발전시켜 공공서비스 제공에 활용하고자 하는 움직임이 꾸준히 발생해왔다.

실제로 도시계획의 주요 결정사항 중에서 도시개발·정비사업과 지구단위계획 등 민간의 개발행위나 토지이용행위에 대해 공공성을 유도하거나 요구하게 되는데, 이는 민간에 의한 기부채납, 각종 부담금, 무상귀속, 기타부담(개발의 부가조건) 등의 수단의 총칭인 공공기여를 통해 이루어져 왔다. 적극적인 공공기여 방식으로는 직접적으로 토지의 일부를 공공에 소유권을 이전하는 기부채납이나 무상귀속, 그리고 조세나 부담금처럼 개발이익의 일부를 국가에 직접 납부하도록 하는 개발이익환수제도 등이 있으며, 소극적인 공공기여 방식으로는 공개공지나 전면공지 등 소유권 이전이 없다 해도 공공이 활용할 수 있는 공간을 제공하는 방법이나 건축계획적으로 공공성을 확보할 수 있는 방법 등이 있다(김지엽·남진·홍미영, 2016)[83].

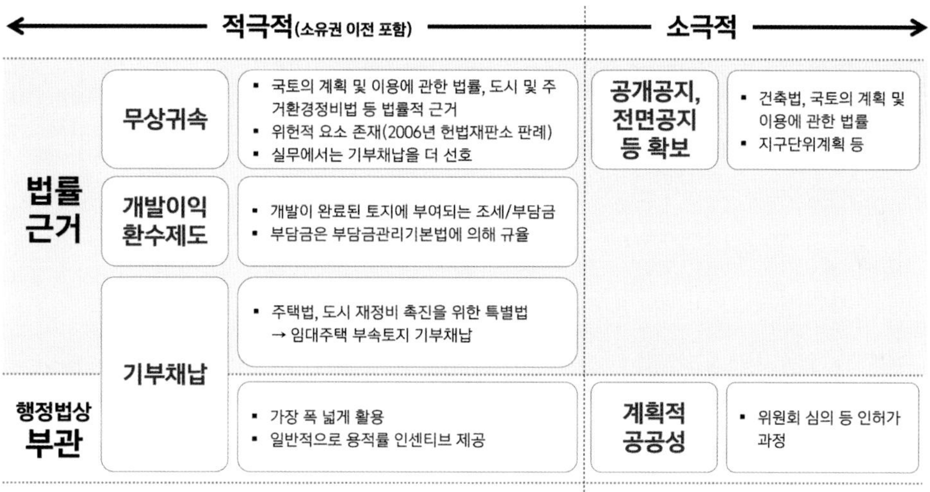

자료: 김지엽·남진·홍미영, 2016, "서울시 사전협상제를 중심으로 한 공공기여의 의미와 법적 한계", 도시설계 17(2), 한국도시설계학회, 123쪽

[그림 6-6] 도시개발과정에서 공공성 확보를 위한 주요 수단

이러한 공공기여는 개발부영향의 완화, 지역 공공성의 증진, 계획이득의 환수 등 크게 세 가지의 목적을 달성하기 위해 활용된다.

첫째, 개발사업이 혼잡과 부(-)의 외부효과를 유발하는 경우에 그 해소비용을 원인제공자가 부담하는 것으로, 원인자 부담에 의해 당해 사업에 필요한 기반시설을 설치하게 된다. 사업시행자는 개발이 유발하는 교통 혼잡을 최소화하기 위해 대상지 내의 도로를 적정 수준 확보하거나, 도시민의 통행 및 휴식을 위한 공원 등 개발의 질적 수준을 제고시킬 수 있는 기반시설을 부담비율에 따라 설치하게 된다.

---

83) 김지엽·남진·홍미영, 2016, '서울시 사전협상제를 중심으로 한 공공기여의 의미와 법적 한계', 도시설계 17(2), 한국도시설계학회, 119-129쪽.

둘째, 민간이 지역의 공공성 증진 및 주민의 삶의 질 향상을 위하여 공공시설을 제공하도록 공공기여를 유도한다. '인센티브'는 유인 혹은 장려를 포함하는 개념으로서, 민간의 자발적 참여를 유도하기 위한 인센티브 제도는 경제적 유인을 활용하는 시장유인적 규제방식(market-oriented regulation)으로 이해할 수 있다[84]. 즉, 민간의 결정과 참여를 활용하는 방식으로 개인이나 기업의 경제적 판단에 따라 합리적으로 선택할 수 있는 여지를 부여하고, 이에 상응한 보상 및 포상으로 용적률, 건폐율, 높이 등의 규제를 완화하게 된다.

셋째, 계획이득(Planning Gain)은 토지소유자의 직접적인 노력이나 의도와는 무관하게 공공에 의한 도시계획 변경과 같은 외부효과에 따라 우발적으로 발생한다는 점에서 사회적 환수의 정당성을 가진다. 계획이득은 용도지역의 조정, 용적률 및 층수 조정, 도시설계 지침 변경 등 토지 및 건축행위와 관련된 규정의 변화로 인해 발생하는 토지가치의 상승분을 말한다.

2) 기부채납이란?

(1) 기부채납의 법적 개념

「국유재산법」, 「공유재산 및 물품관리법」에서 정의하는 기부채납이란 재산의 소유권을 무상으로 국가 또는 지방자치단체에 이전하고 이를 취득하는 것을 말한다. 이 경우 기부(寄附)는 「민법」상의 증여와 같은 것이며, 채납(採納)은 승낙에 해당된다. 다만, 여기에서의 기부채납은 민간이 소유하고 있는 재산을 '무상'으로 이전하는 것이기 때문에 이러한 기부에는 조건이 수반될 수 없다고 규정하고 있다.

그러나 위 두 법률은 국유 또는 공유재산의 취득 방법으로서 기부채납을 인정하고 있을 뿐 기부채납의 개념과 정의 자체를 규정하고 있는 법이 있는 것은 아니며(안신재, 2011)[85], 또한 현재 개발사업, 도시계획변경 등과 관련하여 기부채납이 운용되고 있는

---

84) 개인이나 기업에 제한을 가하되 규제정책의 중요한 수단이나 내용에 관해 경제적 유인을 활용하여 접근하는 방식(김성희, 2008)

85) 안신재, 2011, '기부채납에 관한 민사법적 고찰', 법학논총, 숭실대학교 법학연구소, 51-70쪽.

[표 6-4] 기부채납의 법적 정의

조항		내용
「공유재산 및 물품관리법」	제2조 (정의)	3. "기부채납"이란 지방자치단체 외의 자가 <u>재산의 소유권을 무상으로 지방자치단체에 이전하여 지방자치단체가 이를 취득</u>하는 것
	제7조 (기부채납)	① 생략 ② … 기부하려는 재산이 지방자치단체가 관리하기 곤란하거나 필요하지 아니한 것인 경우 또는 <u>기부에 조건이 수반된 것인 경우에는 받아들여서는 아니 된다.</u>
「국유재산법」	제2조 (정의)	2. 국가 외의 자가 <u>재산의 소유권을 무상으로 국가에 이전하여 국가가 이를 취득</u>하는 것
	제13조 (기부채납)	① 총괄청이나 중앙관서의 장(특별회계나 기금에 속하는 국유재산으로 기부받으려는 경우만 해당한다)은 제5조 제1항 각 호의 재산을 국가에 기부하려는 자가 있으면 대통령령으로 정하는 바에 따라 받을 수 있다. ② … 국가에 기부하려는 재산이 국가가 관리하기 곤란하거나 필요하지 아니한 것인 경우 또는 <u>기부에 조건이 붙은 경우에는 받아서는 아니 된다.</u>

상황에 대한 근거를 제시하지 못한다.

보다 구체화된 기부채납의 개념은 관련 판례에서도 찾아볼 수 있는데, 기부자가 해당 재산을 증여하겠다는 의사표시를 하고 이를 지방자치단체에서 승낙하는 채납의 의사표시를 함으로써 성립하는 '증여계약'이라고 할 수 있다(대법원 1999. 5. 25. 선고 98다53134 판결). 여기서 증여란, '당사자 일방이 무상으로 재산을 상대방에 수여하는 의사를 표시하고 상대방이 이를 승낙'함으로써 성립하는 계약으로 정의될 수 있다(「민법」 제554조). 따라서 기부채납은 본질적으로 계약당사자가 서로 대가적 의미[86]를 가지는 채무를 부담하는 쌍무계약(雙務契約)이 아닌, 기부자가 기부하려는 상대에게 일방적인 의무를 갖는 편무계약(片務契約)으로 볼 수 있다.

(2) 기부채납의 공법상 의미와 실무적 운영

「국유재산법」, 「공유재산 및 물품관리법」이나 사법상의 기부채납의 의미와 달리, 행정이 활용하는 기부채납은 기부자가 일방적으로 기부의사를 표시하는 것이 아니라,

---

86) 여기서 대가적 의미란 객관적으로 동일가격을 가지는 것을 의미하는 것이 아니고 당사자의 주관에서 상호의 급부가 의존관계에 서 있는 경우를 말한다. 매매·교환·임대차·고용·도급·조합·화해 등이 이에 속한다.

사업의 인허가나 해당 목적물의 사용권 등의 대가를 바탕으로 이루어진다.

「국토의 계획 및 이용에 관한 법률」에서는 기부채납 용어에 대한 직접적인 규정은 없으나 개발행위허가 시 기반시설의 설치, 그에 필요한 용지의 확보 등의 조건을 부여하는 것이 가능함을 규정하고 있다([표 6-5]). 또한 지구단위계획에서 민간이 개발 시 공공시설 등을 제공할 경우 건폐율·용적률·높이제한의 완화가 가능한 조항(「국토의 계획 및 이용에 관한 법률」 제52조 제3항 및 동법 시행령 제46조 제1항)이 있어 기부채납 및 인센티브 제도를 운용할 수 있는 법적 근거를 제시하고 있다.

「도시 및 주거환경정비법」에서는 기반시설 기부채납의 원칙 및 운영기준의 작성(제51조), 정비사업 사업시행자가 공급하는 공공건설임대주택 부속토지의 기부채납(제55조 제2항) 등에 관하여 정하고 있다. 「주택법」에서도 기반시설 기부채납의 원칙 및 운영기준의 작성(제17조), 주택건설사업 등에 의해 공급되는 공공건설임대주택 부속토지의 기부채납(제20조 제3항)에 대해 정하고 있다.

따라서 도시개발과정에서 인허가를 대가로 한 기부채납은 「국유재산법」, 「공유재산 및 물품관리법」에서 정하는 조건이 수반될 수 없는 기부나, 사법상의 증여계약 및 편무계약이 아니라 「국토의 계획 및 이용에 관한 법률」, 「도시 및 주거환경정비법」 등에서 정하는 공법상 법률행위로서 행정의 인허가 등 대가로 이루어지는 기부채납은 채납하고자 하는 행정에게도 인허가 등을 이행할 의무가 주어지는 쌍무계약 성격을 가지기 때문에, 부담부 증여로 보는 것이 타당하다(김지엽·남진·홍미영, 2016)[87].

[표 6-5] 개발행위 시 기반시설의 설치에 대한 조건을 부여하는 규정

조항	내용
「국토의 계획 및 이용에 관한 법률」 제57조 (개발행위허가의 절차)	④ 특별시장·광역시장·특별자치시장·특별자치도지사·시장 또는 군수는 개발행위허가를 하는 경우에는 대통령령으로 정하는 바에 따라 그 개발행위에 따른 기반시설의 설치 또는 그에 필요한 용지의 확보, 위해 방지, 환경오염 방지, 경관, 조경 등에 관한 조치를 할 것을 조건으로 개발행위허가를 할 수 있다.

87) 김지엽·남진·홍미영, 2016, '서울시 사전협상제를 중심으로 한 공공기여의 의미와 법적 한계', 도시설계 17(2), 한국도시설계학회, 119-129쪽.

[표 6-6] 공공시설 등 제공에 따른 건폐율·용적률 및 높이제한 완화 규정

조항	내용
「국토의 계획 및 이용에 관한 법률」 제52조 (지구단위계획의 내용)	③ 지구단위계획구역에서는 제76조부터 제78조까지의 규정과 「건축법」 제42조·제43조·제44조·제60조 및 제61조, 「주차장법」 제19조 및 제19조의2를 대통령령으로 정하는 범위에서 **지구단위계획으로 정하는 바에 따라 완화하여 적용**할 수 있다.
동법 시행령 제42조의3 (지구단위계획의 수립)	② 국토교통부장관은 법 제49조 제2항에 따라 지구단위계획의 수립기준을 정할 때에는 다음 각 호의 사항을 고려해야 한다. 7. 제46조 및 제47조에 따른 **건폐율·용적률 등의 완화 범위를 포함**하여 지구단위계획을 수립하도록 할 것
동법 시행령 제46조 (도시지역 내 지구단위계획구역에서의 건폐율 등의 완화적용)	① 지구단위계획구역에서 건축물을 건축하려는 자가 그 대지의 일부를 공공시설등의 부지로 제공하거나 공공시설등을 설치하여 제공하는 경우에는 법 제52조 제3항에 따라 그 건축물에 대하여 지구단위계획으로 다음 각 호의 구분에 따라 **건폐율·용적률 및 높이제한을 완화하여 적용할 수 있다.** 이 경우 제공받은 공공시설등은 국유재산 또는 공유재산으로 관리한다.

이때 공법에서 규정하고 있는 정확한 의미는 기반시설 부지나 공공시설 등의 제공이 있을 때 인센티브를 줄 수 있다는 것으로, 이것은 강행규정이 아닌 행정의 재량에 해당하는 부분이다. 따라서 도시개발 과정에서 기반시설이나 공공시설 등을 확보하기 위해 민간에 기부채납을 부관(附款)[88]으로서 요구하는 데 따른 인센티브의 제공은 민간의 재산상 손실을 경감해 주는 행정상 기법으로 보아야 한다. 기부채납은 인센티브 제도와 연동되어 있으나, 재산권의 행사 및 개발이익과도 연계되어 있기 때문에 도시관리 차원에서 기부채납의 합리적인 기준 및 적정 개발이익 간의 조화로운 운영과 조율이 필요하다.

한편, 과거 급격한 도시화 과정에서 기반시설의 양적 공급에 집중했던 성장시대와는 달리, 사회·경제적 변화 속에서 우리 사회와 공공에서 필요로 하는 시설 또한 다양해지자 탄력적인 기부채납 운영을 위한 새로운 시도들이 이어지고 있다. 이에 기존의

88) 부관(附款): 법률행위로부터 일반적으로 발생할 효과를 제한하기 위하여 의사표시하는 데 있어서 표의자가 특히 부가한 제한을 말한다. 부관은 법률행위의 내용을 이루는 것으로서 부속적 지위에 있으나, 별개의 의사표시는 아니다. 부관에는 민법상 법률행위에 있어서 붙이는 경우와 행정행위에 붙이는 경우 2가지가 있다. 민법상 부관은 조건 및 기한이 그 주요한 것이나, 증여나 유증에 부가되는 부담도 그 부관의 일종이다. 행정행위에도 부관이 붙여지는데 여기에는 조건·기한·부담·취소권의 유보·법률효과의 일부배제 등이 있다(법률용어사전, 이병태, 2011).

구분	기부채납 법적 의미	기부채납 실무적 운영
근거법	「공유재산 및 물품 관리법」, 「국유재산법」	「국토의 계획 및 이용에 관한 법률 시행령」
적용 사항	<사법상 증여계약>	-
	<공법상 쌍무계약> 부관에 의한 필수기반시설 확보에 대한 반대급부	기반시설 제공 인센티브 부여 기반시설 제공비율 적용

[그림 6-7] 기부채납의 법적 의미와 실무적 운영

도로, 공원 등의 획일적인 기부채납에서 벗어나 해당 지구단위계획구역(정비구역) 외에 토지 또는 시설을 기부채납하거나, 현금으로 기부채납하는 방식이 가능하게 되었다. 해당 지구단위계획구역 안의 공공시설 등이 충분한 것으로 인정될 때에는 해당 구역 외에 공공시설 등을 설치하여 제공하는 경우에도 용적률 인센티브를 제공받을 수 있게 되었으며(「국토의 계획 및 이용에 관한 법률 시행령」 제46조 제1항), 사업시행자가 정비구역에 있는 대지의 가액 일부에 해당하는 금액을 현금으로 납부한 경우에는 공공시설의 부지를 제공하거나 공공시설 등을 설치하여 제공한 것으로 볼 수 있도록(「국토의 계획 및 이용에 관한 법률」 제17조 제4항) 관련 법률의 개정이 이어졌다.

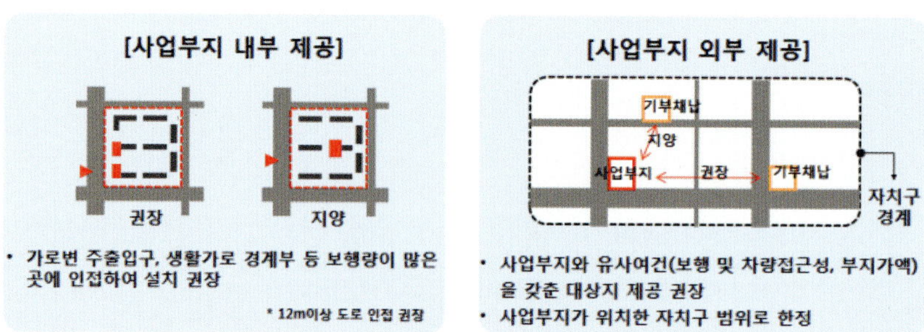

[그림 6-8] 지구단위계획구역(정비구역) 외 기부채납 방식

자료: 서울특별시, 2020, '공공시설 등 기부채납 용적률 인센티브 운영 기준'.

3) 무상귀속이란?

무상귀속(無償歸屬)이란 도시민들의 삶에 필수적이거나, 혹은 사회 전체의 복리향상에 기여하는 일정한 시설의 설치의무를 사업시행자에게 부과하면서 그 소유권을 국가 또는 지방자치단체에게 무상으로 귀속하게 하는 것이다. 이는 사업주체가 공공시설의 무상귀속을 조건으로 사업승인을 받아 그의 비용부담으로 직접 이를 설치하되, 그 소유권을 국가 등으로 귀속하게 한 것으로 수익자부담금이 공공시설이라는 현물로 변형된 것이라 할 수 있다(헌법재판소 2003. 8. 21. 선고 2000헌가11). 무상귀속의 근거규정은 「국토의 계획 및 이용에 관한 법률」 제65조 제2항[89]에서 찾아볼 수 있는데, 이는 사업시행자에게 강제하는 것으로서 임의규정인 기부채납과는 달리 강행규정(强行規定)[90]에 해당된다.

무상귀속의 대상이 되는 '공공시설'은 「국토의 계획 및 이용에 관한 법률」 제2조 등 개별 법령에서 규정하고 있는 공공시설로서, 형식적 요건과 실질적 요건을 모두 갖추고 있는 재산이어야 한다. 형식적 요건은 관리청이 공용개시 등 적극적·능동적 조치를 통하여 대외적으로 공공시설임을 공시하는 것이며, 실질적 요건은 개발행위허가 또는 실시계획인가 등의 시점까지 '공공시설'로 제공·관리하고 있는 재산이어야 한다는 것이다. 이처럼 무상귀속의 대상을 공공성이 높은 시설로 한정하고 엄격하게 정의하는 이유는 온전히 사업시행자의 비용과 노력으로 설치한 시설이 금전, 인센티브 등 아무런 반대급부 없이 국가나 지방자치단체에 이전되기 때문이다.

도시계획사업의 시행으로 공공시설이 새로이 설치되면 그 사업완료(준공검사)와 동시에 당해 공공시설을 구성하는 토지와 시설물의 소유권이 그 시설을 관리할 국가 또는 지방자치단체에 직접 원시적으로 귀속된다. 즉, 조합이 국가 또는 지방자치단체에 소유권을 양도하는 것이 아니라 준공과 동시에, 애초부터 국가 및 지방자치단체에 귀

---

89) 「국토의 계획 및 이용에 관한 법률」 제65조 ② 개발행위허가를 받은 자가 행정청이 아닌 경우 개발행위허가를 받은 자가 새로 설치한 공공시설은 그 시설을 관리할 관리청에 무상으로 귀속되고, 개발행위로 용도가 폐지되는 공공시설은 「국유재산법」과 「공유재산 및 물품 관리법」에도 불구하고 새로 설치한 공공시설의 설치비용에 상당하는 범위에서 개발행위허가를 받은 자에게 무상으로 양도할 수 있다.

90) 강행규정(强行規定): 당사자의 의사(意思) 여하에 불구하고 강제적으로 적용되는 규정을 강행규정 또는 강행법규라 하며, 이에 대하여 당사자의 의사에 의하여 그 적용을 배제할 수 있는 규정을 임의규정(任意規定) 또는 임의법규(任意法規)라고 한다. 강행법규를 위반한 법률행위는 공공질서에 반하므로 무효이다.

속되며, 법률의 규정에 따른 물권변동(「민법」 제187조)으로 등기를 하지 않더라도 소유권 취득의 효과가 발생한다. 만약 정비기반시설이 정비구역 밖에 설치되는 경우라고 하더라도 사업시행인가의 조건이 해당 시설을 설치하는 것이라면 위법한 사정이 없는 한 무상으로 또는 정산을 거쳐 그 시설을 관리할 국가 또는 지방자치단체에 귀속된다(대법원 2014. 2. 21. 선고 2012다78818 판결).

그렇다면 기부채납과 무상귀속은 어떤 차이를 가지는가? 이 두 제도는 법률효과 측면에서 큰 차이가 있음에도 불구하고, 사업의 시행으로 말미암아 설치의 필요성이 발생하고 시설 또는 토지 등의 재산이 국가나 지방자치단체에 이전된다는 점에서 유사하여 혼용 또는 오용되는 경우가 종종 발생한다. 기부채납과 무상귀속의 차이는 '공법적 제한'이 얼마나 가해지는지, 그 강도의 차이에서부터 시작된다. 무상귀속이 기부채납에 비해 훨씬 더 강한 공법적 제한에 해당되며, 이로 인해 해당 행정행위의 법적 성질, 대상, 인센티브 적용의 여부, 권리이전 절차 등에 차이가 발생한다. 기부채납은 사법상 법률행위(부담부 증여계약) 또는 공법상 법률행위로서 상호동의 및 합의가 전제되나, 무상귀속은 법률 규정에 의한 물권변동으로서 국가 및 지방자체단체 등 행정청에 원시적으로 소유권이 귀속되는 일방적 이전에 해당된다. 이 같은 다른 법적 성질로 인해 발생되는 가장 큰 효력의 차이는 바로 '인센티브 적용'에 있다. 즉, 기부채납을 통

[표 6-7] 무상귀속과 기부채납의 비교

구분	기부채납	무상귀속
법적 성질	▪ 사법상 법률행위(부담부 증여계약) 또는 공법상 법률행위 ▪ 상호동의 및 합의가 전제*	▪ 법률 규정에 의한 물권변동 → 원시취득 ▪ 일방적 이전
대상	▪ 부동산, 각종 권리	▪ 시설 및 토지
인센티브 적용	▪ 인센티브 부여 가능	▪ 인센티브 조건이 수반되지 않음
권리이전 절차	▪ 채납에 필요한 서류를 받은 후 일정 기간 이후 권리 이전 절차	▪ 준공검사를 받음과 동시에 귀속 간주
근거법령	▪ 「국유재산법」, 「공유재산 및 물품관리법」	▪ 「국토의 계획 및 이용에 관한 법률」 및 각종 개발 관련 법령

*부관으로 인한 사실상의 강제가 대부분이기는 하나 별도의 계약이 필요[91]

91) 국토교통부, 2013, '적정한 기부채납 가이드라인 마련을 위한 연구'.

해 사업시행자는 사업 토지가 포함된 지구단위계획구역(정비구역) 내에서 공공시설 등을 공공에 설치·제공하고 용적률을 완화받을 수 있으나, 무상귀속은 인센티브 조건이 수반되지 않는다.

4) 무상양도란?

무상양도(無償讓渡)는 민간 사업시행자에 의해 새로 설치된 정비기반시설이 관리청에 무상으로 귀속되면서 야기되는 재산상 손실을 고려하여, 그 사업시행자가 새로 설치한 정비기반시설의 설치비용에 상당하는 범위 안에서 정비사업의 시행으로 용도가 폐지되는 국가 또는 지방자치단체 소유의 정비기반시설을 사업시행자에게 무상으로 양도되도록 하여 위와 같은 재산상의 손실을 합리적인 범위 안에서 보전해 주고자 하는 데 그 입법 취지가 있다(대법원 2007. 4. 13. 선고 2006두11149 판결 등). 무상양도와 무상양여(無償讓與)는 같은 개념이다.

그렇다면 앞서 설명한 무상귀속과 무상양도는 구체적으로 어떤 측면에서 다른가? 먼저 무상귀속 규정은 '설치되는 시설'에 관한 것으로서 공공시설 또는 공공기반시설의 범주에 해당하는 시설물이 사업시행자의 비용과 노력으로 설치됨에도 불구하고, 강제로 국가 또는 지방자치단체에 귀속되게 하여 사적 소유를 금지하는 효과를 가진다. 이에 반해 무상양도 규정은 '폐지되는 시설'에 관한 것으로, 이를 무상으로 사업시행자에게 양도함으로써 무상귀속 규정에 따라 발생하는 강력한 공법상 제한에 대한 보상의 성격을 가진다.

무상으로 귀속되고 양도되는 정비기반시설의 범위는 새로이 설치되는 정비기반시설의 종류와 규모가 정해지는 사업시행계획의 수립 시 확정된다. 만약 새로이 설치하는 기반시설의 토지가격+건물가격+설치비용의 합계(D)가 용도폐지되는 기반시설의 토지가격+시설물가격의 합계(G)보다 크거나 같을 경우, D는 국가 또는 지방자치단체에 무상으로 귀속되고 G는 조합에 무상양도의 대상이 된다. 반대로 새로이 설치하는 기반시설의 토지가격+건물가격+설치비용의 합계(D)가 용도폐지되는 기반시설의 토지가격+시설물가격의 합계(G)보다 작을 경우, D 범위 내에서는 조합에 무상양도되고, 그 차액을 조합에서 유상으로 매입하게 된다.

[표 6-8] 무상귀속 및 무상양도 비용산출 기준

<table>
<tr><th colspan="2">무상귀속
새로이 설치하는 기반시설</th><th colspan="2">무상양도
용도폐지되는 기반시설</th></tr>
<tr><td>토지가격</td><td>A</td><td>토지가격</td><td>E</td></tr>
<tr><td>건물가격</td><td>B</td><td rowspan="2">시설물가격
(잔존가치)</td><td rowspan="2">F</td></tr>
<tr><td>설치비용(공사비)</td><td>C</td></tr>
<tr><td>계</td><td>D
(=A+B+C)</td><td>계</td><td>G
(=E+F)</td></tr>
</table>

5) 정비사업의 부담금

부담금은 특정 공익사업과 관련하여 법률이 정하는 바에 따라 부과하는 조세 외의 금전지급의무로서, 일반 재정수요보다는 특정 사업을 위한 경비에 충당되고, 특정한 사업과 이해관계를 가지는 자에 대한 '특정한 재정책임'이라는 특징을 가지고 있다(기획재정부, 2022)[92] 2022년 12월 31일에 개정된 「부담금관리 기본법」의 별표에서는 총 95가지의 부담금이 부담금, 출연금, 납부금, 분담금, 부과금, 부가금, 이익금, 통행료, 보증금, 조성금, 기여금, 협력금, 납입금, 조성비 등의 다양한 명칭으로 열거되고 있다.

이 가운데 재건축·재개발 등 정비사업과 관련된 대표적인 부담금으로는 광역교통시설부담금, 학교용지부담금, 재건축부담금 등이 있다.

(1) 광역교통시설부담금

「대도시권 광역교통 관리에 관한 특별법」에 의한 광역교통시설부담금은 광역교통시설의 재원확충을 통한 교통난을 완화하고, 공공부문과 민간부문 간 비용부담의 형평성 확보를 통해 난개발 완화 및 개발사업의 효과성과 주민의 주거만족도를 제고할 목적으로 2001년에 도입되었다. 부과대상인 사업에는 「택지개발촉진법」에 따른 택지개발사업, 「도시개발법」에 따른 도시개발사업, 「주택법」에 따른 대지조성사업(종전의 아파트지구 개발사업 포함), 「주택법」에 따른 주택건설사업, 「도시 및 주거환경정비법」

---

92) 기획재정부, 2022, '2021년도 부담금운용종합보고서'.

에 따른 재개발사업 및 재건축사업, 「건축법」에 따른 주상복합건축사업 등이 포함된다.

주택건설사업, 재개발·재건축사업, 주상복합건축사업 등 주택을 건설하여 공급하는 사업의 경우 광역교통시설부담금이 건축연면적을 기준으로 산정되는데[93], 이 중 재개발·재건축사업은 종전 건축물의 연면적은 제외하고 사업 시행으로 증가되는 건축연면적을 기준으로 산정한다. 이처럼 종전 건축물의 연면적을 제외하는 사업의 대상에 2020년 「빈집 및 소규모주택 정비에 관한 특례법」에 따른 소규모주택정비사업을 추가되고[94], 2022년에는 「주택법」 등에 따른 리모델링사업이 추가됨으로써[95] 사업시행자의 경제적 부담을 완화하고자 하였다.

특히 「도시 및 주거환경정비법」에 따른 재개발·재건축사업의 경우에는 노후·불량 건축물이 밀집한 지역의 주거환경 개선 및 기반시설의 확충이라는 공익적 목적을 달성하고 있으므로 부담금의 50%를 경감하는 특례를 제공한다(「대도시권 광역교통 관리에 관한 특별법」 제11조의2 제2항).

(2) 학교용지부담금

개발사업으로 인해 건축밀도와 인구밀도가 증가하게 되면 신설학교의 설립에 대한 수요가 증대된다. 그러나 지가의 급격한 상승과 지방교육재정의 취약성 등으로 인해 학교용지의 확보가 어려워지자, 1995년 학교용지의 조성, 개발, 공급 및 경비의 부담에 관한 특례를 규정하는 「학교용지 확보 등에 관한 특례법」이 제정되었다. 납부된 부담금은 학교 시설의 신설에 필요한 용지 매입비 및 감정평가수수료 등의 비용, 학교용지부담금의 부과·징수에 소요되는 비용 및 기존 건물의 증축비용 등으로 사용된다. 학교용지부담금은 기본적으로 필요한 학교시설의 확보에 있어서 소요되는 재정을 충당하기 위한 것이고, 부담금을 부과함으로써 개발사업이나 주택공급 등을 제한하거나 금지하는 정책적·유도적 성격은 매우 희박하므로 '순수한 재정조달목적의 부담금'에 해당

---

93) {1㎡당 표준건축비×부과율×건축연면적} – 공제액

94) 대통령령 제30543호, 2020. 3. 24., 일부개정

95) 대통령령 제32403호, 2022. 2. 8., 일부개정

한다(헌법재판소 2005. 3. 31. 선고 2003헌가20).

학교용지부담금은 300세대 규모 이상의 개발사업을 시행하는 경우 증가되는 가구수를 대상으로 부과된다. 다만, 기존 토지등소유자에게 분양하는 세대수와 재개발 임대주택 및 재건축 소형주택[96]의 세대수 등은 제외하고 산정하여야 하며, 정비사업의 시행 결과 가구수가 증가하지 않는 경우에는 학교용지부담금이 면제된다.

> 학교용지부담금 부과액=
> '1세대별 평균 분양가격(=일반분양 분양가 합계액÷일반분양 세대수)'
> ×'증가 가구수(건립 가구수-기존 가구수)'×'일정 비율(=1천분의 8)'

(3) 재건축부담금

재건축부담금 제도는 재건축사업에 의한 부동산 시장의 교란과 투기적 수요를 막기 위해서 2006년에 제정된 「재건축초과이익 환수에 관한 법률」을 통해 도입되었다. 그러나 이후 부동산 시장의 침체 여파로 재건축사업이 장기화되면서 시장 정상화를 위해 두 차례에 걸쳐 유예되었다가 2018년에 다시 부활하게 되었다. 부과대상사업은 「도시 및 주거환경정비법」에 따른 재건축사업 및 「소규모주택정비법」에 따른 소규모 재건축사업이다. 다만, 2017년 12월 31일까지 관리처분계획인가를 신청한 재건축사업과 사업시행계획인가를 신청한 소규모재건축사업에 대해서는 재건축부담금을 면제하는 특례를 정하고 있다(「재건축초과이익 환수에 관한 법률」 제3조의2). 따라서 2018년 1월 1일 이후 관리처분인가를 신청하는 조합부터는 재건축초과이익 환수제의 대상이 되었다.

재건축부담금을 산정하기 위해서는 먼저 '재건축초과이익'에 대한 산정이 선행되어야 한다. 재건축초과이익은 종료시점 공시된 주택가격에서 개시시점 공시된 주택가격과 정상주택 가격 상승분, 그리고 개발비용을 제외한 것을 말한다. 이때 개시시점은 추진위원회 설립승인일(신탁방식인 경우 신탁업자가 사업시행자로 최초 지정 승인된

96) 「도시 및 주거환경정비법」에서는 임대주택과 소형주택에 관한 규정을 구분하여 정하고 있으나, 명칭만 다를 뿐 사실상 같은 의미와 같은 효과를 나타내므로 이 또한 학교용지부담금 부과 대상에서 제외하여야 한다고 판시하였다(서울행정법원 2021. 6. 4. 선고 2020구합80639).

날), 종료시점은 재건축사업 준공인가일, 개발비용은 공사비·설계감리비·조합운영비·제세공과금 등을 의미한다.

재건축초과이익 = 종료시점 공시된 주택가격
- 개시시점 공시된 주택가격
- 정상주택 가격 상승분
- 개발비용

이러한 과정을 통해 도출된 재건축초과이익을 당해 조합원 수로 나눈 금액에 금액단계별로 부과율을 적용하여 계산한 금액으로 한다(「재건축초과이익 환수에 관한 법률」 제12조).

징수된 재건축부담금은 국가에 50%, 해당 광역 지방자치단체에 20%, 해당 기초 지방자치단체에 30%의 비율로 각각 귀속된다(「재건축초과이익 환수에 관한 법률」 제4조 제1항). 국가 귀속분은 주택도시기금의 재원으로, 지방자치단체 귀속분은 도시·주거환경정비기금 또는 재정비촉진특별회계 또는 국민주택사업특별회계 또는 도시재생특별회계의 재원으로 활용된다.

[표 6-9] 무상귀속 및 무상양도 비용산출 기준

조합원 1인당 평균 이익	부과율 및 부담금 산식
3천만 원 이하	면제
3천만 원 초과 ~ 5천만 원 이하	3천만 원 초과금액의 10%×조합원 수
5천만 원 초과 ~ 7천만 원 이하	200만 원×조합원 수 +5천만 원 초과금액의 20%×조합원 수
7천만 원 초과 ~ 9천만 원 이하	600만 원×조합원 수 +7천만 원 초과금액의 30%×조합원 수
9천만 원 초과 ~ 1억 1천만 원 이하	1,200만 원×조합원 수 +9천만 원 초과금액의 40%×조합원 수
1억 1천만 원 초과	2천만 원×조합원 수 +1억 1천만 원 초과금액의 50%×조합원 수

6.5 세입자 등 주거취약계층의 보호를 위한 대책 마련

'취약계층'이란 자신에게 필요한 사회서비스를 시장가격으로 구매하는 데에 어려움이 있거나 노동시장의 통상적인 조건에서 취업이 특히 곤란한 계층을 의미한다. 이런 취약계층 중 주거문제를 스스로 해결하기 어려운 사회적 약자계층이 바로 주거취약계층이다.

우리나라에서는 주거문제에 대한 공공의 적극적인 지원이 필요한 계층을 주거취약계층, 주거약자 등으로 정하고 있다. 주거취약계층은 쪽방·비닐하우스 거주자, 가정폭력 피해자, 아동빈곤가구 등으로 정의하고 있으며(「주거취약계층 주거지원 업무처리지침」 제2조, 국토교통부훈령 제1361호), 주거약자는 만 65세 이상 고령자, 장애인, 국가유공자, 보훈보상대상자 등으로 정의하고 있다(「장애인·고령자 등 주거약자 지원에 관한 법률」 제2조). 우리나라가 나열식으로 다소 협소하게 주거취약계층을 정의하고 있는 반면, 유럽 등 해외에서는 주거여건이 불안정(insecure)하거나, 부적합(inadequate)한 경우까지 포괄하여 주거취약계층으로 정의하고 있다. 이에 일시적으로 가족 또는 친구와 지내거나, 퇴거 명령이 내려진 주택에 거주하는 임차인·소유자, 불법 건축물이나 과밀주택 등 거주하기에 부적합한 주택에 거주하는 사람까지 모두 주거취약계층에 포함하여 왔다(남원석, 2013)[97].

이처럼 광의의 개념으로 주거취약계층에 대해 접근하면, 재개발사업이 필요한 노후·열악한 환경에 거주하다가 사업이 진행되면서 비자발적으로 주거이동을 해야만 하는 세입자, 영세 토지등소유자 등도 주거취약계층에 포함된다고 할 수 있다. 이들은 재개발사업으로부터 가장 직접적인 영향을 받지만 직접적인 사업참여자가 아니므로 사업에 피동적인 입장일 수밖에 없다. 주변지역의 높은 임대료를 감당하지 못해 외곽으로, 더 열악한 주거환경으로 밀려나기 쉬운 계층이기 때문에 주거권, 생존권 등 기본권 보호를 위해 다양한 정책적 지원 제도가 마련되어 왔다. 그 비용은 조합이 부담한다.

---

97) 남원석, 2013, '주거취약계층의 개념 및 유형에 관한 연구', 주택연구 제21권 제2호, 한국주택학회, 47-71쪽.

이러한 주거취약계층에 대한 보호는 「헌법」으로 거슬러 올라가 그 당위성을 찾을 수 있다. 크게 주거권에 대한 내용과 정당한 보상에 대한 내용으로 나누어 볼 수 있다.

먼저 주거권에 대한 내용은 「헌법」 제34조 제1항 '모든 국민은 인간다운 생활을 할 권리를 가진다.', 제35조 제1항 '모든 국민은 건강하고 쾌적한 환경에서 생활할 권리를 가지며, 국가와 국민은 환경보전을 위해 노력하여야 한다.', 제35조 제3항 '국가는 주택개발정책등을 통하여 모든 국민이 쾌적한 주거생활을 할 수 있도록 노력하여야 한다.' 등에서 찾을 수 있다. 이들 내용은 모든 국민의 존엄과 가치를 위하여 주거권을 보호하는 것이 현대 복지국가와 사회의 의무라는 점을 천명하고 있으며, 이를 구체화하는 법이 바로 「주거기본법」, 「주택법」, 「민간임대주택에 관한 특별법」, 「국민기초생활 보장법」, 「주거급여법」, 그리고 재개발구역 내 주거취약계층을 보호하는 내용을 담고 있는 「도시 및 주거환경정비법」 등인 것이다. 이 법에 따라 사업시행자인 조합은 분양을 신청하지 아니하고 현금 청산되는 조합원, 상가세입자 그리고 주거세입자를 대상으로 다음에서 다룰 정당한 보상 외에도 임시거주시설(「도시 및 주거환경정비법」 제61조 제1

[표 6-10] 재개발사업의 주거취약계층 보호 방안: 주거권의 측면

<table>
<tr><th colspan="2">구분</th><th>보호 주체</th><th>보호 객체</th><th>보호방안</th><th>근거조항</th></tr>
<tr><td rowspan="5">주거권 보장</td><td>임시 거주시설의 설치</td><td rowspan="2">조합</td><td>▪ 재개발사업의 시행으로 철거되는 주택의 소유자 또는 세입자</td><td>임시거주시설 제공, 주택자금 융자 알선 등</td><td rowspan="2">「도시 및 주거환경정비법」 제61조, 제62조</td></tr>
<tr><td>임시상가의 설치</td><td>▪ 재개발사업의 시행으로 이주하는 상가세입자</td><td>정비구역 또는 그 인근에 임시상가 설치</td></tr>
<tr><td>순환용 주택의 공급</td><td rowspan="3">공공</td><td>▪ 전년도 도시근로자 월평균 소득의 70% 이하인 거주자
▪ 순환용 주택 우선공급 요청을 한 날 당시 해당 정비구역에 2년 이상 거주한 사람만 해당</td><td>사업시행자는 토지주택공사 등이 보유한 공공임대주택을 순환용 주택으로 우선공급 요청 가능</td><td>「도시 및 주거환경정비법」 제59조 제2항, 동법 시행령 제51조 제1항</td></tr>
<tr><td>재개발 임대주택 공급</td><td>▪ 재개발임대주택: 재개발사업으로 인해 철거되는 주택의 거주자로서 무주택 세대주</td><td rowspan="2">공공임대주택의 우선공급</td><td rowspan="2">「공익사업법 시행규칙」 제15조 제1항, 별표 4 제2호 가목, 서울시 도정조례 제46조 등</td></tr>
<tr><td>국민 임대주택 우선공급</td><td>▪ 국민임대주택: 구역지정 공람공고 현재 3개월 이상 거주한 무주택 세대 구성원</td></tr>
</table>

항) 및 상가(동법 제61조 제5항)를 설치하고, 순환정비방식에 따른 이주대책을 수립하여야 한다(동법 제59조 제1항). 또한 재개발사업으로 인해 이주하는 무주택 세대에게는 임대주택 및 국민임대주택을 우선 공급하여야 한다(「공익사업을 위한 토지 등의 취득 및 보상에 관한 법률 시행규칙」 제15조 제1항 및 별표 4 제2호 가목, 「서울특별시 도시 및 주거환경정비 조례」 제46조 등).

다음으로 정당한 보상에 관한 내용은 「헌법」 제23조 제3항에서 담고 있다. 공공필요에 의해 재산권의 수용·사용 또는 제한을 하는 경우에는 그에 대한 '정당한 보상'을 지급하여야 하며, 그 내용 및 절차를 법률에서 정하도록 하고 있다. 이에 재개발사업의 추진 과정에서 발생하는 재산권 침해와 이의 보상 내용은 「도시 및 주거환경정비법」에서 정한 사항을 제외하고는 「공익사업을 위한 토지 등의 취득 및 보상에 관한 법률」을 준용하도록 하고 있다. 조합원 및 세입자에 대한 금전보상에는 청산금, 주거이전비, 이사비, 영업권 보상 등이 있다.

청산금은 구역 내 토지등소유자 중에서 ① 분양신청하지 않은 자, ② 분양신청기간 종료 이전에 분양신청 철회한 자, ③ 투기과열지구 재당첨제한으로 인해 분양신청을 할 수 없는 자(단, 상속·결혼·이혼으로 조합원 자격 취득한 경우 제외), ④ 관리처분계획에 따라 분양대상에서 제외된 자를 대상으로, 2인 이상의 감정평가법인등이 평가한 토지 및 건축물 등의 금액의 산술평균 금액이 지급된다.

주거이전비, 이사비 등은 공익사업 시행지구 안에 거주하는 세입자들의 조기 이주를 장려하고 사업추진을 원활하게 하려는 정책적인 목적과 주거이전으로 특별한 어려움을 겪게 될 세입자들에게 사회보장적인 차원에서 지급하는 금원이다(대법원 2008. 5. 29. 선고 2007다8129). 주거이전비와 이사비 모두 재개발구역지정 공람공고일 현재 주거용 건축물에 거주하고 있는 소유자 및 세입자를 대상으로 지급된다. 주거이전비는 도시근로자가구의 가구원 수별 월평균 가계지출비를 기준으로 가구원 수에 따라 산정되며, 이사비는 연면적별로 정해진 노임과 차량운임, 그리고 포장비를 합친 금액으로 산정된다(「공익사업을 위한 토지 등의 취득 및 보상에 관한 법률 시행규칙」 제54조 및 제55조).

재개발사업의 시행으로 영업장소를 이전해야 하는 경우의 영업손실은 휴업기간에 해당하는 영업이익과 영업장소 이전 후 발생하는 영업이익 감소액에 ① 영업손실은 휴업기간 중의 영업용 자산에 대한 감가상각비·유지관리비, 휴업기간 중에도 정상적으로 근무해야 하는 최소인원에 대한 인건비 등 고정비용, ② 영업시설·원재료·제품 및 상품 이전에 소요되는 비용 및 그 이전에 따른 감손(減損)상당액, ③ 이전광고비 및 개업비 등 영업장소 이전에 따라 소요되는 부대비용을 합한 금액으로 평가된다(「공익사업을 위한 토지 등의 취득 및 보상에 관한 법률 시행규칙」 제47조 제1항).

[표 6-11] 재개발사업의 주거취약계층 보호 방안: 정당한 보상의 측면

구분		보호 주체	보호 객체	보호방안	근거조항
정당한 보상	청산금	조합	▪ 구역 내 토지등소유자 중 분양신청하지 않은 자, 분양신청기간 종료 이전에 분양신청 철회한 자 ▪ 투기과열지구 재당첨 제한으로 인해 분양신청을 할 수 없는 자(단, 상속·결혼·이혼으로 조합원 자격 취득한 경우 제외) ▪ 관리처분계획에 따라 분양대상에서 제외된 자	▪ 시장·군수등이 선정·계약한 2인 이상의 감정평가법인등이 평가한 금액의 산술평균 낸 청산금 지급	「도시 및 주거환경정비법」 제73조, 제74조
	주거 이전비		▪ 재개발 구역지정 공람공고 현재 주거용 건축물에 거주하고 있는 소유자 및 세입자	▪ 도시근로자가구의 가구원수별 월평균 가계지출비를 기준으로 산정(사업시행인가고시일 기준)된 주거이전비 지급 ▪ 소유자 2개월분, 세입자 4개월분	「도시 및 주거환경정비법」 제78조 제5항, 동법 시행규칙 제54조 제1항
	이사비		▪ 재개발 구역지정 공람공고 현재 재개발구역 내 주거용 건축물 거주자	▪ 연면적별로 노임+차량운임+포장비	「공익사업법 시행규칙」 제55조 제2항
	영업권 보상		▪ 구역지정 공람공고일 이전에 적법한 장소에서 적법한 영업을 하는 자	▪ 최대 4개월 이내의 영업손실 및 고정비용+이전비용+부대비용 ▪ 단, 4개월 이상 영업을 할 수 없거나 4개월 이내에 다른 장소로 이전하기 어려운 특수성이 인정될 경우 휴업기간 최대 2년 이내 인정	「도시 및 주거환경정비법 시행령」 제54조 제3항

도시정비론

7

재개발·재건축사업의 그늘

7 장 재개발·재건축사업의 그늘

7.1 지역성과 기반시설 여건이 고려되지 않은 고밀도 주거단지 조성

정비사업을 통해 고층·고밀의 주거단지가 조성되면서 발생하는 부영향은 크게 주거유형의 획일화 문제, 기반시설의 과부하 문제, 도시경관 및 자연환경 훼손에 대한 문제, 거주권 침해에 대한 문제 등으로 나누어 살펴볼 수 있다.

먼저, 정비사업으로 인한 주거유형의 획일화에 대한 문제를 살펴보자. 노후·저층 주거지에서 재개발사업이 이루어지면 단독주택, 연립주택, 다세대주택 등 다양한 유형의 주택이 멸실되고 그 자리에 고층아파트가 공급된다. 1980년 서울시에서 전체 주택 중 단독주택이 차지하는 비율이 약 70.7% 정도였다면, 재개발사업이 활발히 추진되었던 1990년대, 2000년대를 지나오면서 아파트가 차지하는 비율이 급격히 증가하여 2020년에 단독주택은 10.2%로 줄어든 데 반해 아파트는 약 60%에 달하기에 이르렀다. 특히 2004년 단독주택재건축사업의 도입으로 이러한 추세는 더욱 가속화되었다(서울

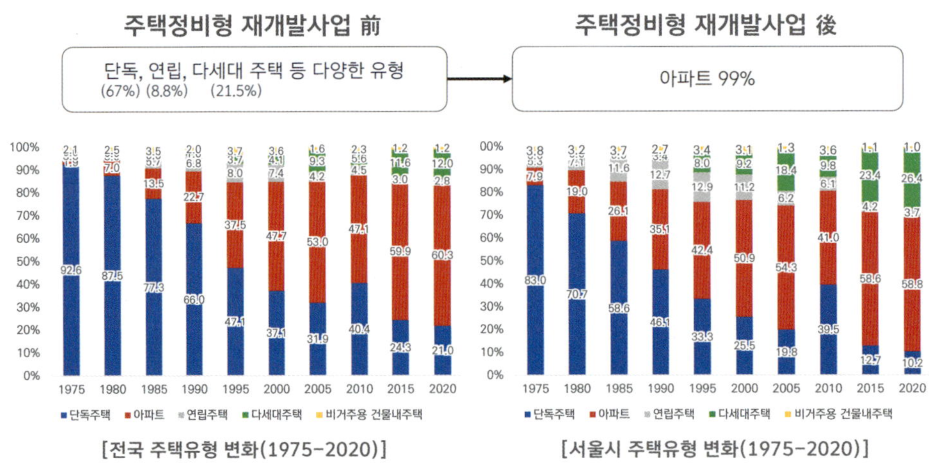

[그림 7-1] 재개발사업으로 인한 주거유형의 획일화

시, 2015)[98] 이처럼 주택재고가 고층아파트에 과도하게 편중되면서 도시 서민을 위한 주택 감소, 주택유형의 다양성 훼손, 고비용 주택으로 인한 주거비 부담 증가, 지역성 및 주민 커뮤니티의 파괴 등 부정적 영향이 초래되었다.

다음은 기반시설에 대한 문제로, 기반시설의 공급량과 종류가 정비사업을 통한 세대수 및 용적률 증가에 충분히 대응하지 못한 문제가 발생하였다. 정비사업을 통해 해당 구역과 단지 내부의 주거환경은 눈부시게 향상되었지만, 주변 지역에는 교통정체, 도로망 부족, 보행환경 악화 등의 과밀·혼잡이 초래되었다. 사업시행자가 새로운 기반시설을 설치하더라도 대부분 도로 및 공원에 편중되어 확보[99]되고, 단순히 면적에 대한 의무비율만이 적용되기 때문에 공간적 수요와 주변지역 및 대상지의 특성이 고려되지 못한 채 실효성이 떨어지는 경우가 다수 발생하였다. 일례로 공원·녹지 등의 기반시설을 사실상 건축물 배치가 어려운 자투리 땅에 공급하거나, 주변지역 주민의 이용이나 접근이 사실상 제한되는 지역에 설치한 곳들이 지적되고 있다. 이러한 문제는 단순히 해당 단지와 그 주변지역의 문제에 국한되는 것이 아니라, 도시 전체 차원의 공공공간이나 서비스시설의 부족과 질적 수준의 저하로도 이어진다. 한편, 간선도로변 상가나 신축건물 등이 제척되어 정비구역의 경계가 부정형으로 조정되는 것도 기반시설 확보를 저해하는 요인으로 꼽히고 있다.

[그림 7-2] 도로에 둘러싸인 자투리 공원 사례

[그림 7-3] 경사면에 설치된 자투리 공원 사례

---

98) 서울특별시, 2015, "2025 서울특별시 도시·주거환경정비기본계획(주거환경정비사업부문) 본보고서", 41쪽.

99) 서울시 내 403개 정비사업을 대상으로 기부채납 실태를 분석한 결과 도로와 공원·녹지의 비율이 86.4%, 공공청사·사회복지시설·체육시설 등 그 외 시설의 비율이 10.8%를 차지하는 것으로 나타났다. 그 원인은 도로·공원이 복지시설, 공공청사, 문화·체육시설, 임대주택 등에 비해 설치가 용이하고, 설치비가 저렴하기 때문인 것으로 파악되었다(서울특별시, 2014, "도시개발이익의 합리적 공유방안 마련을 위한 학술용역").

세 번째 문제로 정비사업을 통해 공급되는 건축물이 고층·고밀의 형태로, 지형 및 자연환경을 훼손하거나 위압감·답답함 등을 초래하는 경관이 형성되는 사례가 다수 발생하였다. 특히, 구릉지에 건설되는 고층의 판상형 아파트는 배후의 산이나 구릉을 가리는 방향으로 들어서게 되면서 고유의 경관과 지역성을 크게 훼손하게 된다. 또한, 택지조성 시 절·성토량이 많아지고 높은 절개지에 옹벽 또는 축대를 쌓기 때문에 붕괴위험에 대한 주민의 안전문제까지 야기되고 있다.

마지막 문제는 거주권에 대한 문제로, 정비사업으로 용적률과 건폐율이 상당히 증가함에 따라 일조권 · 조망권 · 프라이버시 등의 침해로 인한 갈등과 민원 문제가 발생하고 있다는 점이다. 특히 일조권은 삶의 질과 직결되는 문제이기 때문에 첨예한 갈등이 발생하여 소송으로 비화되기도 한다. 이와 관련하여 법원은 정비사업 등을 통해 건물이 신축되어 그 이웃 토지상의 거주자가 직사광선이 차단되는 불이익을 받는 경우, 그 일조 방해의 정도가 사회통념상 수인한도를 넘어서면 그 신축행위가 정당한 권리행사로서의 범위를 벗어나 사법상 위법한 가해행위로 평가된다고 판시하고 있다(대법원 2007. 6. 28. 선고 2004다54282 판결, 대법원 2002. 12. 10. 선고 2000다72213 판결, 2000. 5. 16. 선고 98다56997 판결 등).

7.2 사업성을 둘러싼 이해관계 주체 간 갈등 발생

일반적으로 갈등은 당사자 어느 한쪽 또는 양쪽에 원인과 책임이 있는 반면, 정비사업 갈등은 그보다는 외부의 상황적 요인에 의해 발생하는 경우가 많다는 점이 큰 특징이다. 특히 2000년대 중반 부동산경기가 활황일 때 대규모로 구역지정이 이루어져 사업이 추진되다가, 2008년 이후 글로벌 금융위기 이후 부동산경기가 침체 국면으로 접어들자 정비사업의 사업성이 악화되고, 이로 인해 갈등이 벌어지게 된 경우가 대부분이다(서울시, 2012)[100].

---

100) 서울특별시, 2012, '주거재생·정비사업 분쟁조정방안 및 갈등해결 절차·방법 등 연구'.

조합의 수입이 하락 또는 비용이 상승하게 되면 사업성이 낮아지는데, 이는 곧 조합원 개개인이 부담하는 추가부담금의 상승을 유인하고, 조합 내부, 조합과 시공자, 그리고 조합과 행정기관 간의 갈등으로 이어져 사업의 지연을 초래하게 된다. 사업의 지연으로 조합은 법적 쟁송 등 갈등해소에 소요되는 비용, 사업기간의 연장으로 추가되는 금융비용, 물가 및 인건비 상승에 따른 공사비 상승분 등의 추가적인 비용을 부담하여야 하고, 이것이 다시 조합의 사업성을 저하시키는 요인으로 작용하는 악순환이 발생하는 것이다.

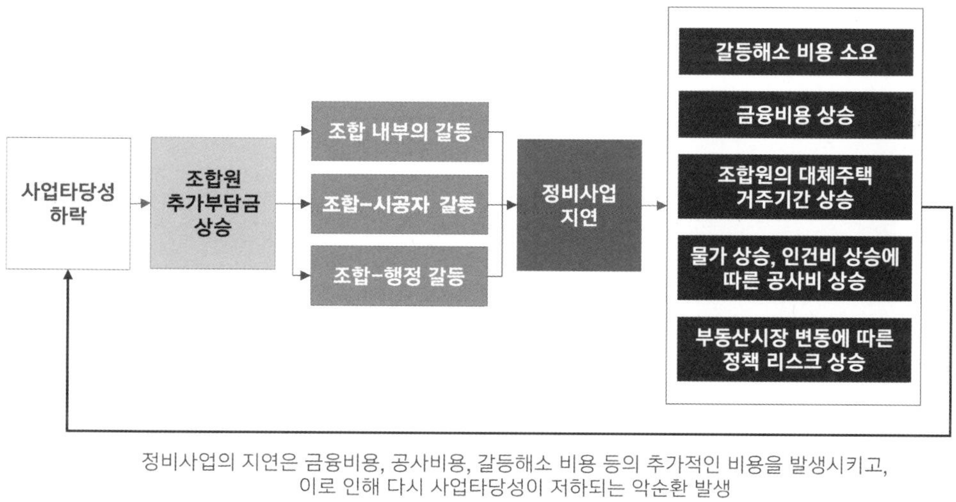

[그림 7-4] 사업성 하락에 따른 조합 내·외부의 갈등 발생 구조

위와 같은 구조 속에서 사업성과 사업비용을 둘러싸고 발생하는 조합 내부의 갈등과 조합과 시공자 간의 갈등, 그리고 조합과 공공 간의 갈등이 어떠한 양상으로, 왜 발생하는지 등을 살펴보면 다음과 같다.

1) 조합 내부의 갈등

조합 갈등은 주로 경제적 요인(근본적 원인)과 비경제적 요인(개인적 성향, 가치관, 사업추진세력들의 운영방식 등)에서 비롯되고, 그 양상은 크게 조합집행부 간의 갈등, 조합집행부와 조합원 간의 갈등, 조합원 간의 갈등 등으로 나타난다. 먼저 조합집행부

간의 갈등은 협력업체 선정, 임원선출과 관련된 문제에서 갈등이 발생하는 것으로 나타났다. 조합집행부와 조합원 간의 갈등은 주로 주민총회, 구역지정, 현금청산, 조합 및 임원 불신임, 주도권 다툼, 보상 및 부담금, 협력업체 선정, 동의서 징구, 개발 반대, 사업비 변경 등을 둘러싸고 발생한다. 그리고 조합원 간 갈등은 사업 찬반, 주도권 다툼, 개발방식 이견, 협력업체 선정, 보상 및 부담금 등과 관련해서 발생한다([표 7-1]).

사업이 지연되는 데에는 내부세력 다툼, 행정지연, 찬반대립 등의 문제도 원인으로 작용하지만, 많은 구역에서 사업의지 약화, 시공자의 자금중단 등 재정문제가 사업 지연의 가장 주된 요인으로 나타났다. 2000년대 중반 부동산경기가 활황일 때 대규모로 구역지정이 이루어져 정비사업이 추진되다가, 2008년 글로벌 금융위기 이후 부동산경기가 침체 국면으로 접어들었던 시기에도 사업성이 대부분의 갈등의 원인인 것으로 나타났다(서울시, 2012)[101]. 서울시에서 23개 구역 조합임원들을 대상으로 정비사업의 지연사유 설문을 실시한 결과, 경기변동으로 인한 사업성 저하, 사업비 부족, 국공유지 매입비용 부담, 기반시설 설치 부담 등 사업성과 관련된 답변이 51%로 가장 높은 것으로 조사되었다(서울시, 2014)[102].

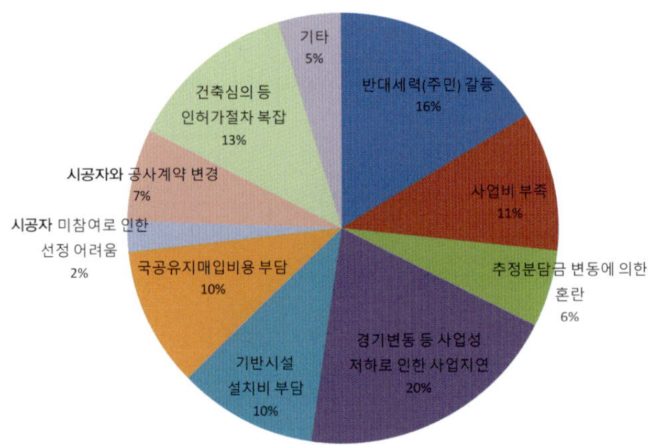

[그림 7-5] 정비사업 추진과정에서 지연사유

자료: 서울시, 2014, '미래 주거재생정책 실행방안 연구', 152쪽.

---

101) 서울특별시, 2012, '주거재생·정비사업 분쟁조정방안 및 갈등해결 절차·방법 등 연구'.
102) 서울시, 2014, '미래 주거재생정책 실행방안 연구'.

[표 7-1] 조합 내부 갈등으로 인한 사업 지연 사례

지연사유	사업구역	갈등원인	시행단계
조합 임원 해임	부산 해운대구 A 재건축[103]	기존 조합장 선거에서부터 이어진 불신과 분쟁	조합설립 인가
	서울 서초구 B 재건축[104]	지속적인 조합임원해임총회, 장기간 직무대행체제로 인한 사업 중단	관리처분 인가
	서울 서초구 C 재건축[105]	조합장 해임 및 가처분 소송, 새로운 조합장 선거 진행으로 인한 사업 지연	
	서울 성북구 D 재개발[106]	시공사 브랜드 및 집행부 불신	
	경기 성남시 E 재개발[107]	조합 내부갈등으로 조합장 해임 시도	사업시행 인가
	서울 중구 F 재개발[108]	지속적인 조합임원 해임총회	
	서울 강남구 G 재건축 [109]	조합 집행부 해임 및 새로운 집행부 선출, 재선정 시공사 설계변경을 위한 인·허가로 인한 지연	
	서울 성북구 H 재개발[110]	지속적 조합임원 해임총회, 비대위의 관리처분계획 변경을 위한 총회 방해, 사업성 악화	
	서울 동작구 I 재개발[111]	사업시행계획인가 이후 조합장 해임	
	서울 성동구 J 재건축[112]	지속적인 조합임원 해임 시도, 총회 지연	
	서울 강동구 K 재건축[113]	분양가 상한제 회피 목적으로 비대위 결성 및 조합원 관련 문제	착공
	서울 동작구 L 재개발[114]	임원해임 및 선임과 관련한 분쟁	
	부산 수영구 M 재건축[115]	집행부 해임 후 다시 조합장 해임 3개파의 상호 견제, 조합장 부재로 의사결정 지연	
	서울 강남구 N 재건축[116]	구(舊) 조합 추가 분담비 증가 등의 이유로 해임 추진 조합원 모임 결성	
집행부 부재	울산 중구 O 재개발[117]	집행부 부재로 관리처분계획인가 지연	사업시행 인가

---

103) '해운대구 A구역 재건축, 지난 15일 조합 임원'해임", <한국도서관신문>, 2021.05.17., <http://www.libnews.co.kr/detail.php?number=5486&thread=11>(접속일:2021.07.26.)

104) '서초구 B구역 조합장 해임추진 '조합원들 의견 반영 안해", <머니투데이>, 2020.08.11., <https://news.mt.co.kr/mtview.php?no=2020081115244234026>(접속일:2021.07.26.)

105) '조합장 해임 소송전 끝…서초 C 재건축 '재시동", <팍스넷뉴스>, 2021.01.29., <https://paxnetnews.com/articles/70342>(접속일:2021.07.26.)

106) '우리 아파트도 '아크로"르앨' 등 고급 브랜드 달아달라', <한경부동산>, 2021.07.19., <https://www.hankyung.com/realestate/article/2021071922361>(접속일:2021.07.26.)

권리가액·비례율·분양가 등은 조합원의 분담금과 직결되기 때문에 부동산경기의 침체가 지속되거나, 사업성이 좋지 않은 사업장에서는 과도한 추가 분담금을 우려하여 주민들이 추진위 활동을 반대하고 사업 자체도 반대하는 갈등이 발생하는 것으로 나타났다. 주민과 추진주체 간 갈등은 단순히 주민이 불만을 제기하는 경우도 있지만 주민의 불만이 심화되어 집단화할 경우 반대파를 형성하거나 비대위를 결성하여 소송에까지 이르는 경우도 발생하였다.

2) 조합과 시공자의 갈등

조합은 정비사업의 시행자이지만 자본력과 전문성이 부족하기 때문에 협력업체에 대한 의존도가 높다. 특히 일반적인 도급형태와는 달리 정비사업 전반에 걸쳐서 시공자의 영향력이 매우 크다. 그 원인은 조합의 재원조달 구조 측면에서, 비용의 측면에서 찾아볼 수 있다. 조합은 일반분양 및 조합원 분양을 통해 수익이 발생하기 전에는 스스로 자본을 조달할 수 없고 외부로부터의 차입이 필수적이다. 이때 주로 시공자의 자금을 차입하거나 시공자 보증으로 금융기관으로부터 차입하게 된다. 또한 전체 정비사업

---

107) '성남시 E구역, '조합 정상화' 수순…'오는 5월 관리처분총회 개최 예정',<시사오늘,시사ON,시사온>, 2021.04.02., <https://www.sisaon.co.kr/news/articleView.html?idxno=125904>(접속일:2021.07.26.)

108) '중구 F구역 재개발조합 28일 집행부 선출총회 개최', <하우징헤럴드>, 2020.11.24., <http://www.housingherald.co.kr/news/articleView.html?idxno=40090>(접속일:2021.07.26.)

109) '강남구 G 재건축, 시공자 선정 난항 '예상'', <아유경제>, 2018.11.01., <http://www.areyou.co.kr/news/articleView.html?idxno=38132>(접속일:2021.07.26.)

110) '사업지연 이자 부담 커진다...집단행동 나선 성북구 H구역 조합원', <디지털타임스>, 2020.07.02., <http://www.dt.co.kr/contents.html?article_no=2020070302101532031001&ref=naver>(접속일:2021.07.26.)

111) '활활 타오르는 동작구 I재개발', <매일경제>, 2020.12.04., <https://www.mk.co.kr/news/economy/view/2020/12/1245736/>(접속일:2021.07.26.)

112) '성동구 J 재건축, 설계변경·관리처분계획 '투트랙'...재건축 정상화화 축포쐈다', <하우징헤럴드>, 2021.05.26., <http://www.housingherald.co.kr/news/articleView.html?idxno=41324>(접속일:2021.07.26.)

113) '강동구 K 재건축, 구조합과 완전결별...'분양은 내년 하반기?'', <비즈니스워치>, 2020.11.24., <http://news.bizwatch.co.kr/article/real_estate/2020/11/24/0014>(접속일:2021.07.26.)

114) '10년 기다렸는데 착공도 못한 동작구 L구역 '좌초위기'', <매일일보>, 2019.09.01., <http://www.m-i.kr/news/articleView.html?idxno=634444>(접속일:2021.07.26.)

115) '공사비 상세내역 공개 두고 갈등의 골 깊어지는 A건설-조합',<디지털타임스>, 2020.08.26., <http://www.dt.co.kr/contents.html?article_no=2020082702101532031004&ref=naver>(접속일:2021.07.26.)

116) ''사업성높여라' 강남구 N 재건축 조합장 교체요구', <국제뉴스>, 2021.05.19., <http://www.gukjenews.com/news/articleView.html?idxno=2226455>(접속일:2021.07.26)

117) '울산 O 재개발, 조합장 해임 1억 보수 서약 논란', <울산MBC>, 2021.05.10., <https://www.usmbc.co.kr/article/-FaO6I16pR>(접속일:2021.07.26.)

비 중 7~80% 상당이 시공자에 지급되는 공사대금이라는 점에서 조합과 시공자의 이해관계는 사업에 매우 중요한 영향을 미친다. 그 속에서 조합과 시공자는 설계변경 및 공사비 증가, 분양가 산정, 조합운영비·이주비 등 사업비의 대여 및 상환조건, 공사 계약조건, 공사 지연 등으로 인해 갈등을 빚는다.

[표 7-2] 정비사업의 자금조달 구조

구분	추진위운영비	조합운영비	설계용역시	세입자대책 등	공사비
조달방법	정비업체 차입	시공자 차입 또는 금융기관 차입(시공자 보증)			분양대금

자료: 서울시 주거환경개선정책 종합점검 및 보완발전방안, 서울시 주거환경정책 자문위원회, 2009

특히 분양가 산정은 주된 갈등요인 중 하나로, 도급제 방식의 정비사업의 경우 분양가가 높으면 미분양의 위험이 높아지고 이에 따라 공사비 회수가 어려워지기 때문에 시공자는 적정분양가보다 낮게 책정하고자 하며, 반대로 조합은 분양수입이 곧 수익성과 직결되기 때문에 분양가를 높게 책정하고자 하여 이해관계의 충돌이 발생한다.

위와 같은 갈등이 소송으로 비화되는 경우도 종종 발생하는데, 조합이 시공자와의 계약을 해지하기 위한 총회를 개최하면 이에 대해 총회결의 무효소송 및 시공자 지위 확인소송 등이 진행된다.

3) 조합과 행정당국의 갈등

조합과 행정당국의 갈등은 주로 기반시설 설치, 일반분양가 산정, 인·허가 절차 등에 관한 사항에서 나타난다.

기반시설에 대해서는 그 내용과 범위를 두고 조합과 관할관청 간에 갈등이 발생하는 경우가 있다. 예컨대 도시계획시설 도로의 설치비용을 조합이 부담하게 하거나 학교용지를 확보하라는 요구 등이 그러한데, 대개의 경우 원활하고 신속한 사업 추진을 위해 조합이 지방자치단체의 요구를 받아들이는 것으로 마무리되나, 이로 인해 사업성이 악화되어 추가분담금이 발생하는 등의 문제가 발생한다.

한편, 주택도시보증공사(HUG)의 고분양가 심사와 민간택지 분양가 상한제로 인해 수입은 줄어드는 반면 토지가격의 급등, 공사비 상승, 세입자 보호대책 등으로 인해 비용은 늘어나게 되자, 조합은 점차 정비사업을 추진하기 어려운 환경에 놓이게 되었다. 분양가 상한제 시행으로 인한 사업성 악화, 조합원 간 갈등 확대로 사업의 장기화 및 표류 가능성이 커질 것이며, 시차를 두고 주택공급 감소로 이어질 가능성도 존재한다.

이 외에도 법률의 잦은 개정과 급변하는 정책으로 인한 인·허가 절차가 길어져 사업의 예측가능성을 저해하고 사업을 지연시키는 원인이 되는 것으로 나타났다. 관할관청에서는 법령의 개폐가 있을 경우 해석과 적용에 어려움을 겪고 있으며, 이로 인해 인허가 업무가 지연되면서 조합과 관할관청과의 갈등이 발생하고 있다. 예컨대 2010년 4월 「도시 및 주거환경정비법」의 개정으로 도입된 공공관리제도(現 공공지원제도)는 행정기관이 정비사업에 대해 한 체계적 관리를 시작했다는 점, 사업의 투명성 증대에 기여했다는 점에는 의의가 있으나 그 과정 속에서 자금지원 부족 행정처리 미숙, 갈등 악화 등이 발생하여 사업지연의 주된 요인으로 작용하기도 했다(김지은·이재형, 2015)[118].

7.3 정비사업의 사업성에 따른 양극화 발생

앞서 살펴본 정비사업 조합 내·외부에서 발생하는 갈등들은 사업성이 좋은 지역이라고 해서 반드시 발생하지 않는 것도 아니고, 사업성이 좋지 않은 지역이라고 해서 반드시 발생하는 것도 아니다. 문제는 사업성이 좋은 지역의 경우 갈등으로 인해 증가하는 사업기간과 비용을 안고서라도 사업을 추진할 수 있는 의지와 동력이 있지만, 반대로 사업성이 좋지 않은 지역에서는 이러한 갈등이 사업의 장기간 지연, 중단 및 해제에 결정적인 역할을 하고, 다시 사업을 추진하기가 더욱 어려운 환경에 놓인다는 점이다. 정비사업에도 사업성에 따른 양극화가 발생하고 있는 것이다. 이러한 양극화의 발생 양상을 정비사업의 추진 속도에 따라서, 구역 해제 여부에 따라서 살펴보면 다음과 같다.

---

118) 김지은·이재형, 2015, '재개발사업 지연요인 및 개선 방안', 한국주택산업연구원.

1) 사업속도의 양극화

2014년 이후 주택시장이 회복세에 접어들고, 2018년 이후 신규주택 공급 부족의 불안심리와 맞물려 신축 아파트를 중심으로 한 주택가격 앙등이 나타나자 '앞으로 신축이 될' 정비사업에 대한 관심이 증대되었다. 이에 그간 지지부진했던 재개발사업에 다시 시동을 거는 구역이 점차 증가하고 있다. 예컨대 과거 뉴타운사업이 한창이던 2000년대 후반에 대규모 구역지정이 이루어진 이후 글로벌 경기 침체로 인해 주택시장이 급격히 냉각되면서, 추진위원회 설립 이후 지지부진한 사업속도를 보이던 제기6, 청량리6, 신길2, 신림1(촉진), 이문4(촉진), 장위3(촉진), 노량진3(촉진), 노량진5(촉진) 구역 등이 최근 2~3년간 조합설립인가를 득했다. 노량진1(촉진)은 2006년 추진위원회가 설립된 이후 17년 만인 2023년 사업시행계획인가를 득했으며, 노량진2(촉진), 노량진6(촉진), 노량진8(촉진) 구역도 오랜 기간 사업시행계획인가 단계에 머무르다가 추진위원회 설립 및 구역지정 이후 12년 만인 2021년에 관리처분계획의 인가가 완료되었다.

그러나 이와 같은 주택시장의 상승세와 재개발사업에 대한 관심이 증대되는 와중에도 입지적 요인이나 도시계획적 규제 등으로 인해 충분한 사업성을 담보할 수 없는 지역에서는 여전히 재개발사업이 지연되고, 중단된 상태로 방치되고 있어 문제가 되고 있다. 신설1, 미아11, 봉천13, 전농8(촉진), 전농12(촉진), 흑석1(촉진) 등도 2000년대 후반에 구역지정되었지만 10년 이상이 흐른 지금까지도 조합설립인가를 받지 못한 채 행위제한에 따른 개별 주거환경 개선이 어려운 문제에 직면해 있다. 이들 지역에는 도로·주차장 등의 기반시설이 여전히 부족하고 건축물은 더욱 노후화된 채 방치되고 있어 안전사고의 위험이 상존하고 있으며, 화재·지진 등과 같은 재해 발생 시 신속하게 대응하기 어렵다. 주거안정성의 저하로 인해 사람들이 떠나고 빈집이 발생하면 범죄 발생의 가능성이 커져 슬럼화 또한 우려된다.

2) 뉴타운·재개발 해제지역의 방치

사업이 장기간 표류하다 구역이 해제되는 경우에는 또 다른 문제에 직면하게 된다. 해제지역에서는 사실상 전면철거형 재개발사업이 유일한 해결책으로 검토되어 왔음에도 불구하고, 아무런 대안 없이 구역이 해제되고 그 이후로도 또다시 수년 이상 노후주택이 방치되고 열악한 기반시설에 대한 개선이 이루어지지 않고 있다.

뉴타운·재개발 출구전략이 발표된 2012년부터 254개 구역이 일반해제, 135개 구역이 직권해제되었다. 이 중 서울형 도시재생사업(102개소), 기존 관리계획 환원 관리(53개소), 소규모주택 정비사업(26개소) 등 대안사업이 추진되었으나, 나머지 절반이 넘는 208개소에서는 별다른 대안사업이나 관리계획이 수립되지 않은 채 해제되었다. 이들 지역은 도로폭, 접도조건, 주차장, 주민편의시설 등 기반시설이 불량한 저층주거지가 대부분이고, 무질서한 건축·빈집 발생 등 난개발과 지역쇠퇴 징후가 뚜렷한 것으로 분석되었다. 또한 고령인구, 저소득층, 1·2인가구 등 취약인구의 비율이 높은 것으로 나타났다(장남종 외, 2018)[119].

이들 지역은 과거에 정비구역으로 지정될 만큼 기반시설이 열악한 환경임에도 불구하고, 해제 이후 면적이 넓거나 모양이 반듯한 필지만을 중심으로 무분별한 점단위

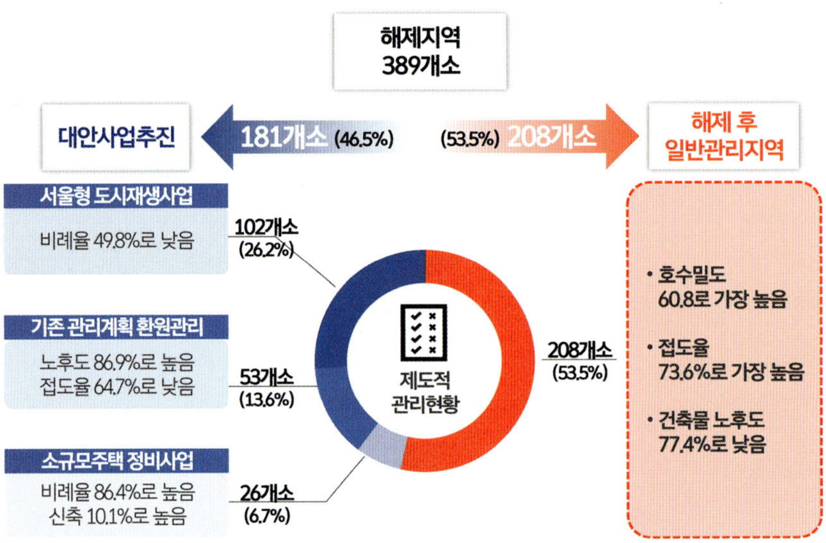

자료: 장남종 외, 2018, '뉴타운·재개발 해제지역 실태분석과 주거재생방향', 서울연구원.

[그림 7-6] 재개발·뉴타운 해제지역의 관리 현황

---

119) 장남종 외, 2018, '뉴타운·재개발 해제지역 실태분석과 주거재생방향', 서울연구원.

신축개발이 이어지고 있다. 이로 인해 거주민의 생활여건이 더욱 악화될 뿐만 아니라, 노후도 충족이 어려워져 향후 정비사업의 재추진 가능성까지 없애고 있다.

일례로 2017년 해제된 신길6재정비촉진구역의 사례를 살펴보자. 2012년 서울시 뉴타운·재개발 실태조사 당시 구역 내 20년 이상 노후 건축물 비율이 88.6%와 30년 이상 노후 건축물 비율이 58.3%로, 해제된 재개발(예정)지역의 중간값이 각각 78%, 43.9%라는 점을 고려하면 다른 재개발구역보다도 건축물의 노후도가 더 높은 것으로 나타났다. 그러나 추진위원회 승인 또는 조합 설립일로부터 기한 내에 사업시행계획 인가를 신청하지 않아 2016년 7월 29일 서울시로부터 직권해제 대상구역으로 통보되어 2017년 8월 3일에 해제되었다(서울시고시 제2017-288호). 구역이 해제된 이후 행위제한도 함께 풀리면서 역과 주간선도로가 가까운, 면적이 넓고 모양이 정형화된 필지들을 중심으로 원룸·빌라가 다수 신축되기 시작했다. 이로 인해 2021년 공공재개발 사업 후보지 공모에 참여하였으나 주거정비지수를 충족하지 못하여 신청이 반려되었다. 이처럼 점단위 개발이 이루어지게 되면 향후 다시 정비사업의 추진 움직임이 발생한다고 하더라도 노후도를 충족하기 어려운 문제가 발생한다.

[표 7-3] 신길6재정비촉진구역 사업 및 직권해제 추진경위

구분	내용
사업 추진경위	▪ 2011. 09. 22. 재정비촉진구역으로 변경 지정(서울시고시 제2011-277호) ▪ 2012. 05. 11. 조합설립추진위원회승인
직권해제 추진경위	▪ 2016. 04. 15. 신길6재정비촉진구역 직권해제 신청(주민 → 구) ▪ 2016. 05. 11. 직권해제 신청에 따른 검토결과 제출(구 → 시) - 해제동의율 37.46%(118명/315명) ▪ 2016. 06. 23. 정비구역 등 직권해제 전문가 검토회의(적합) ▪ 2016. 07. 20. 도시계획위원회 자문 ▪ 2016. 8. 31.~11. 05.(60일간): 주민의견조사

전체	참여자	유효			무효	기권	참여율	사업 찬성률
		계	찬성	반대				
309	245	235	133	102	10	64	79.2	43.04

[그림 7-7] 차량 통행이 어려운 신길6재정비촉진구역 내 이면도로

[그림 7-8] 전신주가 도로 가운데 놓여진 신길6재정비촉진구역 내 도로

자료: 네이버지도 로드뷰

7.4 주거취약계층 보호의 한계 발생

1) 낮은 원주민 재정착률

정비사업 중에서도 특히 재개발사업은 주택 내·외부의 여건뿐만 아니라 지역 환경과 기반시설도 열악하기 때문에 상대적으로 소득수준이 낮은 사람이 거주할 가능성이 높다. 때문에 재개발사업 추진에 따른 원주민들의 추가분담금은 재건축사업 등 타 정비사업에 비해 상대적으로 아주 크게 느껴질 수밖에 없다. 이러한 주택을 소유한 토지등소유자는 많은 경우 저소득층 노령가구이며, 해당 주택의 임대 소득으로 생활을 유지하고 있어 재개발사업 진행과정에서 월세 소멸, 보증금반환, 추가분담금으로 경제적인 고충을 겪게 된다. 정비사업 이후에 원치 않아도 경제적 여건에 따라 타 지역으로 이사를 가거나, 추가분담금을 지불하지 못해 입주권을 매도할 수밖에 없는 상황에 내몰리기도 한다. 이러한 이유 때문에 정비사업을 통해 거주하고 있는 주민의 주거수준과 주거안정 향상 정도를 판단하기 위한 대표적인 지표로 '원주민 재정착' 개념이 통용되고 있다.

이승주 외(2010)[120]가 서울시내 20개 구역을 대상으로 분석한 결과에 따르면, 재개

---

120) 이승주 외 2인, 2010, '주택재개발사업의 공공참여에 의한 원주민의 재정착 가능성 변화 분석', 도시행정학보 23(1), 한국도시행정학회, 3-25쪽.

발사업을 통해 원주민 수의 두 배 이상이 되는 세대가 공급되지만, 재정착하는 원주민은 건립세대의 13.7%의 비율만을 차지하는 것으로 나타났다. 원주민 중 50%가 2억 4천여만 원 이하의 권리가액을 가지며 1억 원에서 1억 5천만 원 사이에 가장 많이 밀집하고 있었으며, 평균적으로 1억 3천여만 원을 부담하여야 재정착이 가능한 것으로 분석되었다.

한편 관리처분인가 시 나타나는 조합원의 권리가격이 높고 분양가격이 낮을수록 재입주율은 높게 나타났으며, 입주 전 거주지역의 위치 특성, 국민주택규모 미만의 주택을 공급할 경우 조합원의 재입주율이 높게 나타났다. 또한 재개발로 건축되는 건축물의 용적률 및 층수가 높을수록 재입주가 높아지는 반면, 사업기간이 길어질수록 재입주율이 낮아지는 것으로 분석되었다(고덕균·김홍규, 2004)[121]. 이는 재개발로 건립되는 건축물의 용적률은 분양세대수와 밀접한 관계가 있으며, 이는 조합의 분양수입금, 조합원의 추가분담금과 직접적인 연관이 있기 때문으로 판단된다.

또한 재입주율은 사업기간의 영향도 받는데, 사업기간이 길어질수록 조합원의 금융비용이 점차 누적되어 재정적 부담으로 작용하고, 재입주기간까지의 기간이 길어지면서 이주한 지역에서 정착할 확률이 높아지기 때문에 재입주율이 낮아지기도 한다.

2) 세입자 대책이 부재한 영역 발생: 단독주택재건축사업, 상가 임차인 등

재개발사업의 경우 「공익사업을 위한 토지 등의 취득 및 보상에 관한 법률」을 준용[122]해 기존 세입자들에게 주거이전비나 임대주택 등의 지원이 제공되는 반면, 재건축사업의 경우 천재지변이나 재난, 시설물 결함으로 긴급조치가 필요한 경우가 아니라면 세입자는 어떤 보상도 받을 수 없다. 「공익사업을 위한 토지 등의 취득 및 보상에 관한 법률」에서 도시 내 낡은 주택과 불량한 도로·상하수도 등을 정비하는 재개발사업은 공익사업으로 보고 해당 구역 세입자의 영업손실, 주거이전비 등을 보상하지만, 재건축사업의 경우 민간이익을 위한 사업으로 보고 별다른 보상 대책을 규정하지

121) 고덕균·김홍규, 2004, '주택재개발사업특성이 재입주에 미치는 영향', 한국주거학회논문집 제16권 제3호, 한국주거학회

122) 「도시 및 주거환경정비법」 제65조

않고 있기 때문이다. 여기에는 주택정비형 재개발사업과의 차별성이 부족하다는 것을 이유로 폐지된 단독주택재건축사업도 포함된다.

그러나 2012년 단독주택재건축사업이 별도의 세입자 손실보상의무 규정 없이 폐지되면서, 이 사업에 포함됐던 주택 세입자들이 법의 사각지대에 놓이며 '철거 난민'이 될 수 있는 상황에 놓이게 되었다. 이에 대한 대책으로 서울시에서는 「단독주택 재건축 세입자 대책(2019. 04. 24.)」을 발표하고, 사업시행자로 하여금 철거세입자에게 재개발에 준하는 손실보상(주거이전비, 동산이전비, 영업손실보상비)을 하도록 하였다. 다만, 이는 지방자치단체 차원의 정책일 뿐 관련 법개정이 동반되지 않아 지역별로 대책 마련의 차이가 발생할 것으로 예상된다.

한편, 정비구역 내의 상가에서는 권리금 등에 대한 갈등으로 첨예하게 대립하는 양상이 지속적으로 나타나고 있다. 임차상인들의 권리금 보상 요구로부터 촉발된 용산 국제빌딩주변 제4구역 도시환경정비사업 철거현장 화재사건(일명 용산참사)과 같은 비극이 다시 발생하는 것을 막기 위해 2015년 「상가건물 임대차보호법」의 일부 개정[123]이 단행되었다. 이를 통해 오랫동안 논란의 대상이었던 상가 권리금이 법제화되어 임차인의 권리금 회수기회가 보호받게 되었지만, 문제는 재개발사업이 보호의 대상에서 제외되었다는 점에 있다. 「도시 및 주거환경정비법」에 의한 재개발사업은 "다른 법령에 따라 철거 또는 재건축이 이루어지는 경우"에 해당되어 권리금 회수 보호 조항 적용의 예외가 된다(「상가건물 임대차보호법」 제10조의 4 제1항 단서). 이에 따라 수백 내지는 수천만 원에 이르는 영업시설비가 투입되고, 관행상 상가건물의 임대차계약 또는 임차권의 양도 시 권리금이라는 명목으로 거액의 금액이 수수되고 있음에도 불구하고 사법상으로도, 공법상으로도 보호를 받지 못해 이주 과정에서 보상금을 둘러싸고 갈등이 발생하고, 무력 충돌로 비화되기도 한다.

---

123) 법률 제13284호, 2015. 5. 13., 일부개정

8

새로운 정비사업을 위한 제언

8장 새로운 정비사업을 위한 제언

8.1 지금까지의 공공과 민간(조합), 앞으로의 민간(조합)과 공공

고도 압축 성장과정에서 우리 사회를 지배했던 것은 필연적으로 생산성과 효율성일 수밖에 없었으며[124], 이런 기조 속에 등장한 정비사업은 공공(중앙정부 및 지방자치단체)과 민간(건설사, 조합 등) 모두에게 Win-Win의 개발수단이 되어 왔다. 공공은 정비사업을 통해 발생하는 '불로소득'인 개발이익이 모두 조합에 귀속된다는 점을 들어 조합에 각종 의무를 부과해왔으며, 그 결과 주택난 완화, 주거환경 개선, 기반시설 공급, 공공임대주택 공급이라는 성과를 낼 수 있었다. 동시에 민간(조합)은 일반분양세대의 건축 연면적이 클수록 수익이 극대화되는 구조 속에서 고층·고밀의 공동주택을 공급함으로써 시세차익과 개발이익을, 시공사는 시공권 수주를 통한 영업이익을 얻는 구조가 이어져 왔다.

그러나 정비사업이 사업성을 최우선에 둔 '용적률 게임', '연면적 게임'의 장으로 변질되자 다양한 문제들이 촉발되었다. 이러한 시장실패의 문제들은 구역 내에 머무르지 않고 사회 전반으로 파생되며, 이를 바로잡기 위한 부담은 날이 갈수록 커지고 있다. 이 책의 7장에서 지적한 정비사업으로 인해 우리 도시와 사회에 파생되는 문제들은, 정비사업이 민간 일방에 의해 추진되는 기울어진 구도가 형성된 것에서 그 원인을 찾을 수 있다. 일반적으로 정비사업으로 인해 발생하는 개발이익의 대부분을 조합에서 가져가는 것으로 알려져 정비사업의 공공성을 조합에서 달성하는 것이 타당하다는 논리가 주를 이루었다(이승주·김금현, 2011)[125]. 이에 따라 조합이 정비사업을 통해 이익을 가져가는 부분에 대해서는 아주 엄격한 공공성을, 비용을 부담하는 부분에서는 영

---

124) 남진 외 2인, 2015, '도시성장단계평가를 통한 도시재생의 타당성 분석: 차별적 도시화 모델과 순환적 도시화 모델 적용', 국토계획, 제50권 제3호, 대한국토도시계획학회, 153-177쪽.

125) 이승주·김금현, 2011, '재개발사업에서의 주체별 개발이익의 추정', 국토계획 제46권 제3호, 대한국토도시계획학회, 118쪽.

리성을 강조해 왔다. 예컨대 정비사업에 대한 도시계획적 의무와 기여는 공공사업의 잣대를, 출자부터 청산까지 자본조달과 각종 리스크 부담은 민간사업의 잣대를 적용해 왔다. 반면 공공은 정비계획 수립, 정비구역 지정, 사업추진을 위한 인·허가 등과 같은 소극적 역할을 수행하고 있어 사실상 정비사업을 지원하기 위한 공공의 역할이 미비하다고 해도 과언이 아니다.

즉, 그동안 낙후된 주거환경의 개선, 기반시설 및 공공시설의 설치, 공공임대주택의 공급과 같은 정비사업의 공공성은 비단 공공 일방에 의한 것이 아니라, 민간(조합)과 함께 형성해 온 것이라 할 수 있다. 기본적으로 조합은 사인 간의 결사로서 영리를 추구하는 민간주체이므로 이들에게 공공성이 있다고 할 수는 없다. 그런데도 조합에 대해 공공성을 논할 수 있는 것은 이들이 자본과 노력으로 시행하는 정비사업의 추진과정과 그 결과물이 공공성을 가지기 때문이다. 조합이 시행하는 정비사업을 둘러싼 법률과 행정, 법정사업으로서 요구되는 각종 절차, 그리고 정비사업을 통한 주거환경의 개선, 정비기반시설의 설치, 공공임대주택 확보 등의 결과물들이 결국 민간의 공공성을 반증하는 것이라 할 수 있다.

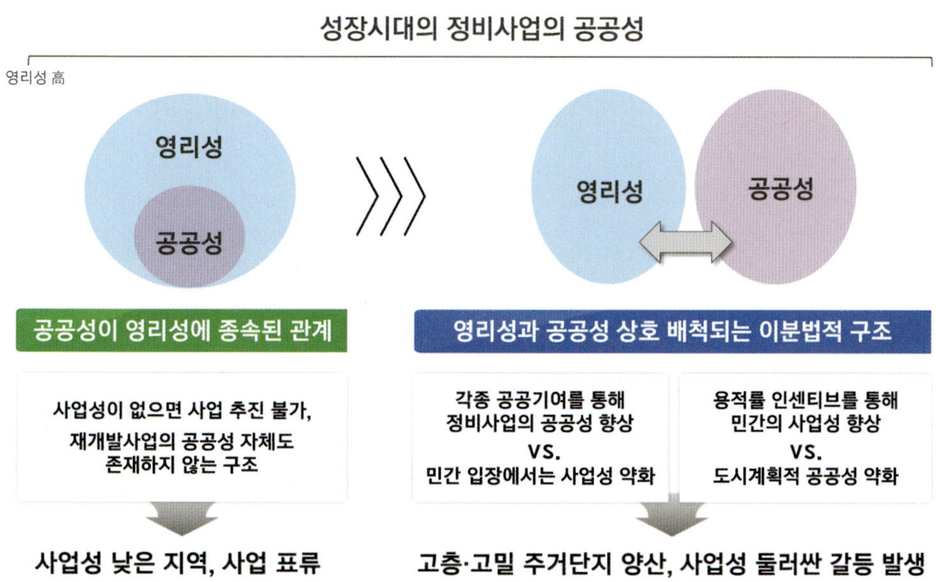

[그림 8-1] 성장시대의 정비사업의 공공성과 영리성의 관계

따라서 주체의 문제라기보다는 누구의 자본과 노력이 투입되었는지, 그로 인해 우리 사회와 일반 구성원에게 필요한 서비스와 재화가 공급되었는지 등 그 과정과 결과가 정비사업의 공공성을 판단하는 핵심이 된다고 할 수 있고, 이를 형성하는 민간이 공공성의 새로운 영역에 포함된다고 할 수 있다.

그러나 성장시대의 정비사업에서 영리성과 공공성은 두 가지의 관계 속에서 존재해 왔다. 첫째, 정비사업의 공공성은 반드시 영리성을 전제하였을 때만 형성될 수 있는 것으로, 공공성이 영리성에 종속된 관계를 형성하였다. 즉, 일정 수준 이상의 사업성이 기대되지 않으면 정비사업 자체가 일어나지 않고 주거환경의 개선, 정비기반시설 및 공공임대주택의 공급 등 정비사업의 공공성 자체도 존재하지 않게 되는 것이다.

둘째, 영리성과 공공성이 상호 배척되는 대립적 관계가 형성되었다. 공공임대주택, 정비기반시설 등 각종 공공기여를 통해 정비사업의 공공성을 높이는 것이 곧 민간 입장에서는 사업성 약화를 의미하고, 용적률 인센티브를 제공하여 고층·고밀의 공동주택 건설을 허가하는 것이 곧 도시계획적 공공성의 약화를 의미하는 서로 배척되는 구도가 지금까지 이어졌다.

문제는 사회·경제·문화 전반에서 거대한 패러다임의 변화가 일어나고 있음에도 불구하고, 위와 같이 공공성이 영리성에 종속되는, 또는 공공성과 영리성이 상호 배척되는 이분법적 구조가 1983년 합동재개발사업 방식의 도입 이후 40년 가까이 동일한 방식으로 형성되어 왔다는 것에 있다. 이에 정비사업의 공공성과 영리성의 관계를 새로이 정립하는 것이 그 어느 때보다 필요하다.

8.2 정비사업의 새로운 공공성에 어떻게 다가가야 할까?

정비사업의 새로운 공공성은 공공은 공공성, 민간은 영리성으로만 획일적으로 대변되던 낡은 구도에서 벗어나, 결과적으로 주거환경의 개선, 기반시설의 설치, 공공임대주택 등 우리 사회와 일반 구성원에게 필요한 서비스와 재화를 공급해 온 민간을 공공성의 영역에 포함하는 것에서부터 시작한다. 이를 기반으로 공공과 민간이 각각 관리의 주체와 객체가 되는 수직적 지위 구조가 아닌, 민간이 정비사업의 공공성을 제공할 수 있도록 공공이 지원하는 파트너십을 구축하는 것이 필요하다. 또한 필연적으로 지역성·장소성을 저해하고 주변지역에 부영향을 줄 수밖에 없는 용적률 인센티브 중심의 공공지원 방식과 정비사업 추진 방식의 변화를 기대할 수 있다. 단, 높은 공공성이 반드시 필요한 특정지역에 한해서는 공공성이 영리성에 우선하는 구도가 만들어지는 것이 필요하다. 여기서의 핵심은 '특정지역'과 '공공성이 우선'하는 것에 있다.

먼저 '공공성이 우선'하는 것이란, 그동안 민간 일방에 의해 제공되어 왔던 정비사업의 추진동력을 공공이 주축이 되어 제공하는 것을 말한다. 다만, 여기에는 반드시 '특정지역'에 한해야 한다는 전제가 따라야 한다. 이윤극대화 동기에서 이루어지는 민간투자와는 달리 공공투자의 공간적 배분은 다양한 사회·경제적 고려하에서 이루어지는데(최병호 외 2인, 2012)[126], 이는 정비사업의 공공성과 영리성에 대한 문제에도 적용된다. 공공의 재원이 한정적이기에 모든 구역에서 공공성이 우선된다면 국가 및 지방자치단체의 재정건전성에 대한 문제와 세금 지출의 형평성에 대한 문제를 모두 야기할 수 있기 때문이다. 따라서 시장 원리에 맡겨두어 민간의 자율적인 의사결정을 통해서는 그 문제가 도저히 해결되지 않는 지역, 특히 도로·주차장 등의 기반시설이 부족하고 건축물이 노후화되어 거주민의 보건과 안전이 위협받고 있어 시급히 정비가 요구되는 지역임에도 불구하고, 사업성이 낮아 사업 추진의 동력이 약해 별도의 관리계획 없이 장기간 방치되고 있는 지역에서만큼은 사업의 추진 여부와 속도를 전적으로 민간에만 맡기지 않고 공공성이 영리성에 우선되는 구도가 적용되어야 한다.

성숙시대, 그리고 도시정비를 통해 지속가능하고 새로운 삶의 양식에 부합하는 도시공간을 혁신적으로 창출하기 위해서는 다음과 같은 노력이 필요하다.

첫째, 정비사업에 대한 우리 사회와 공공의 인식 개선이 필요하다. 민간에게 일방적인 구도 속에서도 정비사업이 추진될 수 있었던 과거 성장시대와는 달리, 각종 정책적

---

126) 최병호 외 2인, 2012, 지방분권 전·후 시기의 공공자본의 생산성과 공간적 배분 효율성 비교, 지방행정연구 제26권 제1호, 지방행정연구원, 81-106쪽.

규제와 고비용화로 인해 사업의 추진 자체가 어려운 구역이 곳곳에서 나타나고 있다. 이에 공공과 민간은 정비사업이 일어나지 않으면 주거환경의 개선, 정비기반시설 및 공공임대주택의 공급 등 정비사업의 공공성 자체도 존재하지 않는다는 것에 대한 공동의 인식을 구성하고, 거대한 경제·사회·문화적 변화에 대하여 함께 적극적으로 대응하여야 한다.

둘째, 공공은 정비사업에서 단순한 관리의 주체에서 탈피하여, 사업추진 시기 또는 입지에 따른 사업의 불안정성을 보완할 수 있도록 능동적인 역할을 수행하여야 한다. 공공은 2009년 공공지원제도(구 공공관리제도)를 통해 민간 중심의 정비사업으로 인해 발생해 온 부조리를 청산하는 역할을 자처하고 나섰지만, 2000년대 후반 대규모 금융위기 이후 주택시장이 급변하자 그 역할을 포기한 채 정비사업의 몰락을 지켜보고 있었다. 시공사 선정시기를 늦추고 초기 사업장에 대한 공공융자를 공언하였으나, 지원을 시작한 지 고작 3년 만에 예산부족을 이유로 갑작스럽게 융자업무를 중단하였다. 당시는 주택시장의 침체로 많은 조합 및 추진위원회들이 어려움을 겪고 있던 상황이었다. 또한 추진주체 내·외부에서 많은 분쟁이 발생하며 서울시의 최대 갈등 현안으로 떠오

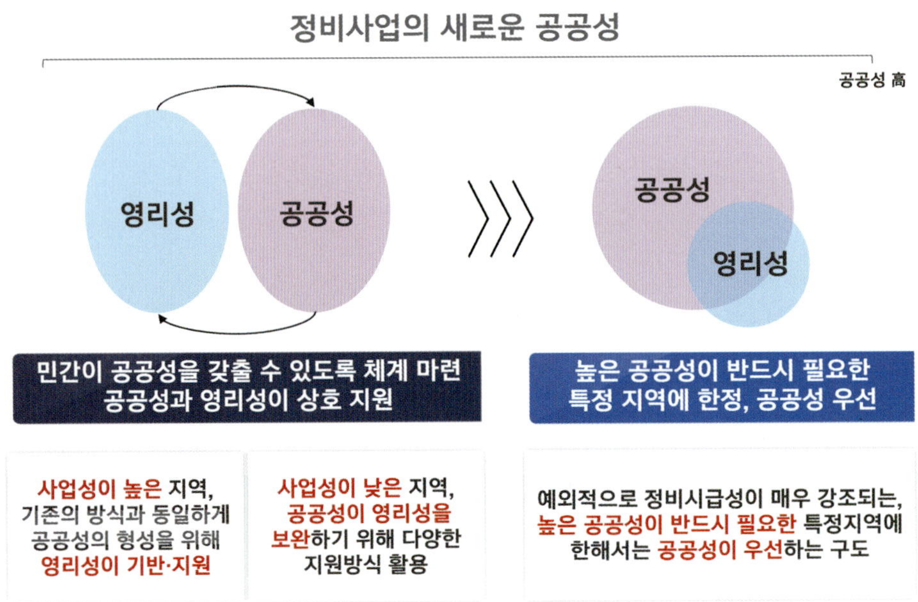

[그림 8-2] 성숙시대의 정비사업의 공공성과 영리성의 관계 재정립

르자, 그저 문제를 가장 빠르게 해결하는 방법으로 2012년 '정비구역의 해제' 카드를 꺼내 정비(예정)구역 398개소를 해제하기에 이르렀다. 지금까지도 절반 이상의 해제지역이 별다른 관리계획을 수립하지 못한 채 표류하고 있으며, 서울시 주택시장 수급불안의 주요 요인 중 하나로 꼽히고 있다. 따라서 사업의 추진시기 또는 입지에 따라 사업성에 등락이 발생하더라도 정비사업이 반드시 필요한 지역에서는 일단 시작된 사업이 지속적으로 추진될 수 있도록 공공이 공공기여량을 조정하거나, 정비기금 등 공공재정을 투입하여 정비사업의 불안정성을 보완하는 역할이 필요하다. 이를 통해 주택공급과 임대주택공급 등의 안정적인 확보를 통해 주택시장에 안정적인 신호를 보낼 수 있다.

셋째, 각종 인·허가에 소요되는 기간을 단축하고 민간에서 사전에 예측할 수 있는 장치를 마련하여야 한다. 파트너십의 매력은 민간 투자자들의 위험 비용을 감소시켜 투자동기를 유발하는 것에 있는데, 정비사업을 시행하는 과정에서 발생하는 주요 위험비용 중 하나가 바로 인·허가의 지연이다. 각종 심의, 관련 부서 및 실국 간 이견 등으로 인·허가가 보류·지체되는 경우, 이는 곧 사업의 지연 및 금융비용의 막대한 증가로 이어진다. 정비사업에서의 공공의 역할 증대는 이와 같은 불필요한 사업비의 지출을 방지하는 것에서부터 시작되어야 한다. 특히, 공공의 세입이 줄어들지도, 또는 세출이 늘어나지도 않아 재정지출을 요하지 않는 지원방안이라는 점에서 도입 장벽이 낮다. 이를 달성하기 위한 방안 중 하나로 공공–민간 사전협상제도(PPP Contract Negotiations)를 고려할 수 있는데, 이는 미리 정해진 원칙과 기준에 따라 각 사업참여 주체의 권리·권한·책임을 배분하고, 합의된 내용의 실행을 약속하는 시스템을 말한다. 이 제도를 통해 공공입장에서는 공공기여 방안을, 민간 입장에서는 사업성과 리스크를 보다 명확하게 예측·담보할 수 있게 된다.

넷째, 정비시급성 및 재정투입의 당위성이 일반 시민에게도 높이 인식되어 반드시 강력한 대중적 지지(public support)를 확보할 수 있어야 한다. 일반 도시계획 관련 사업과 달리 정비사업은 다양한 이해관계자들이 깊숙하게 얽혀 있고, 투자대상으로서도 일반 대중의 관심이 높다. 이 상황에서 특정 일부 정비구역의 사업성 또는 사업의 추진속도를 높이기 위해 공공이 행정적·재정적 지원을 확대한다면 공공의 형평성을 이유로 격렬한 반발에 부딪힐 가능성이 크다. 따라서 사업 추진의 동력이 약해 별도의 관리계획 없이 노후·열악한 주거환경이 장기간 방치되고 있는 지역 등 지원의 당위성이 분명하여 대중적 지지를 얻을 수 있는 곳을 대상으로 하여야 한다.

다섯째, 다양한 공공의 재원조달 기법(public financing)의 도입 및 활성화가 필요하다. 현재 국내 지방자치단체들의 재원조달 수단은 중앙정부로부터의 교부금과 지방정부의 조세수입에 주로 의존하고 있어 정비사업에서의 공공의 역할을 확대하기 위한 투자재원을 확보하는 데 한계가 있다. 이러한 상황에도 불구하고 '들어올 예산은 적고, 쓸 곳은 많은' 지방정부는 스스로 예산을 만들어 관리하고 쓰기가 어려운 것이 현실이다. 이에 따라 자본시장의 능동성을 적극 활용한 새로운, 그리고 유연한 공공과 민간의 재원조달기법이 필요한 시점이다. 미국, 영국, 일본 등 해외에서는 도시계획사업, 정비사업, 개발사업 등을 추진하는 과정에서 공공과 민간이 활용할 수 있는 다양한 재원조달기법들이 마련되어 있어 재정능력, 지역특성, 사업특성에 따라 선택적으로 활용하고 있다. 예를 들어 세수증가분을 활용하여 도시재생사업에 필요한 공공자금을 자체 조달하는 self-financing 기법인 조세담보금융(Tax Increment Financing; TIF)과 사업성이 부족한 도시재생사업에 대해 공공이 예상수익과 개발비용의 차액을 보조하고 사업 후 대상지역의 세제 수익으로 회수하는 갭 펀드(Gap Fund) 등 공공의 재원조달기법을 통해 정비사업에 대한 공공 참여의 새로운 구도를 모색할 수 있다.

구분	기법
기성시가지 정비에 활용 가능한 공공 재원조달기법	갭 펀드 Gap Fund / Funding Gap TIF(Tax Increment Financing; 조세담보금융), BID(Business Improvement District; 사업진흥지구) SAD(Special Assessment District; 특별평가지구) PFI(Private Finance Initiative : 민간자금주도) 등
기성시가지 정비에 활용 가능한 민간 재원조달기법	공공조합원 제도, 메자닌 금융(Mezzanine Capital), 공모형 PF, 민관 PFV, 공공시설 설치 보조금, Development Rights·Air Rights(개발권·공중권) 등

[그림 8-3] 기성시가지 정비에서 공공과 민간이 활용 가능한 다양한 재원조달기법

지금까지 주택정비형 재개발사업, 재건축사업, 재정비촉진사업 등에 대하여 심도 있게 살펴보았다. 이후 상업지역·공업지역에서 시행하는 도시정비형 재개발사업과 최근 활성화되고 있는 소규모 정비사업(자율주택정비사업, 가로주택정비사업, 소규모재건축사업, 소규모재개발사업)에 대해서도 후속도서를 통해 다루도록 하겠다.

◢ 참고문헌

| 단행본

1. 이병태, 2011, 「법률용어사전」.
2. 서울역사박물관, 2010, 「기억 혹은 기록: 사진으로 본 아현·염리」.
3. 서울연구원, 2016, 「서울시, 서울의 도시공간정책 50년: 어제와 오늘」.
4. 서울특별시, 2015, 「2025 서울특별시 도시·주거환경정비 기본계획(주거환경정비사업 부문)정비사업 실무 매뉴얼」.
5. 최영찬, 2003, 「도시 및 주거환경정비법」 해설', 법제처.
6. 하성규 외 공저, 2000, 「주택·도시·공공성」, 박영사.

| 논문

1. 강신은, 2012, "관리처분계획방식 정비사업에 관한 법적 연구: 주택재개발, 재건축사업을 중심으로", 중앙대학교 박사학위 논문.
2. 고덕균·김홍규, 2004, "주택재개발사업특성이 재입주에 미치는 영향", 한국주거학회논문집 제16권 제3호, 한국주거학회.
3. 권순형·백성준, 2012, "주택재개발사업과 단독주택재건축사업의 물리적 특성 비교 연구", 주택연구 제20권 제3호, 한국주택학회, 103-130쪽.
4. 김성희 외 2인, 2010, "기부채납에 따른 인센티브제도의 실효성 분석: 재개발사업의 사업성을 중심으로", 도시설계 제11권 2호, 한국도시설계학회지, 서울, 45-62쪽.
5. 김지엽·남진·홍미영, 2016, "서울시 사전협상제를 중심으로 한 공공기여의 의미와 법적 한계", 도시설계 17(2), 한국도시설계학회, 119-129쪽.
6. 남원석, 2013, "주거취약계층의 개념 및 유형에 관한 연구", 주택연구 제21권 제2호, 한국주택학회, 47-71쪽.
7. 남진 외 2인, 2015, "도시성장단계평가를 통한 도시재생의 타당성 분석: 차별적 도시화 모델과 순환적 도시화 모델 적용", 국토계획, 제50권 제3호, 대한국토도시계획학회, 153-177쪽.
8. 안신재, 2011, "기부채납에 관한 민사법적 고찰", 법학논총, 숭실대학교 법학연구소.
9. 이승주 외 2인, 2010, "주택재개발사업의 공공참여에 의한 원주민의 재정착 가능성 변화분석", 도시행정학보 23(1), 한국도시행정학회, 3-25쪽.
10. 이승주·김금현, 2011, "재개발사업에서의 주체별 개발이익의 추정", 국토계획 제46권

제3호, 대한국토도시계획학회, 118쪽.
11. 이지현·남진, 2015, "주택재개발사업에서의 공공조합원 참여 제도의 비용-효과분석", 부동산학보, 제63권.
12. 이지현, 2021, "재개발사업의 새로운 공공성 연구", 서울시립대학교 박사학위 논문.
13. 이지현·남진, 2022, "재개발사업의 공공성 패러다임 전환에 관한 연구", 도시 행정 학보, 제35권 제1호.
14. 임영수, 2010, "재개발임대주택제도 실태분석과 개선방안에 관한 연구", 한양대학교 박사학위 논문.
15. 최병호 외 2인, 2012, "지방분권 전?후 시기의 공공자본의 생산성과 공간적 배분 효율성 비교", 지방행정연구 제26권 제1호, 지방행정연구원, 81-106쪽.

| 보고서

1. 국토교통부, 2013, "적정한 기부채납 가이드라인 마련을 위한 연구".
2. 국토교통부·서울특별시·LH·SH, 2020, "서울시 주택공급 확대를 위한 공공재개발사업 활성화 방안".
3. 국토교통부, 2021, "정책브리핑(www.korea.kr)"
4. 기획재정부, 2022, "2021년도 부담금운용종합보고서".
5. 김예성, 2020, "노후건축물 현황과 향후과제', 국회입법조사처 현안분석 제133호".
6. 김지은·이재형, 2015, "재개발사업 지연요인 및 개선 방안", 한국주택산업연구원.
7. 김태섭, 2018, "주택시장 현황 분석 및 발전방안 모색", 주택산업연구원·한국주택협회·대한주택건설협회 세미나.
8. 봉인식·최혜진, 2019, "새로운 길을 찾는 공공임대주택", 경기연구원.
9. 서울시 주거환경정책 자문위원회, 2009, "서울시 주거환경개선정책 종합점검 및 보완 발전방안".
10. 서울특별시, 1998, "서울시 주택재개발기본계획"
11. 서울특별시, 2004, "2010 서울특별시 도시 및 주거환경정비 기본계획".
12. 서울특별시, 2009, "공공관리자제도의 올바른 이해를 위한 설명자료".
13. 서울특별시, 2012, "주거재생·정비사업 분쟁조정방안 및 갈등해결 절차·방법 등 연구".
14. 서울특별시, 2014, "미래 주거재생정책 실행방안 연구".
15. 서울특별시, 2014, "도시개발이익의 합리적 공유방안 마련을 위한 학술용역".
16. 서울특별시, 2015, "아파트지구 관리방안".
17. 서울특별시, 2015, "2025 서울특별시 도시·주거환경정비 기본계획(주거환경정비사업부문) 본보고서".
18. 서울특별시, 2015, "2025 서울특별시 도시·주거환경정비기본계획(주거환경정비사업부문) 본보고서".
19. 서울특별시, 2020, "공공시설 등 기부채납 용적률 인센티브 운영 기준".

20. 임서환 외 2인, 2001, "주택 관련 법제의 정비방안: 주거기본법과 주택건설관리법 제정을 중심으로", 대한주택공사 주택연구소.
21. 장남종·양재섭, 2008, "서울시 뉴타운사업의 추진실태와 개선과제", 서울시정연구원, 재인용.
22. 장남종 외, 2018, "뉴타운·재개발 해제지역 실태분석과 주거재생방향", 서울연구원.
23. 최은희 외, 2017, "공공임대주택 미래 모델과 향후 정책 로드맵 구상 연구", 한국토지주택공사 토지주택연구원.
24. United Nations, 2006, "Guidelines On Social Housing -Principles And Examples-".

| 보도자료

1. 국토교통부, 2018, '서울 주택수급 불균형 보도 관련' 보도자료.
2. 중앙일보, '서울 아파트 용적률 250%로 강화', 2000. 6. 5., 장세정 기자.

| 웹페이지

1. 국가통계포털(www.kosis.kr)
2. 서울시 정비사업 정보몽땅(https://cleanup.seoul.go.kr/)
3. 서울역사아카이브, 서울생활문화자료조사(https://museum.seoul.go.kr/archive)
4. 서울역사아카이브(museum.seoul.go.kr/archive)
5. 온나라 부동산(http://www.onnara.go.kr)

찾아보기

(ㅁ)

(ㅂ)

(ㅅ)

(ㅇ)

(ㅈ)

(ㅊ)

(ㅌ)

(ㅎ)

(1)

(2)

저자

남 진 교수

서울시립대학교 도시공학과에서 학사와 석사학위를 마치고, 일본 요코하마국립대학(Yokohama National University)에서 도시계획전공(도시정비 및 개발)으로 공학박사학위를 받았다. 2002년부터 서울시립대학교 도시공학과와 스마트시티학과 교수로 재직하고 있으며, 미국 조지아공대(Georgia Institute of Technology)에서 객원교수를 지냈다. 2002년 「도시 및 주거환경정비법」이 제정되고 최초로 「2010 서울시 도시 및 주거환경정비기본계획」을 수립하였고, 그 이후에 「2020 서울시 도시 및 주거환경정비기본계획」과 「2025 서울시 도시 및 주거환경정비기본계획」의 총괄계획가(MP)로서 활동하면서 20년 이상 도시정비의 이론과 실체적인 계획수립에서 중추적인 역할을 담당하여 왔다. 현재 4단계 BK21 미래혁신성장 스마트시티 교육연구단장과 국토교통부 스마트시티 혁신인재육성사업의 사업책임자로 창의적이고 혁신적인 인재 양성을 위한 교육과 연구에 매진하고 있다. 서울특별시 도시계획위원회 위원, 도시·건축공동위원회 위원, 도시경쟁력 포럼 전문가 위원, 신속통합기획가, 주택시장 전문가 자문위원, 서울주택도시공사 비상임이사 및 이사회 의장, 국토교통부 국가스마트도시 위원 역임, 국무조정실 제주특별자치도지원위원회 위원, 산업통상자원부 노후거점산업단지 경쟁력강화 추진위원회 위원 등으로 활발히 활동하고 있다. 지금까지 도시정비 및 개발, 주택시장분석, 그리고 스마트시티 등에 관하여 120여 편의 국내외 저명 학술논문과 저서를 저술하였는데, 도시정비에 관한 주요 논문으로는 “Development of Evaluation Model of Urban Growth Stage Considering the Connectivity between Core and Periphery”, “An Analysis of the Changing Influence Factors on the Housing Affordability for One-person Tenant in Seoul”, “A Study on the Socio-spatial Characteristics of the Elderly and the Influence Factors of ‘Aging in Place’ in Seoul : With a Focus on Elderly-concentrated Areas”, “포용도시 관점에서 재개발임대주택의 사회적 배제 완화를 위한 요인별 중요도 분석”, “서울시 저층주거지의 주택유형별 개발에 미치는 영향요인에 관한 연구”, “서울시 공동주택의 정비유형 선택모형에 따른 유형별 수요와 공간적 분포 특성에 관한 연구”, “서울시 주택재개발·주택재건축사업 추진결정에 영향을 미치는 요인분석” 등이 있다.

jnam@uos.ac.kr

이지현 연구교수

한국외국어대학교 법학과를 졸업하고 서울시립대학교 도시공학과에서 석사 및 박사학위를 받았다. 서울시립대학교 스마트시티학과에 재직하고 있으며, 주로 정비사업과 도시관리 방안에 대해 연구하고 강의하고 있다. 남진 교수의 사사를 받아 정비사업의 현재를 진단하고 새로운 방향을 제시하는 다양한 연구과제를 수행해왔으며, 축적된 경험을 기반으로 “재개발사업의 새로운 공공성 연구”로 박사학위를 취득하였다. 서울시교육청 교육환경보호위원회 위원, 서울특별시 공공주택통합심의위원회 위원, 마포구 도시계획위원회 위원, 노원구 도시계획위원회 및 도시·건축공동위원회 위원, 동대문구 도시계획위원회 및 도시·건축공동위원회 등으로 활동하고 있다. 도시정비에 관한 주요 논문으로는 “재개발사업의 공공성 패러다임 전환에 관한 연구”, “「도시재생특별법」과 도시재생 관련법의 정합성 분석 연구”, “주택재개발사업에서의 공공조합원 참여 제도의 비용-효과분석”, "TDR(Transfer of Development Rights)제도의 법적 분쟁에 관한 연구: 미국 소송사례를 중심으로" 등이 있다. 현재 연구책임자로서 “기성시가지 정비의 공공성과 실현성 제고를 위한 새로운 재원조달기법 연구(한국연구재단)”를 수행하고 있다.

leej1hyeon@uos.ac.kr

도시정비론

2023년 8월 30일 초판 1쇄 발행
2023년 9월 25일 초판 3쇄 발행

저　　자　남 진 · 이 지 현
발 행 인　강 해 작
발 행 처　기 문 당
주　　소　서울시 성동구 무학봉 28길 4-1
전　　화　02)2295-6171(代)~5
팩　　스　02)6971-8188
출판등록　1976. 10. 7(1-44)
홈페이지　http://www.kimoondang.com
I S B N　978-89-6225-989-6　93540